Digitale Rechenanlagen

Eine Einführung in Struktur, Aufbau und Arbeitsweise

Von H. KUNSEMÜLLER

1971 · Mit 124 Bildern

B. G. Teubner Stuttgart

Verfasser Dr. Horst KUNSEMÜLLER
Dozent an der Fachhochschule Hamburg

ISBN 3-519-06512-6

© B. G. Teubner Stuttgart 1971
Printed in Germany
Satz: H. Aschenbroich, Stuttgart
Druck: Julius Beltz, Hemsbach/Bergstraße
Umschlaggestaltung: W. Koch, Stuttgart

Vorwort

Das vorliegende Buch beschreibt den Aufbau einer elektronischen Rechenanlage.

Es setzt keine speziellen Vorkenntnisse voraus. Es werden die wichtigen Baugruppen eines Computers besprochen, wobei besonderer Wert auf der ausführlichen Beschreibung der Bedeutung und Wirkungsweise der einzelnen Teile liegt. Die üblichen Konstruktionen werden betrachtet, und ein Spezialfall wird detailliert wiedergegeben.

Auf die Besprechung elektronischer Fragen wird bewußt verzichtet, denn gerade diese unterliegen durch den technischen Fortschritt einem sehr schnellen Wandel. Aus diesem Grunde hält sich der Text an die Abgrenzung des Fachgebietes „Informatik".

Fast alle Kapitel sind aus Vorlesungen entstanden. Das näher beschriebene Gerät ist für Ausbildungszwecke an einer Fachhochschule gebaut worden. Es ist einerseits geplant für Prozeßsteuerungen, wird aber andererseits auch Compiler für höhere Programmiersprachen aufnehmen können.

Der Text ist gedacht als vorlesungsbegleitendes Lehrbuch an Fachhochschulen und Universitäten und für das Selbststudium. Sein Stoff bekommt insbesondere Bedeutung für die gerade jetzt entstehenden Studiengänge in Informatik. Dabei wurde wegen des einführenden Charakters des Buches besonderer Wert auf Verständlichkeit des Textes und auf Praxisnähe auch in den Details gelegt.

Wer wegen vorhandener Vorkenntnisse oder für einen ersten Überblick einige Abschnitte überschlagen möchte, findet am Anfang der neun Kapitel jeweils eine kurze Inhaltsangabe.

Das Buch verdankt seine Entstehung einer Anregung durch Herrn Dr.-Ing. Gerhard L e d i g, der den Bau einer Rechenanlage an der Fachhochschule Hamburg angeregt und mit ebenso viel Energie und Können wie persönlichem Einsatz durchgesetzt hat. In vielen gemeinsamen Diskussionen und Arbeiten wurden die Planung und der Aufbau des Gerätes durchgeführt. —

Dem Verlag B. G. Teubner danke ich für die gute Zusammenarbeit.

Hamburg, im Sommer 1971

H. KUNSEMÜLLER

Inhalt

Hinweise auf DIN-Normen in diesem Werk entsprechen dem Stande der Normung bei Abschluß des Manuskripts. Maßgebend sind die jeweils neuesten Ausgaben der Normblätter des DNA im Format A 4, die durch die Beuth-Vertrieb GmbH, Berlin und Köln, zu beziehen sind. – Sinngemäß gilt das gleiche für alle in diesem Buche angezogenen amtlichen Richtlinien, Bestimmungen, Verordnungen usw.

Formelzeichen und Bezeichnungen

∧   Konjunktion (logisches „Und")

∨   Disjunktion (logisches „Oder")

—   Negation (logisches „Nicht")

*   „Negative Logik" (vgl. S. 63)

:=   Wertzuweisung („ergibt sich aus", vgl. S. 19)

In die Schaltzeichnungen eingetragene logische Zeichen haben keine Bedeutung für die physikalischen Werte (d. h. anliegenden Spannungen). Sie beziehen sich ausschließlich auf die logische Interpretation (vgl. S. 63 und 89). Eingetragene Pfeile geben die „Signalflußrichtung" wieder, sofern diese nicht von oben nach unten bzw. von links nach rechts erfolgt.

Physikalische Werte:

H   Hohes Potential („high" z.B. 5 V)

Low   Niedriges Potential (z. B. 0 V)

Logische Werte:

L   „ja"

O   „nein"

Zur Beachtung: Bei „positiver Logik" ist die Zuordnung H = L und Low = O, bei „negativer Logik" ist sie entgegengesetzt (vgl. S. 77).

Bei Flipflops ist fast überall die „logische Grundstellung" „links", d. h., der in der Zeichnung rechte Ausgang hat in der Grundstellung den physikalischen Wert Low und den logischen Wert O. Der dicke schwarze Strich am linken Ausgang bedeutet wie üblich sowohl „Grundstellung" als auch „negative Logik" für diesen Kontakt. In das Flipflop eingetragene Zeichen sind logische Größen und keine Kontaktbezeichnungen. — Bei Nands wurde oft von der Schaltmöglichkeit des „wired and" Gebrauch gemacht (vgl. S. 65).

1. Einleitung

Der erste Abschnitt dieses Kapitels dient der Themenabgrenzung, die folgenden geben einen vorläufigen Überblick über Informationsdarstellung, Baugruppen und Programme. Wichtig ist insbesondere in Abschnitt 1.4. der Hinweis auf die Stufeneinteilung von Programmen.

1.1. Digitale Rechenanlagen

Die große Bedeutung der elektronischen Datenverarbeitung ist heute nicht mehr zu bezweifeln. Mehr und mehr werden Rechenanlagen in Industrie, Verwaltung und Wissenschaft eingesetzt; ihre Zahl wächst von Jahr zu Jahr. Eine ständig größer werdende Industrie beschäftigt sich mit der Herstellung der Anlagen und der zu ihrer Benutzung notwendigen Hilfsmittel. – Als spezieller Wissenschaftszweig wird zur Behandlung dieser Aufgaben die „Informatik" an den Hochschulen eingeführt.

Trotz dieser Verbreitung gilt der Bau der Geräte noch als eine Art „Geheimwissenschaft". Der Grund ist wohl darin zu suchen, daß derartige Maschinen einen sehr hohen Kompliziertheitsgrad besitzen und daher für den Laien schwer durchschaubar sind.

Aufgabe des vorliegenden Buches ist es zu zeigen, daß bei einem kleineren Gerät, dessen Aufbau auch für den Außenstehenden noch einigermaßen übersehbar ist, alle für einen vollen wissenschaftlichen Rechenbetrieb notwendigen Funktionen durchführbar sind.

Die technische Entwicklung schreitet gerade auf diesem Gebiet sehr schnell fort. Technisch detailliert beschriebene Geräte sind bald überholt. Es soll daher in diesem Buch nicht so sehr die Technologie (also Elektronik und elektrotechnischer Aufbau der einzelnen Teile) behandelt werden; statt dessen wird besonderer Wert darauf gelegt, die „Schaltlogik" zu beschreiben.

Die Bezeichnung „Schaltlogik" ist dadurch entstanden, daß schon die Rechenoperationen, ganz besonders aber die zu ihrer Durchführung und Steuerung notwendigen Schaltungen, nach Gesetzen entwickelt werden müssen, die in der Mathematik und Philosophie seit langem in der „Aussagenlogik" untersucht wurden. Wir werden auf diesen Punkt später zurückkommen.

Will man Rechenprozesse maschinell durchführen, so entsteht ein Problem, das dem eines physikalischen Meßprozesses in gewissem Sinne entgegengesetzt ist: Da maschinell nur physikalisch-technische Größen „bearbeitet" werden können, müssen mathematische Größen (also vornehmlich Zahlen) durch physikalische Größen dargestellt werden, mit denen dann die dem Zahlenrechnen isomorphen Operationen durchgeführt werden. Dabei können die verschiedensten physikalischen Größen benutzt werden: Elektrische Spannungen und Stromstärken, hydraulische Drücke, Drehwinkel von Zahnrädern und Rollen usw. Der Vorteil elektrischer Größen liegt in der bequemen Handhabung (Verarbeitung in elektronischen Bauelementen, Anschlüsse durch Drähte und geätzte Schaltungen) und in der sonst unerreichbaren Geschwindigkeit der elektrischen Vorgänge.

Jede Benutzung einer physikalischen Größe setzt die Beschränkung auf einen begrenzten Zahlenbereich voraus, um technisch realisierbar zu sein.

Die Darstellung einer Zahl durch eine physikalische Größe kann „monoton" sein, d.h., einer größeren (oder gleichen) Zahl kann vereinbarungsgemäß ein größerer (oder gleicher) Wert der Größe entsprechen. In diesem Falle spricht man von „Analogrechnern": Bekanntestes Beispiel ist der Rechenschieber, auf dem eine längere Strecke einer größeren Zahl entspricht. Interessant ist, daß auch die Darstellung durch einen ruckweise springenden Zeiger in diesem Sinne „analog" (jedoch „gequantelt") ist.

Ist diese Forderung der „Monotonie" nicht mehr gegeben, so ist jede (stetige) Abbildung der mathematischen Größe auf die physikalische Größe nicht mehr umkehrbar eindeutig („eindeutig"), und eine weitere physikalische Größe muß zur Unterscheidung und Vermeidung von Mißverständnissen hinzugezogen werden. (Für den zweiten Umlauf benötigen Uhren wegen des Sprunges von 59 auf 0 Minuten einen Stundenzeiger, sonst ist die Anzeige nicht mehr eindeutig.)

Die verschiedenen Möglichkeiten der „Codierung" einer mathematischen durch mehrere physikalische Größen sollen im nächsten Kapitel untersucht werden. Der wichtigste Fall ist die „digitale" oder „Zifferndarstellung", nach der die hier zu betrachtenden Geräte als „digitale Rechenanlagen" bezeichnet werden.

Sie verwenden eine Anzahl von physikalischen Größen (z. B. Spannungen an verschiedenen Kontakten), die (meistens zwei) gut unterscheidbare und deutlich voneinander getrennte Werte annehmen können, zur Darstellung der verschiedenen „Stellen" einer Zahl. Sie entsprechen daher weitgehend der normalen Schreibweise des Zahlensystems mit Hilfe von Ziffern.

Es besteht natürlich auch die Möglichkeit, an verschiedenen Stellen desselben Gerätes teils analog, teils digital zu arbeiten: sog. „Hybridrechner" haben für manche Anwendungszwecke Vorteile.

Fassen wir zusammen: Wegen ihrer Geschwindigkeit und ihres günstigen technischen Aufbaus werden elektronische Anlagen bevorzugt, obwohl alle Operationen sich auch auf anderem Wege, z. B. mechanisch, verwirklichen lassen. Unter ihnen ist zu unterscheiden zwischen Analog- und Ziffernrechnern, die sich in der Darstellung der Zahlen grundsätzlich unterscheiden. Thema dieses Buches sind die Digitalrechner.

Sie haben allerdings den durch „digit" oder „Ziffer" abgesteckten Rahmen des Zahlenrechnens längst gesprengt und gestatten heute das Rechnen mit vielen anderen mathematischen Größen, wie wir später sehen werden.

Unter den digitalen elektronischen Rechenanlagen ist eine Klassifizierung nach Größe und Verwendungszweck möglich. Unser Interesse gilt insbesondere den mittleren bis kleineren Geräten. Dies ist keine prinzipielle Einschränkung, da die Grundprobleme auch bei Großrechenanlagen mit den hier angegebenen übereinstimmen.

Es haben sich bei dem gegenwärtigen Stand hauptsächlich drei verschiedene Anwendungsgebiete herauskristallisiert: Die Bearbeitung kaufmännischer Aufgaben, technische Berechnungen und die automatische Prozeßsteuerung. Die meisten modernen Rechner sind im Prinzip für alle drei Aufgabengebiete geeignet. Kapazitäts- und Ausstattungsunterschiede der verschiedenen Typen bedeuten aber effektiv eine Spezialisierung.

Kaufmännische Anwendung erfordert die Möglichkeit, sehr große Datenmengen von außen aufzunehmen und in Gestalt von Tabellen, Rechnungen u. ä. wieder hinauszuliefern.

Technisch-wissenschaftliche Berechnungen lassen diese Forderung in den Hintergrund treten. Wichtiger ist bei ihnen die schnelle Durchführung sehr umfangreicher Rechenoperationen.

Bei Prozeßrechnern schließlich treten die automatische Übernahme von Meßergebnissen und die Auslieferung einer großen Zahl von Steuersignalen in den Vordergrund. Insbesondere muß damit gerechnet werden, daß unvorhergesehene Alarmsignale automatisch bei der Rechenanlage eintreffen, die mit hoher Priorität vorrangig bearbeitet werden müssen; sie erfordern das vorübergehende Zurückstellen ånderer schon begonnener Rechenprozesse.

Soweit wir im folgenden auf eine Spezialisierung eingehen, werden wir uns insbesondere den letzten beiden Bereichen widmen. Dabei ist anzunehmen, daß kleine Anlagen für Prozeßsteuerung in Zukunft sehr weit verbreitet sein werden.

Bei der Konstruktion und Entwicklung elektronischer Rechenanlagen wurde es üblich, eine Unterscheidung vorzunehmen zwischen „Hardware" und „Software". Hardware bezeichnet im amerikanischen Sprachgebrauch Gerät jeder Art. Da jedoch eine Rechenanlage ohne sog. „Rechenprogramme" sinnlos ist, war für dieses zweite große Gebiet eine Bezeichnung nötig, die im Scherz den Gegensatz zur Hardware kennzeichnen sollte. So entstand „Software".

Die Unterscheidung zwischen Hardware und Software als getrennte Arbeitsgebiete ist nicht glücklich gewählt. Weite Gebiete von Hardware und Software müssen nach denselben Gesichtspunkten und mathematischen Methoden bearbeitet werden. Der Entwurf einer elektronischen Rechenanlage ohne intensive Kenntnis der Software ist unmöglich. So beginnt sich eine neue Unterscheidung durchzusetzen zwischen der „Elektronik" einerseits, die für die rein elektrotechnischen Probleme zuständig ist, und der „Informatik" andererseits, welche die mathematisch-logischen Strukturen von Rechnern und Programmen betrachtet. Uns soll im folgenden fast ausschließlich Informatik interessieren, wobei jedoch das Hauptgewicht auf der Hardware liegt.

1.2. Informationsdarstellung

Elektronische Rechenanlagen werden oft als „datenverarbeitende" bzw. „informationsverarbeitende" Systeme bezeichnet. In diesem Abschnitt soll daher der Begriff „Information" im technischen Gebrauch betrachtet werden.

Eine Vorbemerkung: Aufgabe der Computer ist es, den Menschen in allen Aufgaben der „Datenverarbeitung" zu entlasten. In dem Wort „entlasten" ist dabei indirekt gesagt, daß es sich um Arbeit handelt, die der Mensch bisher ausgeführt hat. Wir können sie und die zu ihrer Durchführung notwendigen Methoden vielfach dadurch am besten untersuchen, daß wir das Verhalten des Menschen vor einer gleichen Aufgabe analysieren. Besonders in den ersten Kapiteln werden derartige Analogien eine besondere Bedeutung haben, und wir werden oft zu diesem Verfahren greifen.

Bit

Wenn man seine Wohnung verläßt, kann man eine Nachricht hinterlassen, indem man einen Lichtschalter ein- oder ausgeschaltet hinterläßt. An diesem kleinen Beispiel sollen einige Grundbegriffe der Informationstheorie beleuchtet werden.

Durch den betrachteten Lichtschalter wird „Information gespeichert". „Speichern" bedeutet „aufbewahren": Die Information kann nach einer mehr oder weniger langen Zeit abgelesen werden. Das Speichern wird durch einen physikalischen Zustand bewirkt (hier durch die Stellung des Schalters), der sich nicht von selbst verändert, sofern nicht von außen später absichtlich eine solche Änderung hervorgerufen wird.

Die Schalterstellung selbst ist dabei natürlich noch keine „Information". Sie wird erst dann dazu, wenn man eine Bedeutung („Semantik") der Schalterstellungen verabredet (z. B. beide Stellungen beschriftet). Diese Zuordnung nennt man einen „Code". Die Wahl des Codes ist dabei völlig frei, besondere Gesichtspunkte (hier z. B. Stromersparnis) können jedoch einen bestimmten Code vorteilhafter als andere erscheinen lassen.

Die Informationsmenge, die in einem einzigen Schalter gespeichert werden kann, ist begrenzt: Die Schalterstellung kann zur gleichen Zeit immer nur e i n e   v o n   z w e i Möglichkeiten annehmen. Diese Informationsmenge nennt man ein „Bit".

Sollen kompliziertere Informationen gespeichert werden, so ist dies mit mehreren Bits ohne weiteres möglich. So kann man z. B. zum Speichern einer Ziffer zehn Schalter (evtl. mit zugehörigen Glühbirnen) anbringen. Die Codierung erfolgt durch Beschriften der Schalter (und der Lampen) mit den Ziffern 0, 1, 2 usw. bis 9. Zum Code gehört die Verabredung, daß immer nur der eine Schalter eingeschaltet wird, dessen Ziffer gemeint ist. Diese Codierung nennt man den „Eins-aus-Zehn"-Code.

Rationalisierungsgesichtspunkte führen zu der Frage, ob von den zehn Schaltern einige eingespart werden können. Als erstes trifft dies für den Schalter „0" zu, wenn man verabredet, daß im Falle der Ziffer Null alle Schalter ausgeschaltet bleiben sollen. Dieser neue Code (für 9 Schalter) verzichtet auf ein überflüssiges („redundantes") Bit. Der Verzicht auf eine Redundanz hat aber oft einen Verzicht auf eine Kontrollmöglichkeit zur Folge: An den angeschlossenen Glühbirnen läßt sich ein Stromausfall nun von der Anzeige der Ziffer Null nicht mehr unterscheiden.

Wir können die Zahl der erforderlichen Schalter weiter reduzieren, bis nur noch die Schalter 1, 2, 3 und 4 übrigbleiben: alle übrigen Ziffern lassen sich (z. B. durch Summation) aus diesen zusammensetzen (z. B. 9 = 2 + 3 + 4). In diesem neuen Code werden natürlich mehrere Schalter (hier Nr. 2 und Nr. 3 und Nr. 4) gleichzeitig betätigt, was aber technisch erlaubt ist.

Die Wahl des Codes ist auch hier wieder (in gewissen Grenzen) frei: Wir können die vier verbliebenen Schalter z. B. auch mit 1, 2, 4, 8 beschriften. Die Ziffer 9 erscheint jetzt als Kombination der Schalter 1 und 8.

Der letztgenannte Code hat gegenüber dem vorhergehenden einen Vorteil: er ist „eineindeutig". Im 1-2-3-4-Code kann nämlich die Fünf zerlegt werden entweder in 1 + 4 oder in 2 + 3. Im 1-2-4-8-Code ist dies nicht möglich, hier existiert für die Ziffer 5 eindeutig nur die Darstellung 1 + 4.

1 Schalter: 2^1 = 2 Möglichkeiten	1) 0	2) L		
2 Schalter: 2^2 = 4 Möglichkeiten	1) 0 0	2) 0 L	3) L 0	4) L L
3 Schalter: 2^3 = 8 Möglichkeiten	1) 0 0 0	2) 0 0 L		
	3) 0 L 0	4) 0 L L		
	5) L 0 0	6) L 0 L		
	7) L L 0	8) L L L		
4 Schalter: 2^4 = 16 Möglichkeiten				
5 Schalter: 2^5 = 32 Möglichkeiten				
6 Schalter: 2^6 = 64 Möglichkeiten				

1.1 Kombinationsmöglichkeiten von Schalterstellungen (L = „eingeschaltet")

Es schließt sich sofort die Frage an, ob sich die zehn Ziffern unseres Zahlensystems noch mit weniger als vier Bits darstellen lassen. Sie läßt sich sehr einfach beantworten: Die Stellungen von n Schaltern gestatten genau 2^n Kombinationen (denn jeder neu hinzugefügte Schalter verdoppelt deren Zahl). Da jeder Ziffer oder jeder anderen gewünschten Zeichen-Möglichkeit aber eine neue Kombination entsprechen muß (sonst wären Verwechslungen möglich), können wir die Tabelle 1.1 aufstellen.

Zurück zu unserem Problem: Drei Schalter würden nur eine Unterscheidung von $2^3 = 8$ Kombinationen gestatten. Da jeder Ziffer aber unbedingt eine andere Kombination zugesprochen werden muß (sonst wären ja Verwechslungen möglich), ist das zu wenig.

4 Bits erlauben $2^4 = 16$ Möglichkeiten. Natürlich werden diese nicht ausgenutzt, wenn nur zwischen 10 Ziffern unterschieden werden soll. Die restlichen Kombinationen können für andere Zeichen verwendet werden, z. B. könnte eine dieser überzähligen Kombinationen das Minuszeichen oder das Komma o. ä. bedeuten.

Stellen wir in einer kleinen Tabelle zusammen, wieviele Bits zur Unterscheidung anderer Informationen nötig sind:

10 Ziffern	4 Bits	(denn $2^4 = 16$ Mögl.)
26 Buchstaben	5 Bits	(denn $2^5 = 32$ Mögl.)
36 sog. alphanumerische Zeichen	6 Bits	(denn $2^6 = 64$ Mögl.)

Die jeweils nicht benutzten Kombinationen können für Satzzeichen, Vorzeichen, Markierungen o. ä. benutzt werden. Der in der Tabelle verwendete Ausdruck „alphanumerische Zeichen" hat sich allgemein eingebürgert: Gemeint sind Zeichen, die sowohl dem Alphabet („Alpha-") als auch der Menge der Ziffern („numerisch") entstammen können.

Es soll ausdrücklich betont werden, daß wir unterscheiden müssen zwischen einerseits dem „Code", d. h. der (mehr oder weniger) fest angebrachten Beschriftung der Schalter (die beliebig in Buchstaben, Ziffern, Zeichen, Symbolen usw. erfolgen kann) bzw. einer Decodiertabelle, und andererseits der Angabe der Stellung des Schalters. Es ist üblich, die beiden möglichen Stellungen durch die Buchstaben L und O zu bezeichnen. Mathematisch gesehen ist jeder Schalter also eine Veränderliche, die einen der zwei „Werte" L und O annehmen kann. (Diese beiden Buchstaben sind entstanden aus den Ziffern 1 und 0 für „ein" und „aus".)

Dualzahlen

Verallgemeinern wir nun unser ursprüngliches Problem — die Darstellung einer Ziffer — dahingehend, daß wir mehrstellige Zahlen durch eine (im allgemeinen möglichst kleine) Anzahl von Schaltern darstellen wollen. Bei einer z. B. dreistelligen Zahl bietet sich an, daß wir den obigen Code aus 4 Bits dreimal anordnen: Wir verwenden je vier Schalter für die Einer, für die Zehner und für die Hunderter. Der Code (d. h. die Beschriftung der Schalter) wäre also:

$$800 \quad 400 \quad 200 \quad 100 \qquad 80 \quad 40 \quad 20 \quad 10 \qquad 8 \quad 4 \quad 2 \quad 1$$

Er heißt BCD-Code („binär codierte Dezimalen"). Jede dreistellige Zahl läßt sich dann darstellen. Zum Beispiel würde die Zahl 718 durch das Einschalten der folgenden Schalter gespeichert werden:

$$400 \ + \ 200 \ + \ 100 \qquad + \qquad 10 \qquad + \qquad 8$$

Die Frage, ob auch hier wieder einige eingespart werden können, beantwortet sich so: 10 Schalter mit 2^{10} = 1024 möglichen Kombinationen sollten genügen — zwei lassen sich also einsparen.

Wie sieht nun ein Code aus, der mit 10 Bits auskommt?

Wenn der erste Schalter mit 1 beschriftet wird, muß für den nächsten die Beschriftung 2 gewählt werden, da dies die erste Zahl ist, die der erste allein nicht darstellen kann. Die darstellbaren Zahlen sind jetzt 0, 1, 2 und 3 (= 2 + 1). Für den nächsten (dritten) Schalter wählen wir also die Bedeutung 4. Jetzt können — außer den bisherigen Ziffern — dargestellt werden: 4, 5 (= 4 + 1), 6 (= 4 + 2), 7 (= 4 + 2 + 1). Für den folgenden Schalter muß also 8 als Beschriftung gewählt werden. Offensichtlich erhalten wir als Codierung die Folge der Zweierpotenzen: Die Bedeutungen der Schalter müssen der Reihe nach sein:

$$1, \ 2, \ 4, \ 8, \ 16, \ 32, \ 64, \ 128, \ 256, \ 512$$

In der Tat lassen sich alle dreistelligen Zahlen (und auch noch die vierstelligen bis 1023) in eine Summe einiger dieser zehn Zahlen zerlegen.

Unser obiges Beispiel sieht jetzt so aus:

$$718 = 512 + 128 + 64 + 8 + 4 + 2$$

Die für die Zahl 718 angegebenen Zerlegungen werden beide sinngemäß in der Rechenmaschinentechnik recht häufig verwendet. Die erste von beiden nennt man die „dezimale" Zahlendarstellung, die zweite die „duale" oder „binäre".

Hier noch einmal die beiden Darstellungen:

Schalterbeschriftung	800	400	200	100	80	40	20	10	8	4	2	1
Schalterstellung	0	L	L	L	0	0	0	L	L	0	0	0

Schalterbeschriftung	512	256	128	64	32	16	8	4	2	1
Schalterstellung	L	O	L	L	O	O	L	L	L	O

Die zuletzt angegebene Schreibweise kann auch getrennt von unserer Vorstellung von damit verbundenen Schaltern als eine reine Zahlenschreibweise aufgefaßt werden. Diese Schreibweise nennt man die Schreibweise der „Dualzahlen" (oder auch „Binärzahlen"). Sie hat sehr viel mit unserer normalen Zahlenschreibweise gemeinsam. Stellen wir beide einander gegenüber:

$$718 \ = \ LOLLOOLLLO$$

Analysieren wir die linke („normale" dezimale) Zahl (von rechts nach links):

$$8 \text{ Einer} + 1 \text{ Zehner} + 7 \text{ Hunderter}$$

oder

$$8 \cdot 10^0 + 1 \cdot 10^1 + 7 \cdot 10^2$$

Analog können wir die Schreibweise der rechts stehenden Zahl lesen:

$$O \text{ Einer} + L \text{ Zweier} + L \text{ Vierer} + L \text{ Achter} + O \text{ Sechzehner} + \ldots \text{ usw.}$$

oder

$$0 \cdot 2^0 + 1 \cdot 2^1 + 1 \cdot 2^2 + 1 \cdot 2^3 + 0 \cdot 2^4 + \ldots + 1 \cdot 2^9$$

Unser dezimales Zahlensystem verdanken wir nur dem Zufall, daß die Natur den Menschen mit zehn Fingern ausgestattet hat. Das Dezimalsystem erweist sich aber bei genauerer Betrachtung als unpraktisch – zumindest für unsere Aufgabenstellung. Das duale Zahlensystem hat natürlich auch einige Nachteile, aber (im Hinblick auf unsere Anknüpfung an die Schaltertechnik) den entscheidenden Vorteil, daß es nur zwei Ziffern besitzt. Das ist der Grund für seine weite Verbreitung bei elektronischen Rechenanlagen.

Der entscheidende Nachteil des dualen Zahlensystems besteht darin, daß die Zahlen vergleichsweise viele Ziffern enthalten und daher „lang" sind, was für den menschlichen Benutzer mnemotechnisch ungünstig ist.

Übliche Codes

Für die Codierung einzelner Ziffern soll das Bild 1.2 einige Beispiele geben. Die angegebenen Codes werden in der Praxis viel verwendet.

Ziffer	„1 aus 10" 98765 43210	Dualcode 8421	Exzeß-3-Code 8421	Gray-Code	FS-Code	8-Kanal-Code POLL8 421	„2 aus 5"
0	00000 0000L	0000	00LL	0000	L0L L0	00LL0 000	000LL
1	00000 000L0	000L	0L00	000L	L0L LL	L0LL0 00L	00L0L
2	00000 00L00	00L0	0L0L	00LL	L00 LL	L0LL0 0L0	00LL0
3	00000 0L000	00LL	0LL0	00L0	000 0L	00LL0 0LL	0L00L
4	00000 L0000	0L00	0LLL	0LL0	0L0 L0	L0LL0 L00	0L0L0
5	0000L 00000	0L0L	L000	0LLL	L00 00	00LL0 L0L	0LL00
6	000L0 00000	0LL0	L00L	0L0L	L0L 0L	00LL0 LL0	L000L
7	00L00 00000	0LLL	L0L0	LL0L	00L LL	L0LL0 LLL	L00L0
8	0L000 00000	L000	L0LL	LL00	00L L0	L0LLL 000	L0L00
9	L0000 00000	L00L	LL00	L000	LL0 00	00LLL 00L	LL000

1.2   Codierungen für die Ziffern 0 bis 9. Die zweite Zeile der Überschrift gibt Bedeutung bzw. Wert der einzelnen Stellen an

In der zweiten Spalte haben wir den „Eins-aus-Zehn"-Code wiedergegeben. Er ist sehr aufwendig, hat aber z. B. für eine optische Anzeige von Ziffern große Vorteile. Man denke an 10 Lämpchen mit der Beschriftung 0, 1, 2 usw. bis 9, von denen jeweils nur eines aufleuchtet.

Die dritte Spalte enthält den BCD-Code: Binary coded decimal. Es ist die von uns oben benutzte Schreibweise, in der die einzelnen L bzw. 0 die Wertigkeiten 8, 4, 2, 1 oder 80, 40, 20, 10 oder 800 usw. haben. Wegen seiner Verwandtschaft mit dem dualen Zahlensystem wird er oft verwendet.

Der in der vierten Spalte angegebene „Exzeß-3-Code" enthält die betreffende Ziffer als Dualzahl, wenn man sie jeweils um 3 erhöht: Bewertet man wieder die L bzw. 0 mit 8, 4, 2, 1, so ergibt sich bei der Ziffer 0 die Gruppe 00LL = 3, bei der Ziffer 1 die Gruppe 0L00 = 4 usw. Der Vorteil dieses Codes besteht darin, daß durch Ersetzen jedes L durch ein 0 und umgekehrt jede Ziffer sich in ihr Komplement zu 9 verwandelt: Aus 0 wird 9, aus 1 wird 8 usw. Diese Eigenschaft ist praktisch beim Subtrahieren von Zahlen. Bei reinen Dualzahlen werden wir eine ähnliche Eigenschaft beim Aufbau eines Subtrahierwerkes betrachten.

Der in der fünften Spalte wiedergegebene Code ist ein sog. Gray-Code (für 10 Werte). Seine charakterisierende Eigenschaft ist, daß beim Zählen von einer Ziffer zur nächsten sich immer nur ein einziges L oder 0 ändert. Wenn die einzelnen Stellen auf mechanischem Wege geschaltet werden, ist dies von Bedeutung. Es könnte sonst bei der „gleichzeitigen" Änderung mehrerer Stellen dazu kommen, daß geringe Zeitunterschiede zwischen dem Umschalten der einzelnen Stellen auftreten. In diesen Zeitpunkten würde dann eine fehlerhafte Stellung vorliegen.

Die nächste Spalte zeigt den im Postverkehr üblichen Fernschreib-Code. Er ist recht willkürlich gebildet, eine Gesetzmäßigkeit ist nicht zu erkennen.

Anders verhält es sich mit den eigens für elektronisches Rechnen entworfenen Codes für Lochstreifen und Lochkarten. Bei Lochkarten wird eine Schreibweise verwendet, die dem „Eins-aus Zehn"-Code sehr ähnlich ist (und sich nur durch zwei zusätzliche Lochungspositionen unterscheidet, die bei Ziffern 00 sind).

Bei vielen Geräten werden 8-Kanal-Lochstreifen verwendet, die 8 Ziffern 0 bzw. L verwenden. Ein Code dieser Art ist in der vorletzten Spalte wiedergegeben. Er besitzt eine interessante Eigenschaft: Man hat die achte Lochreihe (P) dazu benutzt, jeweils ein L oder 0 so hinzuzufügen, daß die Gesamtzahl der L gerade ist. Das erlaubt eine Fehlerkontrolle: Wenn durch einen Stanz- oder Übermittlungsfehler ein 0 in ein L oder umgekehrt verwandelt worden ist, entsteht ein nicht definiertes Zeichen mit einer ungeraden Anzahl von L, und eine Störungsmeldung kann automatisch ausgelöst werden. Man nennt diese Kontrolle einen „Parity-Check".

Die überzähligen Lochreihen beim FS- und 8-Kanal-Code werden für die Unterscheidung der Buchstaben, Satz- und Formelzeichen usw. benutzt. Der FS-Code verwendet darüber hinaus eine Umschaltung zur Kennzeichnung von Buchstaben, die der Groß-Klein-Umschaltung der Schreibmaschine entspricht.

Die letzte Spalte schließlich zeigt einen „2-aus-5"-Code. Seine Kontrollmöglichkeit ist durch den Namen gegeben: Genau zwei der fünf Stellen müssen L sein, wenn das Zeichen fehlerfrei sein soll.

Die für den Gebrauch an elektronischen Rechenanlagen empfohlenen Codes sind zusammengestellt in DIN 44300, DIN 66006, DIN 66024 und einigen anderen Normen.

Fassen wir zusammen: Die Wahl eines Codes ist völlig frei und nur eine Frage der Zweckmäßigkeit (und evtl. der Normung). Verwechslungen müssen jedoch ausgeschlossen sein. Die Definition eines Codes kann geschehen durch Rechenvorschrift, Tabelle oder Bedeutung („Beschriftung") der einzelnen Bit.

Eine zusammengehörige Gruppe von 8 Bits wird übrigens heute oft als 1 Byte bezeichnet.

1.3. Baugruppen eines Rechners

In den letzten Abschnitten haben wir uns den Begriff der Information an Beispielen klarzumachen versucht. Nun besteht das Thema dieses Buches aber nicht in der Informationsdarstellung, sondern in der Informationsverarbeitung. Was versteht man hierunter, und wie kann man sie durchführen? Welche Baugruppen sind insbesondere für ein entsprechendes Gerät nötig, und wie ist sein globaler Aufbau?

Informationsverarbeitung ist ein weites Gebiet, das auch im täglichen Leben dem Menschen sehr oft begegnet. Nehmen wir als einfachstes Beispiel eine Telefon-Auskunft: Die „Datenverarbeitung" besteht nach der Aufgabe dieser Dienststelle darin, daß zu einer gegebenen Angabe (Name, Adresse) eine gesuchte Information (Telefonnummer) ermittelt wird. Offenbar sind hierzu drei verschiedene Komponenten nötig: Ein Verarbeitungssystem, das den „Rechenvorgang" durchführt (hier die auskunftgebende Beamtin), außerdem ein „Speicher", in dem eine mehr oder weniger große Zahl von Informationen benutzbar untergebracht ist (hier die Benutzerkartei). Die dritte Komponente ist die Verbindung zur Außenwelt: Die Telefonleitung, über die die Auskunft weitergegeben wird. Für sie wäre die Bezeichnung „Kanal" angebracht, wenn dieses Wort nicht in der Rechenmaschinentechnik mit etwas abweichender Bezeichnung verwendet würde. So wählen wir das Wort „Schnittstelle", um anzudeuten, daß das von uns betrachtete System als Bestandteil eines größeren Systems (des ganzen Telefonnetzes) an dieser Stelle abgetrennt betrachtet wird.

Die Dreiteilung zwischen „logisch aktiven Elementen", „Speicherelementen" und „Schnittstellen" finden wir in der Informationsverarbeitung auf allen Ebenen wieder. – Dabei darf man die Schnittstellen nicht als unwichtig ansehen. Die von ihnen ausgehenden Verbindungen verursachen einen erheblichen Teil der Kosten.

Bei oberflächlicher Betrachtung kann man über informationsverarbeitende Systeme ähnliches sagen wie über energieumwandelnde Maschinen: Ohne „Input" kein „Output". Informationsverarbeitung besteht im wesentlichen darin, Daten von einer Form in eine andere umzuschlüsseln. Das gilt im Labor bei der Umformung von Meßergebnissen in Konstruktionsänderungen ebenso wie im Büro für das Übersetzen eines fremdsprachlichen Textes; es gilt für das Lösen einer quadratischen Gleichung (nach der Vorgabe der Koeffizienten) ebenso wie für das Erstellen einer kaufmännischen Buchführung nach Erhalt der erforderlichen Unterlagen.

In dieser Datenverarbeitung entdecken wir zwei verschiedene Komponenten, die immer gemeinsam auftreten, von denen aber bald die eine, bald die andere das Übergewicht hat. Sie sollen als die „algorithmische" und die „tabellarische" Komponente bezeichnet werden.

Ein Algorithmus ist ein Rechenablauf, also eine „Gebrauchsanweisung", die eine Reihenfolge von Arbeitsschritten regelt. Man denke an eine mathematische Formel, die (im wesentlichen) die Reihenfolge festlegt, in der die einzelnen Additionen, Multiplikationen usw. zu erfolgen haben.

Eine Tabelle ist demgegenüber eine Aufstellung, in der für alle vorkommenden Eventualitäten das Ergebnis fertig enthalten ist. Es gibt Fälle, in denen man sowohl tabellarisch als auch algorithmisch vorgehen kann. Nehmen wir die Multiplikationen von Zahlen: Der normale Weg ist das „Ausrechnen" mit Papier und Bleistift. Für spezielle Zwecke gibt es aber auch fertig ausgedruckte Tabellen, die einen großen Teil dieser Rechenarbeit ersparen.

Das letzte Beispiel darf aber nicht täuschen: Auch beim schriftlichen Rechnen benötigt man eine Tabelle, die man als „kleines Einmaleins" auswendig gelernt hat. Und der umgekehrte Fall: Auch beim Benutzen einer Tabelle geht man nach einer Gebrauchsanweisung vor, die einem sagt, welche Zahl man zuerst und wo man sie aufzusuchen hat. All dies gilt nicht nur für das Zahlenrechnen, sondern für jede Art von Datenverarbeitung. Dabei mag es sich um das Suchen einer Nummer im Telefonbuch, um Sprachübersetzung oder auch um das Sortieren einer Kartei handeln.

Das Wort „Tabelle" darf nicht gar zu wörtlich genommen werden: Auch eine Anzahl von Menschen, die bei Anfrage aus dem Gedächtnis Auskünfte geben können, stellt in unserem Sinne eine „Tabelle" dar. Entsprechendes gilt für elektrische Netzwerke, die zu vorgegebenen „Eingangsspannungen" zugehörige „Ausgangsspannungen" liefern.

Die algorithmische Komponente der Datenverarbeitung regelt, wie gesagt, ein zeitliches Nacheinander. Detaillierte Vorschriften dieser Art nennt man „Programme". Da ihnen ein spezielles Kapitel gewidmet ist, sollen sie hier nicht weiter betrachtet werden.

Wenden wir uns also den Tabellen zu. Im Grunde kann man bei ihrer Benutzung drei Verfahren verwenden, die jeweils verschiedene Vor- und Nachteile haben. Wir können unterscheiden:

1. den gezielten Zugriff: Er liegt vor, wenn man am Telefon die Nummer weiß und nur zu wählen braucht. Er liegt auch vor, wenn man bei anderen Dingen Aktenzeichen oder Seitenzahlen kennt und nur aufzuschlagen braucht. Er ist natürlich mit Abstand der schnellste Weg zum Ziel.

2. den lexikographischen Zugriff: Ein Beispiel dieser Art ist das Suchen eines Namens in einem dicken Telefonbuch oder eines Wortes in einem Lexikon. Da die Reihenfolge vorgegeben ist, kann man sich noch recht schnell an das Ziel herantasten. Das beruht darauf, daß man auf Grund der Anordnung feststellt, ob man das Buch zu weit vorne oder zu weit hinten aufgeschlagen hat, und dann einen geschätzten Packen Seiten nach hinten bzw. vorne weiterblättert.

3. das Durchmustern auf Koinzidenz: Wenn nur Merkmale bekannt sind, nach denen die Unterlagen nicht geordnet sind, oder wenn gar keine Ordnung vorliegt, so bleibt nur der letzte Ausweg: Man muß Blatt für Blatt und Information für Information zur Hand nehmen und so lange suchen, bis das Gesuchte gefunden ist. Dieses Verfahren ist natürlich bei weitem das langsamste und umständlichste. Es gibt aber viele Fälle, in denen keine andere Methode zum Ziele führt. – Eine Beschleunigung ist dann nur durch großen Aufwand (viele Arbeitskräfte gleichzeitig) möglich. Elektronisch wird Entsprechendes durch sog. Assoziativspeicher angestrebt.

Rechenwerk

Nachdem wir uns an den obigen kleinen Beispielen einige Aufgaben und Eigenheiten der Datenverarbeitung klargemacht haben, können wir nun einen Überblick über die einzelnen großen Baublocks gewinnen, die für die Arbeitsfähigkeit einer Rechenanlage nötig sind.

Der erste Teil ist natürlich ein sog. „Rechenwerk", welches die elementaren Rechenoperationen durchführt. Dabei ist später im einzelnen zu klären, welche Rechenoperationen unbedingt benötigt werden. Man könnte z. B. beim Zahlenrechnen an Addition, Subtraktion, Multiplikation und Division denken. Es wird sich bei den späteren Betrachtungen zeigen, daß diese noch nicht ausreichen, sondern daß insbesondere für formal-logische Berechnungen noch einige weitere Operationen von Bedeutung sind. Andererseits werden wir aber auch feststellen, daß von den ausgeführten Zahlen-Operationen einige sich aus einfacheren Rechenschritten zusammensetzen lassen. Diese Fragen sollen einem späteren Kapitel vorbehalten bleiben.

Eines jedoch läßt sich schon hier sagen: Ein Rechenwerk wird in der Lage sein müssen, eine Reihe von verschiedenen Operationen durchzuführen, zwischen denen eine Umschaltung nötig sein wird. Diese Umschaltung wird man in einer elektronisch arbeitenden Anlage natürlich in der Form auslösen, daß man von außen eine Reihe von Leitungen in das Rechenwerk hineinführt, die den einzelnen Operationen zugeordnet sind. Die Umschaltung erfolgt in der Weise, daß man je nach dem gewünschten Rechenvorgang eine oder mehrere dieser Leitungen an Spannung legt. Sie entsprechen in gewisser Weise den verschiedenen Bedienungstasten einer mechanisch arbeitenden Maschine, die einzelne Abläufe auslösen.

Wenn wir eine Klassifizierung der zum und vom Rechenwerk und anderen Teilen kommenden Informationen versuchen, so können wir sie folglich in zwei Gruppen einteilen. Wir haben es einerseits mit „Daten" zu tun, d. h. mit denjenigen Informationen, die in dem jeweiligen Teil der Anlage verarbeitet werden sollen. Sie stellen das „Werkstück" dar. Die zweite Gruppe sind „Steuerinformationen", die die einzelnen Teile der Anlage zu Aktionen veranlassen. Sie müssen von einer übergeordneten Baugruppe geliefert werden, die die Ablaufsteuerung der Prozesse übernimmt.

Rechenwerke einer elektronischen Anlage können nach verschiedenen Prinzipien arbeiten. Einerseits ist eine Unterscheidung zwischen der Arbeit im dualen und dezimalen Zahlensystem vorzunehmen. Für kaufmännische Zwecke ist oft das dezimale System, bei naturwissenschaftlich-technischen Anwendungen das duale besser geeignet.

Eine weitere Unterscheidung, die sich auf Aufwand und Rechengeschwindigkeit sehr auswirkt, ist die zwischen „parallel" und „seriell" arbeitenden Werken. Bei ersteren werden bei einer mehrstelligen Zahl alle (oder mindestens viele) Stellen gleichzeitig verarbeitet (soweit der Übertrag das erlaubt), während die zweite Gruppe von Anlagen so ausgelegt ist, daß die einzelnen Stellen nacheinander berechnet werden.

Gemeinsames Merkmal der modernen Rechenwerke ist ihre große Geschwindigkeit. Typische Zeiten für die Addition z. B. (dezimal) 10-stelliger Zahlen können zwischen Bruchteilen von Millisekunden und Mikrosekunden liegen.

Speicher

Als zweiten großen Baublock betrachten wir den „Speicher". Er hat die Funktion, die wir im täglichen Leben von Notizzetteln, Tabellen, Nachschlagewerken und Karteien kennen: Er soll einerseits mit Informationen gefüllt sein bzw. sich füllen lassen, andererseits diese Informationen bei Bedarf schnell wieder zur Verfügung stellen. Ganz grob gesehen ist ein Speicher also ein Gerät, das auf zweierlei Wegen mit den anderen Teilen einer Rechenanlage verbunden ist: einerseits durch Daten-Anschlüsse, die einen „Transport" der Information vom Rechenwerk zum Speicher und umgekehrt erlauben. Andererseits muß aber noch eine zweite Verbindung bestehen: Es müssen ebenso wie beim Rechenwerk „Bedienungsknöpfe", d. h. Steuerleitungen in den Speicher hineinführen, die ihn z. B. von der Annahme auf die Abgabe von Informationen umschalten und umgekehrt. Außerdem muß von außen durch sie dem Speicher mitgeteilt werden, welche der aufgenommenen Informationen wieder benötigt wird.

Da sehr große Informationsmengen gespeichert werden müssen, andererseits die Geschwindigkeit mindestens eines Teils des Speichers aber auch nicht gar zu sehr hinter der Geschwindigkeit des Rechenwerks zurückbleiben soll, existiert eine große Zahl verschiedener Verfahren der technischen Realisierung. Fast immer sind mehrere von ihnen in einer Anlage vorhanden.

Sehr schnell, aber auch relativ teuer sind „Flipflopspeicher", die man, insbesondere wenn sie eine Sonderrolle spielen, auch „Register" nennt. Sie werden in einem späteren Kapitel gesondert betrachtet.

Die meisten (billigeren, aber auch langsameren) Speicherprinzipien arbeiten magnetisch. Bekanntestes Beispiel ist das Magnetband (Tonband): Eine aus Ferrit bestehende Schicht wird im Rhythmus elektrischer Impulse magnetisiert und kann zu einem späteren Zeitpunkt wieder „gelesen" (abgespielt) werden.

Auch die heute am meisten benutzten sog. „Kernspeicher" arbeiten magnetisch: Ein kleiner Ring aus Ferritmaterial kann entweder im einen oder im anderen Drehsinn magnetisiert werden. Das Bild 1.3 enthält einige übliche Speichermedien. Überschlägige Angaben über übliche Volumina, Geschwindigkeiten und Preise (pro Bit) sind beigefügt. Natürlich unterliegen gerade diese Angaben einer dauernden Veränderung.

	Kapazität Bit	Preis DM/Bit	mittl. Zugriffszeit sec
Flipflopspeicher	1 500	3	10^{-7}
Kernspeicher	200 000	0,5	3.10^{-6}
Plattenspeicher	8.10^6	0,01	10^{-1}
Bandspeicher	3.10^7	0,005	
Lexikon	3.10^7	10^{-6}	10^2

1.3   Beispiele für Speichermedien (ungefähre Werte)

In die Tabelle wurde zum Vergleich als „Speichermedium" ein Buch (Lexikon) aufgenommen, das natürlich nicht für eine Rechenanlage, sondern nur für menschliche Benutzung geeignet ist. Der Vergleich ist durchaus am Platze: Bei Problemen der automatischen Sprachübersetzung, aber auch bei Kundenregistrierung u. ä. ist das Volumen von Büchern, Karteien usw. interessant.

Kanäle

Der dritte große Bereich einer Datenverarbeitungsanlage sind die „Schnittstellen" oder „Kanäle", die die jeweils betrachtete Baugruppe mit der Außenwelt verbinden. Betrachten wir den Rechner als Ganzes, so sind hier alle Verbindungen einzuordnen, die aus dem Rechner heraus oder in ihn hinein, also an angeschlossene externe Geräte führen. Zu letzteren können z. B. Lochkartenleser und -stanzer, Meßgeräte und Ventile in zu steuernden Werkzeugmaschinen usw. gehören.

Die Hauptaufgabe eines „Kanals" besteht darin, die Verbindungen herzustellen (und wieder zu schließen), die dem Datentransport dienen. Ferner hat er oft auch noch Aufgaben der Informationsumwandlung, die wir hier aber nicht betrachten wollen. Eine sehr wichtige weitere Aufgabe besteht aber noch, die dem Laien nicht so unmittelbar einsichtig ist: Die „Pufferung". Es können in der Arbeitsgeschwindigkeit erhebliche Unterschiede zwischen den Teilen bestehen, die durch einen Kanal verbunden werden sollen. Die zu übermittelnden Daten müssen also innerhalb des Kanals im allgemeinen in einen Speicher überführt werden, der sie bis zum Abruf aufbewahrt.

In den einfachsten Fällen, wie wir sie in diesem Buche betrachten, wird ein Kanal sich auf Grund der letzten Forderung nicht sehr von einem Speicher unterscheiden: Auch dieser kann Information „puffern", er kann sie auf Wunsch aufnehmen und wieder abgeben.

Von außen gesehen wird also ein Kanalwerk ebenso wie ein Speicherwerk über Steuerleitungen seine Weisungen empfangen (oder sogar seine eigene Ablaufsteuerung besitzen) und auf Grund dieser Weisungen über Datenleitungen die Information aufnehmen und wieder abgeben. Der Unterschied zum Speicherwerk besteht darin, daß die Informationen beider Arten sowohl vom zentralen Rechner als auch von den außen angeschlossenen Teilen stammen können, daß also Steuer- und Datenleitungen in zwei verschiedenen Versionen vorhanden sind.

Moderne Rechenanlagen umfassen ein weites Spektrum von Geräten, die an derartige Kanäle bzw. Schnittstellen als sog. „Ein- und Ausgabe" angeschlossen werden können.

Die wichtigsten Eingabegeräte sind Tastaturen, Schreibmaschinen sowie Lochkarten- oder Lochstreifenabtastgeräte. Neben sie treten in wachsendem Maße Eingabemöglichkeiten über Sichtgeräte, Abtaster von gezeichneten Kurven, optische Schriftleser usw. Bei prozeßsteuernden Geräten sind Meßinstrumente für praktische alle physikalischen Größen anschließbar.

Ausgabegeräte waren bisher meistens druckende (Zeilendrucker, Schreibmaschine, Fernschreiber) oder stanzende Vorrichtungen (Lochkartenstanzer, Streifenstanzer). Viel verwendet werden Magnetbandgeräte, zeichnende Anlagen, Sichtgeräte mit Bildröhren, akustische Anzeiger. Prozeßsteuerung ist durch die Betätigung von Motoren, Relais und Schaltschützen möglich.

Für die Zusammenarbeit mit Analogmaschinen sorgen Digital- und Analogwandler.

Ablaufsteuerung

Mit dem Vorangegangenen haben wir eine erste globale Betrachtung der drei bei einem Rechner auftretenden Blocks gegeben. Es hat sich aber gezeigt, daß noch ein weiterer Teil nötig ist, der an Wichtigkeit die übrigen fast noch übertrifft. Es handelt sich um die Ablaufsteuerung. Ihre Aufgabe besteht darin, im richtigen Augenblick die richtigen Arbeitsschritte der einzelnen Teile auszulösen und sie zeitlich miteinander zu koordinieren. Ihre Arbeitsweise kann man mit der eines Uhrwerkes (z. B. in einem Wecker) vergleichen, das zu vorgegebenen Zeiten andere Vorgänge auslöst. Hier besteht die Auslösung im Anlegen einer Spannung an die verschiedenen Steuerleitungen.

Bei den aus dem Alltag gewohnten Vorgängen wird diese Arbeit durch den Menschen durchgeführt. Daß im Rahmen der Automatisierung gerade diese Funktion mehr und mehr durch Maschinen übernommen wird, hat mehrere Gründe. Einerseits soll der Mensch auch von diesen Aufgaben entlastet werden. Andererseits hat sich gezeigt, daß in sehr vielen Fällen Steueraufgaben durch eine Maschine sorgfältiger und zuverlässiger durchgeführt werden. Der Hauptgrund bei den von uns betrachteten Geräten ist aber, daß die geforderte Geschwindigkeit für den Menschen unerreichbar ist.

Über die technische Ausführung einer Ablaufsteuerung soll später ausführlich gesprochen werden. Die Festlegung der Reihenfolge der einzelnen Schritte, die ausgelöst werden müssen, geschieht in Gestalt von Programmen, von denen der nächste Abschnitt handelt.

Eine besondere Schwierigkeit für Ablaufsteuerungen besteht bei größeren und insbesondere bei prozeßsteuernden Geräten in der Notwendigkeit, bei plötzlich von außen kommenden dringenden Informationen den vorliegenden Ablauf zu unterbrechen und vorübergehend durch einen anderen zu ersetzen. Dabei muß es möglich sein, später an der Unterbrechungsstelle weiterzuarbeiten. Alle diese Schritte müssen automatisch geschehen. Wir werden auch sie später eingehend betrachten.

Die dargestellten Baugruppen sind im Bild 1.4 zeichnerisch in einem Überblick zusammengefaßt. Das Steuerwerk erhält, wie aus den eingezeichneten Pfeilen ersichtlich, seinerseits Informationen von den übrigen Werken, da der Ablauf der Rechenprozesse sich in vielen Fällen nach dem Ergebnis der vorhergehenden Berechnungen richtet.

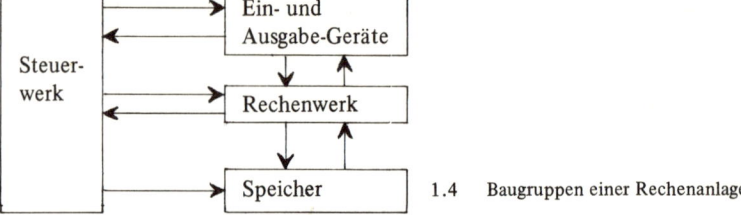

1.4   Baugruppen einer Rechenanlage

1.4. Programme

Ein sehr wichtiges, vielleicht überhaupt das wichtigste Gebiet bei der Benutzung und Konstruktion von Rechenanlagen ist die Festlegung der Reihenfolge, in der einzelne Rechenschritte nacheinander erfolgen sollen. Eine solche Reihenfolge nennt man ein „Programm", ihre Festlegung das „Programmieren".

Bei dem Wort „Programm" darf man die Bedeutung wiederum der Umgangssprache entnehmen. Denken wir an ein Theater- oder Konzertprogramm. In ihm ist die Reihenfolge der aufzuführenden Stücke, Akte, Pausen usw. festgelegt.

Programm-Stufen

Von großer Bedeutung ist, daß dieses Programm nicht allein besteht, sondern Bestandteil einer Programmhierarchie ist, die verschiedene Stufen umfaßt. So ist das Tagesprogramm eines Konzerts oder eines Theaterstücks Baustein des Spielplans, der seinerseits als übergeordnetes Programm die Aufführungsauswahl und -folge regelt. Untergeordnete Programme eines Schauspiels oder Musikabends sind die einzelnen Rollen der Schauspieler, die Partituren, die Regieanweisungen usw.

Bei elektronischen Rechenanlagen sind die Programme ebenfalls in eine Stufenhierarchie eingeordnet. Der Benutzer kann nämlich unmöglich alle detaillierten Anweisungen selbst geben, diese Aufgabe wäre unrationell und viel zu umfassend. Daher werden einzelne Teile der Programme vorgefertigt und archiviert. Sie dienen als Bausteine, die man beim Abfassen größerer Programme einfügen kann, um die Arbeit wesentlich zu erleichtern.

Aus Bausteinen können wieder größere Bausteine gebildet werden, die ebenfalls bereitstehen können, so daß wir die Stufeneinteilung weiterführen müssen. Wir wollen folgende vier bis fünf Stufen unterscheiden:

1. Benutzerprogramme: Diese werden für den einzelnen Fall angefertigt und können meistens vernichtet werden, wenn sie ihre Pflicht getan haben.

2. Bibliotheksprogramme: Häufig benutzte Programme und – für uns besonders interessant – Programmstücke können in einer „Bibliothek" in der Form zusammengefaßt werden, daß man sie als Lochkarten oder Lochstreifen fertig geschrieben lagert und katalogisiert.

3. Basisprogramme: Unter Basisprogrammen wollen wir Programme verstehen, die innerhalb der Rechenmaschine abgelegt („gespeichert") sind, dort also jederzeit für eine sehr bequeme Benutzung zur Verfügung stehen.

4. Ablaufsteuerungen und Mikroprogramme: Unter diesen sind Programme zu verstehen, die elektronisch in die Maschine eingearbeitet, die also Bestandteil der Maschine sind und dort die Reihenfolge der einzelnen Schritte festlegen. Sie werden ausgelöst durch die Maschinenbefehle.

5. Mikrooperationen: Wir wollen eine fünfte Schicht angeben, die aber nicht zu den Programmen zählt, sondern die kleinsten Bausteine (gewissermaßen die „Atome") der Programme darstellt, nämlich die der Operationen, aus denen sämtliche Programme zusammengefügt sind: die Mikrooperationen. Diese lassen in sich im allgemeinen keinen zeitlichen Ablauf mehr erkennen. Alle ihre Schritte gehen gleichzeitig vor sich, so daß man sie nicht mehr als „Programm" bezeichnen kann.

Die soeben aufgezählte Stufeneinteilung ist nicht scharf definiert und auch nicht vollständig. So ordnet man oft noch über den Benutzerprogrammen eine sog. Supervisor-Ebene ein. Sie besteht aus Basisprogrammen, von denen der Benutzer praktisch nichts merkt, die aber den gesamten Rechenbetrieb (gewissermaßen den „Spielplan") leiten und die Benutzerprogramme nach der Reihenfolge der Dringlichkeit auslösen. Wir betrachten sie hier nicht.

Übergänge zwischen der 2. und 3. Stufe sind technisch aktuell geworden durch die Verwendung von sehr großen Plattenspeichern, die es gestatten, praktisch die ganze Programmbibliothek in die Maschine selbst aufzunehmen, was die Benutzung natürlich sehr erleichtert.

Übergänge zwischen der 3. und 4. Stufe liegen insofern vor, als man dieselben Operationen auf beiden Stufen durchführen könnte, wie wir weiter unten sehen werden, und die Grenzen dabei technisch nicht immer streng zu ziehen sind. Es gibt einerseits Zwischenstufen, die mehr nach 3 tendieren. Zu diesen zählen Festspeicherprogramme: Programme, die in einem Spezialspeicher der Maschine abgelegt sind, so daß sie vom Programmierer nicht abgeändert werden können. Ein zweites Übergangsstadium bilden Programme, die eher zu Stufe 4 tendieren, nämlich die Mikroprogramme, die wie Programme aufgebaut sind, aber einen eigenen Code haben und sich demzufolge deutlich gegen die Stufe 3 absetzen.

Die verschiedenen Stufen können in erster Linie und am besten unterschieden werden nach der Art der „Aufbewahrung" der Programme. Wir sagten es schon, daß Programme der Stufe 1 vielfach gar nicht aufbewahrt werden, Stufe 2 in Gestalt von „Papier", Stufe 3 innerhalb des Speichers der Maschine und Stufe 4 als verdrahtete Anschlüsse innerhalb der Anlage.

Dieselbe Klassifizierung ist jedoch auch nach einer Reihe anderer Gesichtspunkte möglich. Zu diesen gehört die Frage, wer Programme der betreffenden Stufe herstellt. Bei den Benutzerprogrammen wird das in einer Reihe von Fällen auch der Hersteller der Maschine sein, meistens jedoch wirklich der Benutzer, der Kunde. Bei Stufe 2 liegt das Verhältnis anders. Diese Programme werden in großem Umfang mit der Anlage geliefert, werden aber in eben so großem Maße auch zusätzlich vom Kunden angefertigt werden. Das ist in Stufe 3 jedoch ein Ausnahmefall. Meist werden Pakete von Basisprogrammen komplett vom Hersteller erstellt und vom Kunden unverändert benutzt. Bei Stufe 4 ist eine nachträgliche Änderung durch den Kunden nicht mehr möglich. Sie bedeutet einen technischen Eingriff in das Gerät, und der Hersteller muß sie im Bedarfsfalle selbst vornehmen.

Es ist sehr wichtig, daß der Programmierer einer Stufe nicht nur auf die nächstfolgende Stufe von Bausteinen zurückgreift, sondern möglichst alle darunterliegenden Stufen zur Programmierung benutzen kann. So wird der Benutzer einer Anlage sowohl die Bibliotheksprogramme als auch die Basisprogramme als auch die Mikroprogramme unmittelbar verwenden und aus ihnen gemeinsam sein Programm fertigen. Einzig die Stufe der Mikrooperationen ist ihm nicht zugänglich. Diese müssen auf andere Art und Weise ausgelöst werden, die er mit seinen Mitteln nicht erreichen kann.

Gerade diese Möglichkeit, auch auf die unteren Stufen zurückzugreifen, hat zur Flexibilität der Anwendung von Rechenanlagen geführt. Sie gestattet es, für Sonderfälle selbst z. B. Basisprogramme herzustellen. Dabei ist natürlich zu bemerken, daß die höheren Stufen den höheren Bedienungskomfort bieten und daß das Arbeiten insbesondere in den unteren Stufen sehr viel Detailkenntnisse voraussetzt.

Die Stufen 3 und 4 sind technisch gesehen grundverschieden. Das ändert aber nichts daran, daß sie aus der Perspektive des Benutzers keine sehr großen Unterschiede zeigen und die Trennlinie zwischen ihnen willkürlich erscheint. Bei manchen Rechenanlagen wird sie je nach den technischen Gegebenheiten anders gezogen als bei anderen. Daraus folgt, daß beide Arten von Programmen, sowohl die Basisprogramme als auch die Ablaufsteuerungen bzw. Mikroprogramme, für den Benutzer auf eine möglichst ähnliche Art und Weise zugänglich, also benutzbar sein sollen. Gerade auf diesen Punkt werden wir im folgenden besonderen Wert legen. Wir werden bei der vorliegenden Konstruktion anstreben, daß sowohl Basisprogramme als auch Mikroprogramme bzw. Befehlsabläufe auf genau entsprechende Art und Weise ausgelöst werden können.

Die Auslösung der „Bausteine" der einzelnen Stufen erfolgt durch „Befehle", die die Einzelschritte höherer Stufen darstellen. Nicht jede Stufe kann durch Befehle unmittelbar jede niedrigere Stufe aufrufen: Basisprogramme z. B. können nicht unmittelbar Mikrooperationen auslösen. Oberhalb der Mikrooperationen liegt ein sog. „Befehlscode-Wechsel" vor.

Ein derartiger Befehlscode-Wechsel bedingt im allgemeinen einen „Interpretationszyklus" für die höheren Befehle: Auf der niedrigeren Ebene wird durch einen zyklischen Ablauf ein Befehl der höheren Ebene nach dem anderen analysiert; je nach dem Ergebnis der Analyse werden die erforderlichen Operationen ausgeführt.

Auch oberhalb der Basisprogrammebene läßt sich ein Befehlscode-Wechsel einführen: Wenn der Benutzer keine Maschinenbefehle unmittelbar benötigt, kann für ihn ein völlig neuer Befehlscode eingeführt werden, der durch geeignete Basisprogramme interpretativ abgearbeitet wird. Dies ist wichtig für die Nachbildung („Simulation") einer Rechenanlage auf einer anderen. Wegen des meistens hohen Verlustes an Rechengeschwindigkeit wollen wir derartige Befehlscode-Wechsel aber zwischen den Basisprogrammaufrufen und den Maschinenbefehlen ausdrücklich vermeiden und darüber hinaus beide einander möglichst ähnlich machen.

Ein Beispiel möge die Stufeneinteilung illustrieren. Wir betrachten als Benutzerprogramm die Addition spezieller komplexer Matrizen (z. B. Bandmatrizen). Diese Aufgabenstellung sei zu speziell, um in der Programmbibliothek unmittelbar berücksichtigt zu sein. Man wird den Rechenablauf daher als Benutzer zerlegen müssen in Einzelschritte, die Additionen (und andere Rechenoperationen) von komplexen, reellen gebrochenen und ganzen Zahlen bewirken.

Addition komplexer Zahlen ist eine häufiger benötigte Operation. Sie wird im allgemeinen in einer Programmbibliothek vorbereitet sein. Andererseits ist sie nicht so wichtig, daß sie bei kleineren Anlagen zu den Basisprogrammen zählt. Das in der Bibliothek liegende Programm wird dann die komplexe Addition in einzelne reelle Schritte zerlegen.

Die Operationen mit gebrochenen reellen Zahlen („Gleitkommazahlen", „reals") sind zu kompliziert, um bei kleineren Maschinen in Gestalt einer Ablaufsteuerung verdrahtet zu sein. Das Basisprogramm wird sie also in Einzelschritte zerlegen, die ganze Zahlen verarbeiten.

Die Addition ganzer Zahlen wiederum wird in jedem Fall als Mikroprogramm oder verdrahtete Steuerung vorhanden sein. Sie stellt jedoch einen komplizierten Vorgang dar. In einzelnen aufeinanderfolgenden Schritten muß die Maschine untersuchen, ob eine Addition oder eine andere Operation durchgeführt werden soll. Sie muß die zu addierende Zahl im Speicher suchen und in das Rechenwerk transportieren. Die Addition selbst verläuft wegen der Überträge ebenfalls in mehreren Schritten. Schließlich muß das Ergebnis in der richtigen Form abgespeichert werden.

Es kann sein, daß eine Matrizenaddition Hunderte oder Tausende von komplexen Additionen und noch mehr Hilfsoperationen erfordert, diese bedingen jeweils mehrere reelle Additionen. Basisprogramme zerfallen oft in 10 bis 100 „Maschinenbefehle", von denen jeder ein Mikroprogramm oder einen Durchlauf der Ablaufsteuerung auslöst. Diese wiederum kann 10 bis 20 aufeinanderfolgende Schritte erfordern.

Programmiersprachen

Getrennt von der Ansiedlung der Programme auf den verschiedenen Ebenen ist die Frage, wie Programme formuliert werden.

Hierzu dienen die verschiedenen „Programmiersprachen". Diese können sehr komfortabel und bequem für den Anwender sein. Das erfordert dann allerdings eine Einordnung auf den obersten Ebenen unserer Stufenanordnung.

Diese Bequemlichkeit kann so weit getrieben werden, daß mathematische Formeln praktisch in unveränderter Gestalt abgeschrieben werden können. Das trifft zu für Programmiersprachen wie ALGOL, FORTRAN, COBOL usw., die heutzutage für die Benutzer fast aller größeren Anlagen zugänglich gemacht werden. Diese Sprachen sind aber grundverschieden von der Darstellung der Informationen und der Programme innerhalb der Maschine, so daß ein sehr komplizierter Umwandlungsprozeß nötig ist, bevor das Programm innerhalb der Maschine durchgeführt („gerechnet") werden kann. Dieser Prozeß wird wieder durch einen Ablauf, also durch ein Programm, bewirkt, das man bei komplizierten Sprachen den „Compiler" oder „Übersetzer" nennt. Programmiersprachen dieser Art nennt man „problemorientiert", weil sie den Eigenarten der Problembereiche (Technik, Handel usw.) angepaßt sind.

Von ihnen sind die maschinenorientierten Sprachen zu unterscheiden, welche eingeführt wurden, um den Umwandlungsprozeß der „Befehle" möglichst zu erleichtern. Diese stellen dann eine Aufzählung der einzelnen Schritte dar in möglichst derselben Form und genau derselben Reihenfolge, wie sie innerhalb der Maschine benutzt wird. Das Arbeiten mit einer solchen maschinenorientierten Sprache ist umständlicher und erfordert mehr Detailkenntnisse als das in einer problemorientierten, hat dafür aber den Vorteil, daß man mehr auf die Eigenarten der Maschine eingehen kann. Insbesondere können tiefere Programmierstufen noch mitverwendet und damit die Rechengeschwindigkeit wesentlich gesteigert werden, oft um einen Faktor 2 bis gelegentlich 10. Ob dieser Gewinn in der Rechengeschwindigkeit wirklich den Mehraufwand an Arbeit lohnt, muß im Einzelfall entschieden werden.

Bei der Entwicklung und Darstellung von Programmen sind die verschiedensten Hilfsmittel entwickelt worden, die ein übersichtliches und bequemes Arbeiten gestatten. Diese Hilfsmittel können einerseits außerhalb der Maschine liegen und nur vom Programmierer benutzt werden. Wichtig sind sog. „Flußdiagramme": zeichnerische Darstellungen, in denen durch Pfeile die Aufeinanderfolge der einzelnen Schritte skizziert wird.

Derartige Programmierhilfen können aber auch innerhalb der Maschine aufgebaut werden. Die wichtigsten von ihnen wurden bereits genannt: Compiler oder Übersetzer. An ihre Stelle treten bei maschinenorientierten Sprachen kleinere Programme, die es gestatten, das neu anzufertigende Programm zu überprüfen oder zu vervollständigen.

Eine Sprache, in der Programme zwar maschinenorientiert geschrieben werden können, in der jedoch programmierte Bequemlichkeiten und Erleichterungen in Anspruch genommen werden können, nennt man oft eine „Assemblersprache". Der „Assembler" tritt dabei an die Stelle des Übersetzungsprogramms und erfüllt ähnliche Aufgaben wie dieses: Er bietet den Bedienungskomfort.

Flußdiagramm

Wieder soll ein Beispiel die Anwendung von Flußdiagrammen und höheren Programmiersprachen verdeutlichen. Die Darstellung in einer maschinenorientierten Sprache soll in einem späteren Kapitel weiter ausgeführt werden.

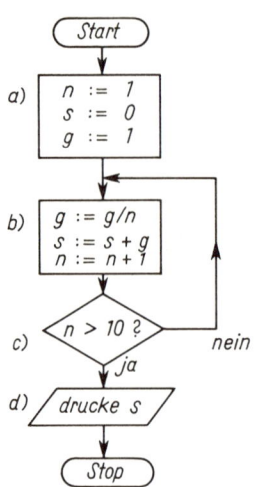

Zunächst die Beschreibung durch ein Flußdiagramm (Bild 1.5).

Selbstverständlich ist eine solche Notierung von Programmen nur als Zwischenzustand brauchbar, sie sollte aber trotzdem nicht als unwichtig angesehen werden. Sie hat eine genormte Form gefunden in DIN 66001.

1.5   Flußdiagramm

Es handelt sich um das folgende Problem: Es soll die Summe der Zahlen

$$1; \quad \frac{1}{2}; \quad \frac{1}{2 \cdot 3} = \frac{1}{3!}; \quad \frac{1}{2 \cdot 3 \cdot 4} = \frac{1}{4!} \quad \text{usw. bis} \quad \frac{1}{10!}$$

gebildet werden.

Zuerst ist zu klären, wie weit wir Bezug nehmen können auf bereits vorgegebene Teilprogramme. Im vorliegenden Fall soll unsere Maschine noch nicht in der Lage sein, auf einen einfachen Befehl hin Summen zu bilden, die entsprechenden Anweisungen müssen wir ihr also erst geben. Andererseits sollen die benötigten Rechenoperationen bereits als Basisprogramme verfügbar sein.

Der Aufbau des Programms kann entwickelt werden auf Grund des Weges, den man bei einer schriftlichen Tabellenrechnung für dasselbe Problem beschreiten würde. Man würde bei 1 anfangend und dann immer um Eins weiterzählend erst die einzelnen Summanden bilden und dann die Additionen ausführen.

Bei der maschinellen Durchführung ist zu beachten, daß wir einerseits nur immer zwei Zahlen gleichzeitig addieren können. Darüber hinaus fällt es der Maschine nicht so leicht wie einem Menschen zu erkennen, wann das Ende der Addition erreicht ist. Deshalb also der in der Zeichnung angegebene Ablauf:

Die Nummer des gerade betrachteten Gliedes (und damit die Zahl, von der die Fakultät gebildet werden soll) haben wir mit n bezeichnet. g ist das betrachtete Glied, s die bisherige Teilsumme (und am Schluß dann das Ergebnis). Im Kasten a) werden vorbereitende Aufgaben ausgeführt. Es werden nämlich die Zahlenwerte eingesetzt, die beim ersten Durchlauf der folgenden Schritte benötigt werden. Mit dem Kasten b) beginnt nun ein Kreislauf, der für die einzelnen Glieder immer wieder durchlaufen werden muß. Die jetzt und im folgenden angegebenen Anweisungen dürfen daher nicht nur für das erste der Glieder, sondern müssen ebenso für alle folgenden Glieder unserer Reihe anwendbar sein. Im einzelnen sind dies die Schritte:

b1) Berechnen des nächsten Gliedes g unserer Reihe

b2) Hinzuzählen des berechneten Gliedes zur bisherigen Teilsumme s

b3) Bereitstellen von n für das nächste Glied

c)   Untersuchung, ob noch ein weiteres Glied berechnet werden muß

Zu b1), also zur Berechnung des nächsten Gliedes unserer Reihe, ist zu bemerken, daß es ein unnötiger Arbeitsaufwand ist, wenn man diese Berechnung immer wieder von vorne beginnen würde. Auch bei einer schriftlichen Rechnung würde man dies nicht tun, sondern man würde das unmittelbar vorher berechnete Reihenglied mitbenutzen, um sich die Arbeit zu vereinfachen. So soll es auch hier geschehen.

Der eben beschriebene Ablauf ist in Bild 1.5 dargestellt in der Schreibweise, wie sie in DIN 66001 festgelegt ist. Danach sind die Rechenanweisungen in rechteckige Kästchen einzuschließen. Für Fallunterscheidungen, Abfragen usw. sind Rhomben zu zeichnen, bei denen angefügte Worte („ja“, „nein“) die einzelnen Möglichkeiten bezeichnen. Eine Reihe weiterer Symbole ist in Bild 1.6 zusammengefaßt.

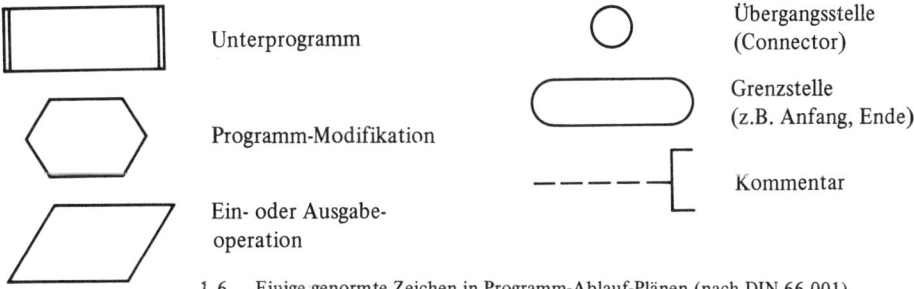

Unterprogramm

Programm-Modifikation

Ein- oder Ausgabe-
operation

Übergangsstelle
(Connector)

Grenzstelle
(z.B. Anfang, Ende)

Kommentar

1.6   Einige genormte Zeichen in Programm-Ablauf-Plänen (nach DIN 66 001)

Innerhalb der Kästchen ist für die Schreibweise keine Normung vorgesehen. Der Sinn der Flußdiagramme liegt gerade in der Möglichkeit, hier in freier Form die einzelnen Schritte zu skizzieren. Im vorliegenden Fall wurde die Schreibweise von Gleichungen so gewählt, wie sie auf den nächsten Seiten für ALGOL-Programme benutzt wird. So bedeutet die Gleichung n:=1, daß der Größe n der Zahlenwert 1 gegeben werden soll.

Charakteristisch für die Arbeit einer Rechenanlage ist die auf den ersten Blick verblüffende Formel

$$s := s + g$$

Sie läßt erkennen, daß hier keine mathematische Gleichung gemeint ist. Den Größen s und g entsprechen vielmehr als „Leerstellen“ Speicherplätze, deren Inhalt (Zahlenwert) durch eine derartige

Formel geändert werden kann. Gemeint ist: Auf der rechten Seite dieser „Wertzuweisung" soll der a l t e Wert von s eingesetzt werden, und nach der Ausrechnung soll das Ergebnis in den auf der linken Seite charakterisierten Speicherplatz eingesetzt werden. s wird durch unsere Anweisung also um den Wert g erhöht.

Selbstverständlich sind sowohl die Beschriftung der einzelnen Kästchen als auch der „Maßstab" (die „Auflösung") des Flußdiagramms willkürlich und dem jeweiligen Zweck anzupassen. Es wäre möglich, nur ein einziges Kästchen für das ganze Programm zu zeichnen.

Der Unterschied der letzteren Darstellung desselben Problems liegt darin, daß dann bereits die Berechnung einer Summe als vorhandenes Verfahren bzw. Programm vorausgesetzt wird. Im Einzelfall muß daher entschieden werden, wie weit die Auflösung des Problems in Einzelschritte getrieben werden muß und welche Teilschritte dabei als bekannt vorausgesetzt werden. Darin liegt der Vorteil, aber auch die Gefahr des Zeichnens von Flußdiagrammen: Überflüssige Einzelheiten können fortgelassen werden, gleichzeitig können aber auch Schwierigkeiten durch gar zu großzügige Unterteilung vergessen werden.

Problemorientierte Sprachen

Will man den eben genannten Schwierigkeiten aus dem Wege gehen, so muß man auf eine genormte Schreibweise von Programmen zurückgreifen, die eine wirklich bis ins letzte Detail gehende Unterteilung bindend vorschreibt. Dabei ist es zweckmäßig, diese Norm so zu wählen, daß der entstehende Text auch gleich für die Maschine selbst „verständlich" ist. Das letztere setzt nur voraus, daß die Schreibweise in dem Sinne eindeutig ist, daß jede Anweisung, die sie enthält, nur auf eine einzige genau definierte Weise ausgeführt werden kann.

Welche weiteren Bedingungen hat eine derartige Norm zu erfüllen? Sie sollte dem Problem angemessen sein, d.h., sie sollte Programme des jeweils betrachteten Gebietes möglichst einfach darzustellen gestatten. Außerdem sollte sie der dem Fachmann gewohnten Sprechweise möglichst gut angepaßt sein. Bei mathematisch-technischen Problemen bedeutet dies, daß z. B. mathematische Formeln in einer möglichst unveränderten Form geschrieben werden können.

Eine genormte Schreibweise, die diesen Bedingungen genügt, heißt „problemorientierte Programmiersprache". Wir wollen als Beispiel unser kleines Problem in einer dieser Sprachen angeben. Die verwendete Sprache ist ALGOL. Sie wurde in der Fassung ALGOL 60 festgelegt von einer Kommission, die sich aus Mitgliedern einer Reihe von Hochschulen und Industrieunternehmen zusammensetzte.

In ALGOL lautet unser Programm:

```
begin
real s, g;
integer n;
s: = 0;
g: = 1;
for n: = 1 step 1 until 10 do begin
g: = g/n;
s: = s + g;
end;
print (s);
end;
```

Die Schreibweise der wesentlichsten Zeilen ist dem Mathematiker gewohnt. Oben wurde schon gesagt, daß es sich bei den Angaben, die ein Gleichheitszeichen enthalten, nicht um Gleichungen im mathematischen Sinne handelt, sondern um „Wertzuweisungen". Der auf der rechten Seite stehende Ausdruck soll berechnet und derjenigen Größe zugeordnet werden, die auf der linken Seite angegeben ist. Soweit diese auch auf der rechten Seite noch einmal auftritt, ist rechts der „alte Wert" und links der „neue Wert" gemeint, d. h., bei jeder Ausführung einer solchen Wertzuweisung ändert sich der Wert der „Größe".

Die weiteren verwendeten Bezeichnungen: In **begin** und **end** werden Programme (wie hier) oder Programmteile eingeschlossen, die so zu einem sog. Block zusammengefaßt werden, der als ganzes behandelt werden soll.

Unter **real** und **integer** werden alle Größen aufgeführt, die in den Anweisungen auftreten. Diesen Größen sollen ja einzelne Speicherplätze zugewiesen werden, in die der jeweilige Zahlenwert eingespeichert werden soll. Man hat daher in die Norm aufgenommen, daß alle auftretenden Größen voraus namentlich aufgeführt werden müssen.

Die Zeile **for** ... **step** ... **until** ... **do** ... besagt, daß die im folgenden mit **begin** und **end** zusammengefaßten Anweisungen für die betrachteten n-Werte immer wieder durchgerechnet werden sollen. Dabei soll dieser Zeile zufolge n, bei dem Wert 1 beginnend, immer um Eins weitergezählt werden, bis der letzte Wert 10 erreicht ist.

Das Wort print schließlich ist die genormte Anweisung, den Zahlenwert von s, also das Ergebnis der Berechnung, auf dem Papier niederzulegen.

Es wurde gesagt, daß die soeben angegebene Schreibweise unseres Programmes für die Maschine unmittelbar verständlich ist. Dieses „Verständnis" wird in mehreren Stufen erreicht. Die erste dieser Stufen bezeichnet man als das Übersetzen des Programmes. Dies geschieht automatisch innerhalb der Maschine durch das von der Herstellerfirma mitgelieferte „Compiler"-Programm.

Die wichtigsten Aufgaben, die der Compiler ausführt, sind die folgenden:

1. Für die auftretenden Größen sind Speicherplätze zu reservieren; und immer, wenn eine Größe in den Anweisungen auftritt, muß der entsprechende Speicherplatz ermittelt und seine Adresse (vgl. Abschn. 2.3.) in das Programm eingesetzt werden.

2. Die Gleichungen und Anweisungen sind so umzuordnen, daß die einzelnen Größen in der Reihenfolge geholt bzw. abgespeichert werden, in der die Rechenoperationen dies erfordern. Diese neue Reihenfolge stimmt mit der hingeschriebenen nicht überein, manchmal sind sehr viele Umstellungen nötig.

3. Die komplizierteren Anweisungen (z.B. **for** ... **do**) müssen in ihre Einzelschritte zerlegt und diese in die richtige Reihenfolge eingeordnet werden.

Um es noch einmal zu betonen: Alle diese Aufgaben werden automatisch ausgeführt durch ein Programm, welches sich normalerweise immer in der Maschine befindet und von dessen Arbeit der Benutzer relativ wenig bemerkt. Erst wenn der betrachtete Übersetzungsvorgang abgeschlossen ist, beginnt die Maschine mit dem eigentlichen Rechenvorgang.

Maschinencode

Wir sollten unser Beispiel noch in einer weiteren Form wiedergeben, nämlich in derjenigen, die der Ausführung in der Maschine entspricht. Man nennt diese ebenfalls genau festgelegte Schreibweise, wie oben gesagt, den „Maschinencode" oder auch die „Assemblersprache" (das Wort „Code" wird hier in anderer Bedeutung benutzt als früher). Hier müssen wir alle Anweisungen der Maschine in genau der Reihenfolge geben, in der sie   ausgeführt werden sollen. Darüber hinaus können wir jetzt als Anweisungen nur solche verwenden, die den eigentlichen Operationen der Maschine entsprechen.

Wegen der großen Unterschiede, die zwischen verschiedenen Maschinentypen bestehen, ist es selbstverständlich, daß die hier betrachtete Schreibweise im Gegensatz zu der vorherigen nur auf einen Maschinentyp bezogen sein kann. Es existiert also keine allgemeinverbindliche Norm.

Deswegen wollen wir an dieser Stelle noch nicht den genauen „Code" einer derartigen Sprache verwenden, sondern die einzelnen Schritte durch die Umgangssprache umschreiben. Jeder Zeile unserer Zusammenstellung entspricht ein sog. „Befehl". Seine Schreibweise soll in einem späteren Kapitel betrachtet werden. Die Schritte sind:

> Hole die Zahl 1;
> Setze sie für n ein;
> Setze sie für g ein;
> Hole die Zahl 0;
> Setze sie für s ein;
> (Dies sei die Stelle „S1":)
> Hole g;
> Teile es durch n;
> Setze das Ergebnis für g ein;
> Addiere s;
> Setze das Ergebnis für s ein;
> Hole n;
> Addiere die Zahl 1;
> Setze das Ergebnis für n ein;
> Ist das Ergebnis größer als 10?
> Wenn nein, so gehe zur Stelle „S1"; sonst:
> Drucke s;
> Stop.

2. Dualzahlen

Die folgenden Abschnitte zeigen Zahlendarstellungen und Rechenoperationen. Ziel sind Konsequenzen aus der Informationsdarstellung für eines der wichtigsten Charakteristika einer Rechenanlage, die Wortlänge. Diese werden in Abschnitt 2.4. gezogen.

2.1. Ganze Zahlen

In diesem Abschnitt sollen die Eigenschaften der Dualzahlen betrachtet werden. Besonders interessieren uns die mit ihnen durchzuführenden Rechenoperationen, die später durch ein Rechenwerk ausgeführt werden sollen. Dabei ist zu untersuchen, welche der Operationen unbedingt benötigt werden und welche aus diesen durch eine Folge verschiedener Schritte aufgebaut werden können. Letztere brauchen dann nicht beim Aufbau des eigentlichen Rechenwerkes berücksichtigt zu werden. Für sie ist lediglich eine Ablaufsteuerung nötig, die die einzelnen Schritte in der richtigen Reihenfolge auslöst.

Die dualen Zahlen haben wir eingeführt als eine Folge von L und 0. Ein Beispiel:

L LL0 L0L

Wir können sie uns veranschaulichen als eine Anzahl von Lämpchen, die entweder leuchten (L) oder dunkel sind (0). Über diesen denken wir uns eine Bewertung als Code eingetragen:

64	32	16	8	4	2	1
L	L	L	0	L	0	L (= 117)

Die Zahl ergibt sich als die Summe der Bewertungen von denjenigen Lämpchen, die aufleuchten. Als Code für die einzelnen „Stellen" der Dualzahl haben wir die Zweierpotenzen gewählt. Mit Hilfe der „niedrigeren" Stellen lassen sich alle Zahlen darstellen – bis zu einer bestimmten Grenze. Die nächsthöhere Zahl kann dann nicht mehr dargestellt und muß durch das nächste Lämpchen repräsentiert werden. Dies führte uns zu den Zweierpotenzen.

Wenn wir hier von einem Zahlensystem sprechen, so müssen wir beweisen, daß wir alle natürlichen (positiven ganzen) Zahlen wirklich eineindeutig durch eine Folge von L und 0 darstellen können, daß also keine Verwechslungen möglich sind.

Zu jeder Folge von L und 0 gehört eindeutig eine Dezimalzahl. Dies ist selbstverständlich, denn die Beschriftungen über den Lämpchen sind ja eindeutig, und wenn wir mehrere dieser Beschriftungen addieren, muß wieder ein eindeutiges Ergebnis herauskommen.

Umgekehrt läßt sich jede Dezimalzahl immer und nur auf eine einzige Art und Weise durch eine Folge von L und 0 darstellen.

Dies ergibt sich aus der Formel für die geometrische Reihe:

$$\sum_{n=0}^{N-1} 2^n = 2^N - 1$$

Sie zeigt, daß alle Zweierpotenzen bis zu einem bestimmten Exponenten zusammen genau 1 weniger ergeben als die nächst höhere.

Daraus folgt einerseits, daß wir in einer Zahl nicht die in ihr enthaltene größte Zweierpotenz durch eine Summe anderer ersetzen können. Andererseits können wir aber auch schließen, daß der Rest kleiner als die zuletzt abgezogene Zweierpotenz ist und damit wirklich in kleinere zerlegt werden kann.

Zusammenfassend kann man feststellen, daß unsere Zahlendarstellung eineindeutig (umkehrbar eindeutig) ist.

Wenn wir hier von Dualzahlen sprechen, so steckt darin jedoch noch etwas mehr: Es wird zum Ausdruck gebracht, daß man mit den Dualzahlen genau entsprechend den Dezimalzahlen rechnen kann. Auch Dezimalzahlen sind zu zerlegen in die einzelnen Stellen:

100	10	1
1	1	7

Hier haben wir über den Dezimalen die Wertigkeit angegeben, und man erkennt sofort die Analogie zu den Dualzahlen. Wenn wir hier die Zehnerpotenzen angeben, so waren es dort die Zweierpotenzen.

Wenn wir hier in jeder Dezimalen zehn Ziffern von 0 bis 9 zur Auswahl haben, so waren es oben die beiden „Ziffern" 0 und L. Dadurch ist der Unterschied gegeben, und auch die Rechenprozesse weisen nur diesen Unterschied und die sich daraus ergebenden Konsequenzen auf.

Addition

Wenden wir uns nun diesen Rechenprozessen zu (immer noch unter der Einschränkung auf positive ganze Zahlen). Als erstes haben wir die Addition, das Zusammenzählen, zweier Zahlen zu betrachten. Hierfür ein Beispiel:

		128	64	32	16	8	4	2	1		100	10	1
+{	A =		L	L	L	0	L	0	L	=	1	1	**7**
	B =			L	0	0	L	L	L	=		3	9
Übertrag	=	L	L			L	L	L					
R	=	L	0	0	L	L	L	0	0	=	1	5	6

Es ist wieder die Wertigkeit der einzelnen Stellen angegeben. Neben die Dualzahlen sind die Dezimalzahlen zur Kontrolle geschrieben. Betrachten wir die einzelnen Schritte der Addition von rechts nach links! In der ersten Stelle rechts — der Einerstelle — stehen zwei L untereinander. Eine Addition dieser beiden L würde eine „2" ergeben. Da wir in unserem Zahlensystem aber die „2" nicht einstellig, sondern als L0 schreiben müssen, erhalten wir das Ergebnis 0 und — in der nächsten Stelle — ein L als Übertrag. Damit ist die erste Stelle des Ergebnisses ermittelt. Wir erkennen auch bei einer Betrachtung der Zahlen, daß dieses Ergebnis richtig sein wird. Wir haben wegen der beiden L in der letzten Stelle zwei ungerade Zahlen zu addieren, das Ergebnis muß eine gerade Zahl sein, die an der letzten Stelle ein 0 enthält. Diese ist ja die Einerstelle und die einzige, die etwas „Ungerades" zum Ergebnis beitragen kann.

Fahren wir mit unserer Addition fort. In der nächsten Stelle sind die beiden Summanden 0 und L.

Diese würden als Ergebnis L bringen. Wir haben aber den eben errechneten Übertrag zu berücksichtigen, so daß wir effektiv in dieser Stelle wieder zwei L haben mit dem gleichen Ergebnis wie eben: 0 mit Übertrag L.

Nun die dritte Stelle: Hier stehen jetzt drei L untereinander: zwei L von den beiden Summanden und eines vom Übertrag. Das dezimale Ergebnis würde „3" sein, in dualer Schreibweise: LL. Dies bedeutet, daß wir als Ergebnis ein L einzutragen haben und das zweite L nun als Übertrag wieder auf die nächste Stelle übernehmen müssen. Wir fahren auf diese Weise fort und erhalten das im Beispiel angeführte Ergebnis.

Das L spielt eine Doppelrolle, wenn wir mit dem dezimalen Zahlensystem vergleichen, nämlich die Rolle der Ziffer 1 und die der Ziffer 9. Wenn wir nach der 9 weiterzählen, so kommen wir im Dezimalsystem auch zu „0" mit Übertrag „1". Dieses entspricht genau dem Weiterzählen nach dem L beim Dualsystem.

Die Rechnung mit dem Übertrag wird natürlich komplizierter, wenn man mehr als zwei Zahlen auf einmal addieren will. Sobald bei größeren Berechnungen einmal vier L untereinanderstehen (Ergebnis 4 = L00), würde ein Übertrag auf die ü b e r nächste Stelle nötig sein. Bei technischen Geräten vermeidet man dies nach Möglichkeit. Man addiert dann die Zahlen in einzelnen Schritten paarweise nacheinander.

Subtraktion

Die nächste Operation ist die Subtraktion zweier Dualzahlen. Wir nehmen wieder die gleichen Zahlen wie oben:

		64	32	16	8	4	2	1		
A	=	L	L	L	0	L	0	L	=	117
− B	= −		L	0	0	L	L	L	= −	39
Übertrag	= −			L	L	L				
R	=	L	0	0	L	L	L	0	=	78

Die einzelnen Stellen von rechts nach links werden wie folgt bearbeitet: In der Einerstelle haben wir von einem L ein L zu subtrahieren. Das Ergebnis ist 0. In der folgenden Stelle ist von einem 0 ein L zu subtrahieren, und wir erhalten jetzt — da diese Rechnung nicht aufgeht — einen negativen Übertrag („Eins borgen"). Wir rechnen also in Wirklichkeit: L0 − L = L (2 − 1 = 1). Das Ergebnis ist somit L, und auf die nächstfolgende Stelle müssen wir einen negativen Übertrag übernehmen. Er ist in der dritten Zeile angegeben.

Fahren wir mit unserem Beispiel fort, so haben wir in der dritten Stelle nunmehr von einem L zwei L abzuziehen, nämlich erstens den dort vorhandenen Subtrahenden und zweitens den negativen Übertrag, den wir soeben erhielten. Wir müssen hier wieder einen negativen Übertrag fordern, und es ergibt sich LL − L − L = L (3 − 1 − 1 = 1). Wiederum in der nächsten Stelle haben wir von einem 0 ein L abzuziehen, was uns bereits bekannt ist.

Wir fahren in diesem Schema fort und erhalten das angeführte Ergebnis.

Die Frage, wie wir mit einem negativen Ergebnis zu verfahren hätten, werden wir ein wenig zurückstellen.

Multiplikation

Die Multiplikation zweier Dualzahlen bringt nun nichts Neues mehr. Wir haben auch sie in einem Beispiel erläutert:

16	8	4	2	1		8	4	2	1
L	0	L	0	L	·	L	0	L	L
		L	0	L	0	L			
			L	0	L	0	L		
				L	0	L	0	L	
L	L	L	0	0	L	L	L		
128	64	32	16	8	4	2	1		

10	1	10	1
2	1	·	1	1
2	1
2	1
2	3	1
100	10	1

Das „Kleine Einmaleins" der Dualzahlen ist außerordentlich einfach, da wir ja immer nur entweder mit L oder mit 0 (also 1 oder 0) malzunehmen haben. Eine Multiplikation im strengen Sinne ist also nicht nötig. Schwierig ist die Summation, nämlich das Zusammenziehen der einzelnen Teilergebnisse. Da hier sehr viele Zahlen untereinanderstehen können, haben wir u. U. Schwierigkeiten mit dem Übertrag.

Diese führen dazu, daß man in der Praxis versucht, die Teiladditionen nacheinander auszuführen, so daß man es immer nur mit zwei Summanden zu tun hat. Damit ist die Multiplikation vollständig auf die uns bekannten Additionen zurückgeführt, und das einzige noch bestehende Problem ist nicht das eines Rechenwerkes als vielmehr der Ablaufsteuerung. Über diese soll in einem späteren Kapitel ausführlich berichtet werden.

Besonders zu beachten ist, daß bei der Multiplikation sehr große Ergebnisse herauskommen können. Grob gesprochen addieren sich die Stellenzahlen der beiden Faktoren. Man muß also berücksichtigen, daß ein Rechenwerk genügend viele Stellen zur Aufnahme des Ergebnisses hat, oder man muß von vornherein das Auftreten zu großer Faktoren verhindern bzw. verbieten.

Division

Auch zur Division sind keine prinzipiell neuen Bemerkungen zu machen. Wir betrachten hierzu ein Beispiel:

128	64	32	16	8	4	2	1

4	2	1

32	16	8	4	2	1

```
L  L  0  L  0  L  L  0  :  L  0  L  =  L  0  L  0  L  0
L  0  L
_____
      L  L  0                             4  2  1
      L  0  L                       Rest  L  0  0
      _____
            L  L  L
            L  0  L
            _____
                  L  0  0
```

Der Vorgang erfolgt wie im Dezimalen. Man versucht in jeder Stelle, den Nenner vom Zähler abzuziehen. Wenn dies gelingt, ist das Ergebnis L, wenn es nicht gelingt, ist es 0. Auch diese Abfrage ist sehr viel einfacher als im Dezimalen, wo wir statt der beiden Möglichkeiten 0 und L alle zehn Fälle von 0 bis 9 haben. Im übrigen besteht im Verfahren kein Unterschied. Wir erhalten bei ganzzahliger Division genau wie im Dezimalen einen Rest. Die einzige Schwierigkeit besteht wieder in der Subtraktion, die etwas ungewohnt ist, aber nach den oben für die Subtraktion erhaltenen Regeln abläuft. Wir haben die negativen Überträge nicht mit angegeben.

Die Frage, wie gebrochene Zahlen dargestellt werden, wie man also eine Dualzahl schreibt, wenn der Rest weiter durchgeteilt wird, soll an dieser Stelle noch nicht behandelt werden.

Zur technischen Durchführung der Division ist zu bemerken, daß außer der Abfrage, ob eine Subtraktion möglich ist, nur diese Subtraktion selbst als Rechenoperation vorkommt. Im Prinzip haben wir also hier wieder nur ein Problem der Ablaufsteuerung vor uns, nicht der einzelnen Rechenoperation, die im Rechenwerk vor sich geht. Der Vergleich, ob eine Subtraktion möglich ist, wird oft technisch durch das Durchführen der Subtraktion geschehen. Er kann allerdings durch ein gesondertes Netzwerk beschleunigt werden. Auf diese Dinge wollen wir später eingehen.

Umwandlung „Dezimal in Dual"

Das Rechnen im dualen Zahlensystem ist in der Praxis nur dann tragbar, wenn die Umwandlung vom dezimalen in das duale System und umgekehrt vollautomatisch geschieht. Ein solcher Umrechenprozeß kann einerseits im dezimalen System, andererseits aber auch im dualen System durchgeführt werden. Für eine Maschine ist meistens nur der zweite Weg zugänglich, da sie ja bewußt auf das duale System eingeschränkt werden soll.

Betrachten wir die Umwandlung „Dezimal in Dual", also die Herstellung von Dualzahlen. Wir gehen in zwei Schritten vor. Zuerst wird jede einzelne Ziffer in eine Dualzahl umgewandelt. Das ist eine einfache Code-Umwandlung, die mit einem Netzwerk oder auch mit einer Umwandlungstabelle vorgenommen werden kann. Technische Realisierungen werden wir später untersuchen. Das Ergebnis ist eine Dualzahl kleiner als L0L0 (= 10).

Nun kann der zweite Schritt vorgenommen werden. Er soll die einzelnen so ermittelten Dualzahlen zu einer einzigen zusammenfassen und dabei die Stellenwerte der ursprünglichen Dezimalziffern berücksichtigen. Die einzelnen Zahlen müssen daher jetzt mit dem Stellenwert 1 bzw. 10 bzw. 100 usw. malgenommen werden, wobei diese Multiplikation aber im dualen Zahlensystem zu erfolgen hat. Um diese Rechenvorschrift zu vereinfachen, benutzt man einen Rechenablauf, wie er bei Polynomberechnungen nach dem sog. Horner-Schema verwendet wird: Man nehme den Dualwert der „höchsten" Ziffer, multipliziere ihn (dual) mit 10, addiere den Dualwert der nächsten Dezimalziffer, multipliziere wieder mit 10 usw. Das dezimale Analogon würde für die Zahl 157 lauten:

$$(1 \cdot 10 + 5) \cdot 10 + 7 \ = \ 157$$

Rechnen wir dasselbe in Dualzahlen:

$$(\ L \cdot L \ 0 \ L \ 0 + L \ 0 \ L \ ) \cdot L \ 0 \ L \ 0 + L \ L \ L$$

In Einzelschritten:

1) $L \cdot L \ 0 \ L \ 0 = L \ 0 \ L \ 0$ $1 \cdot 10 = 10$
2) $L \ 0 \ L \ 0 + L \ 0 \ L = L \ L \ L \ L$ $10 + 5 = 15$

$$3) \; \underline{L \; L \; L \; L \quad \cdot \quad L \; 0 \; L \; 0}$$

$$L \; L \; L \; L$$

$$\underline{ L \; L \; L \; L \; 0}$$

$$= \quad L \; 0 \; 0 \; L \; 0 \; L \; L \; 0$$

$15 \cdot 10 = 150$

$$4) \; L \; 0 \; 0 \; L \; 0 \; L \; L \; 0 \; + \; L \; L \; L \; = \; L \; 0 \; 0 \; L \; L \; L \; 0 \; L \qquad 150 + 7 = 157$$

Das Verfahren kann für beliebig viele Dezimalstellen mit immer denselben Schritten fortgesetzt werden: Multiplikation mit 10 = L0L0 und dann Addition der nächsten (dual verschlüsselten) Dezimalziffer.

Das wesentliche Ergebnis ist, daß wir mit den für das duale Zahlenrechnen sowieso vorzusehenden Operationen der Addition und der Multiplikation auch die Umwandlung von Dezimal- in Dualzahlen erfassen können. Die Reihenfolge der Operationen ist wiederum nicht ein Problem des Rechenwerks, sondern der Ablaufsteuerung.

Umwandlung „Dual in Dezimal"

Wie steht es nun mit der umgekehrten Umwandlung von Dual- in Dezimalzahlen? Auch hier existieren Verfahren, die das dezimale, und solche, die das duale Zahlensystem benutzen. Für uns sind auch hier in erster Linie die letzteren von Bedeutung.

Die einleuchtendste Methode ist die folgende: Wenn man die Ziffer in der höchsten in der betreffenden Rechenanlage möglichen Dezimalstelle ermitteln will, so teile man durch die entsprechende Zehnerpotenz. Das Ergebnis der Division ist dann die gesuchte Ziffer, der Rest setzt sich aus den übrigen Dezimalen der Zahl zusammen und muß nach demselben Verfahren auf deren Ziffernwerte weiter untersucht werden.

Wir wollen es an einem Beispiel erläutern. Gegeben sei ein Rechenwerk mit 9 Dualstellen. Jede der in ihm stehenden Zahlen entspricht dann einer höchstens dreistelligen Dezimalzahl (die Zahlen sind kleiner als $2^9 = 512$). Es sei eingespeichert

$$L0L \; LL0 \; L00$$

Wenn wir feststellen wollen, wieviele dezimale Hunderter in dieser Zahl enthalten sind, dividieren wir durch 100 = LL00L00:

```
L 0 L   L L 0   L 0 0 : L   L 0 0   L 0 0 = L L
L L   0 0 L   0 0
L 0   L 0 L   L 0 0
L   L 0 0   L 0 0
L   0 0 L   0 0 0
```

Das Ergebnis sind also LL = 3 Hunderter. Um auf dieselbe Weise die Zehner zu erhalten, teilen wir den Rest durch 10 = L0L0:

```
L   0 0 L   0 0 0 : L   0 L 0 = L L L
L 0 L   0
L 0 0   0 0
L 0   L 0
L   L 0 0
L   0 L 0
L 0
```

Das Ergebnis sind LLL = 7 Zehner und ein Rest von L0 = 2 Einern.

Die in der Praxis verwendeten Verfahren sind umfangreicher, da eine größere Zahl von Dezimalstellen ermittelt werden muß, und sie sind durch eine Reihe von Vereinfachungen besser durchführbar. Sinn unseres Vorgehens war es, zu zeigen, daß auch diese Umwandlung durch die üblichen Rechenoperationen der Dualzahlen erreichbar ist.

Negative Zahlen

Wenden wir uns nun den negativen Dualzahlen zu. Wie können sie am besten in der Rechenanlage dargestellt werden? Wir suchen den günstigsten Code. Die für den Laien einleuchtendste Methode benutzt dieselbe Schreibweise wie bei Dezimalzahlen: Der Betrag der Zahl wird durch ein vorgesetztes Minuszeichen ergänzt. In der Mathematik ist diese Schreibweise in der Tat üblich und bei Dualzahlen in allgemeinem Gebrauch. Sie ist jedoch für eine Benutzung in automatischen Rechenanlagen nur bedingt geeignet.

Der Grund liegt in der Durchführung der Rechenoperationen. Wenn eine der beiden Zahlen, die zusammengezählt werden sollen, negativ ist, würde bei dieser Darstellung die Addition ganz anders verlaufen müssen als bei zwei positiven Zahlen. Nun ist eine solche Ausnahmeregelung aber mit erheblichem Mehraufwand verbunden, denn es müßte praktisch ein zweites Addierwerk für diese Fälle vorgesehen werden. Man wird also versuchen, in Ausnutzung der Freiheiten, die für die Wahl einer Codierung bestehen, negative Zahlen in der Maschine so darzustellen, daß mit ihnen genauso gerechnet werden kann, wie es auch für positive Zahlen der Fall ist. Wie muß nun eine derartige Darstellung aussehen?

Wenn jede Addition nach gleichen Regeln ausgeführt werden soll, einerlei, ob es sich um negative oder positive Zahlen handelt, so muß dies insbesondere auch dann gelten, wenn das Ergebnis der Addition Null ist. Aus dieser Tatsache kann man zu jeder positiven Zahl die entsprechende negative ermitteln. Wir können das Verfahren erst einmal an einem dezimalen Beispiel erläutern: Bei einer dezimal arbeitenden Maschine soll in einem 6-stelligen Rechenwerk die Zahl − 3580 günstiger dargestellt werden. Eine derartige Darstellung muß dann in das folgende Schema eingefügt werden können.

$$
\begin{array}{r}
3\,580 \\
+ \text{ xxx xxx} \\
\hline
= 000\,000
\end{array}
$$

Wir können dieses Schema ausfüllen, wenn wir die Zahl 996 420 als Darstellung für die Zahl − 3 580 auffassen und die Regelung treffen, daß ein eventueller Übertrag, der aus der 6. Stelle in die nicht vorhandene 7. Stelle weitergegeben werden müßte, nicht verarbeitet wird und daher nicht auftritt:

$$
\begin{array}{r}
\vert\ \ 3\,580 \\
+ \ \vert 996\,420 \\
\hline
= 1\vert 000\,000
\end{array}
$$

Man würde also innerhalb einer derartigen Anlage auf das Vorzeichen ganz verzichten und die Zahl − 3 580 als 996 420 schreiben. Das setzt natürlich voraus, daß diese Zahl in ihrer ursprünglichen Bedeutung nicht vorkommen kann, sonst wären Verwechslungen möglich. Ein solches Gerät würde dann z. B. positive Zahlen größer als 099 999 (oder evtl. 499 999) verbieten.

Wir kommen zu demselben Ergebnis, wenn wir die Zahl „Minus 3580" mit Hilfe einer Subtraktion bilden, indem wir „plus 3580" von 0 abziehen:

$$
\begin{array}{r}
|\ 000\ 000 \\
-\quad |\quad 3\ 580 \\
1\ |\ \underline{111\ 1} \\
|\ 996\ 420
\end{array}
$$

Die Subtraktion wurde hier so durchgeführt, wie sie ein Rechner bei schematischer Anwendung der üblichen Regeln erhalten würde. In der letzten Stelle würde er 0 von 0 abziehen, in der vorletzten Stelle 8 von 0 und dabei einen negativen Übertrag erhalten, und so weiter. Der negative Übertrag würde hierbei immer weitergeführt, die Subtraktion würde theoretisch niemals abbrechen. In der Praxis würde sie beendet sein, wenn in einem Rechenwerk die Zahl der verfügbaren Stellen überschritten wird. Wir erhalten auch auf diese Weise offensichtlich das gleiche Ergebnis.

Wenn wir uns wie in unserem Beispiel auf ein 6-stelliges dezimales Rechenwerk beschränken, so gestattet die eben beschriebene Darstellung der negativen Zahlen eine interessante Betrachtung.

Wir zählen hier gewissermaßen „im Kreis herum". Wenn wir bei Null beginnen und die Folge 0, 1, 2, 3 usw. durchlaufen, so kommen wir auf dem Wege über 999 998, 999 999 wieder zu 0 zurück. Wenn wir umgekehrt von der Null aus rückwärts zählen, werden wir in diesem geschlossenen Kreis auf 999 999, 999 998 usw. kommen. Wir haben also ein in sich geschlossenes Zahlensystem vor uns. In der mathematischen Sprache heißt dieses ein „Restklassenring". Die Operationen in einem Restklassenring weichen von den normalen Zahlenoperationen insbesondere dann ab, wenn man zwei zu große Zahlen miteinander multipliziert oder addiert und ein Ergebnis erhält, das eigentlich größer als 999 999 sein sollte.

Die übliche Einschränkung ist, daß man die oberste Stelle oder evtl. die beiden obersten Stellen für die normalen Zahlenrechnungen nicht benutzt, daß sie bei positiven Zahlen also 0 sein müssen. Beginnt nun eine in der Praxis auftretende Zahl nicht mit 0, so heißt dies, daß sie als positive Zahl verboten wurde, daß hier also eine negative Zahl vorliegt. In der Tat ist diese Regel von mechanischen Tischrechenmaschinen bekannt, wo durch Subtraktion zu großer Zahlen in den oberen Stellen „Neunen" erscheinen, die anzeigen, daß das Ergebnis negativ ist.

Wir haben das Negative dadurch definiert, daß es mit der entsprechenden positiven Zahl addiert „0" in jeder Stelle ergibt. Die Bildung des Negativen wird nun besonders einfach, wenn wir im Augenblick diese Forderung etwas zurückstellen und erst einmal diejenige Zahl suchen, die mit der ursprünglichen positiven Zahl summiert in sämtlichen Stellen nicht 0, sondern 9 liefert. Zu unserem Beispiel 3 580 haben wir das folgendermaßen durchgeführt:

$$
\begin{array}{r}
003\ 580 \\
+\ \underline{996\ 419} \\
=\ 999\ 999
\end{array}
$$

Die Ermittlung der Zahl in der zweiten Zeile ist einfach. Man muß nur die Ziffern der ersten Zeile zu 9 ergänzen: 0 entspricht 9, 3 liefert 6, 5 liefert 4 usw.

Nun wollen wir aber nicht eine Summe haben, die aus lauter Neunen, sondern die aus lauter Nullen besteht. Der Übergang von 999 999 auf 000 000 besteht in der Addition einer weiteren „1":

$$
\begin{array}{r}
| \ 003\ 580 \\
+ \ | \ 996\ 419 \\
+ \ | \quad\quad 1 \\
\hline
1\ |\ 000\ 000
\end{array}
$$

Da diese 1 in unserem vorigen Schritt fehlte, müssen wir sie noch zu dem „Komplement" hinzu-addieren und erhalten auf Grund dieses einfachen Bildungsgesetzes wieder 996 420.

Das hier verwendete Rezept lautet also: Um das Negative einer Zahl (im Sinne unserer jetzigen Codierung) zu bilden, ergänze man jede Dezimale zu 9 und addiere zum Schluß eine 1 in der Einerstelle.

Wie ist nun das entsprechende Bildungsgesetz bei Dualzahlen? Suchen wir die Dualzahl -25:

$-$	128	64	32	16	8	4	2	1
25 = |				L	L	0	0	L
$-25 =$ |L	L	L	L	0	0	L	L	L
0 = L|0	0	0	0	0	0	0	0	0

Wollen wir das Suchen einer solchen negativen Zahl schematisieren, so müssen wir darauf achten, daß das Durchlaufen des Übertrages bei der Addition das Wesentliche ist. Hat die positive Dualzahl in der Einer- und eventuell auch in den nächsten Stellen Nullen, so wird auch die negative Zahl an diesen Stellen Nullen aufweisen. Die erste Stelle (von rechts), in der die positive Zahl ein L hat, muß zwangsläufig auch bei der negativen Zahl ein L haben, da sonst im Ergebnis kein 0 auf-treten könnte. Von dieser Stelle an haben wir nun auf den Übertrag von der vorhergehenden Stelle zu achten. Er bewirkt, daß einem L in der positiven Zahl ein 0 in der negativen Zahl entspricht und umgekehrt, da nur dann mit dem Übertrag L zusammen das Ergebnis 0 zustandekommen kann. Ein weiteres Beispiel:

$-$	128	64	32	16	8	4	2	1
	0	0	0	L	L	0	L	0	0

ergibt als
Negatives: L   L   L   0   0   L   L   0   0

Nochmals das Rezept: Die 0 am rechten Anfang der Zahl bleiben (falls vorhanden). Auch das erste L bleibt noch. Von dieser Stelle an werden nun aber alle Ziffern umgewandelt: Aus L wird 0, und aus 0 wird L.

Bei diesem Bildungsgesetz sind wir von der Voraussetzung ausgegangen, daß wir die Addition un-verändert wie bei positiven Zahlen beibehalten wollen. Man kann diese Voraussetzung geringfügig modifizieren, um ein einfacheres Bildungsgesetz für die negativen Zahlen zu erhalten, dem dann natürlich eine etwas umständlichere Addition gegenübersteht.

Benutzen wir also einen abgeänderten Code: Wenn wir zu jeder positiven Dualzahl die entsprechen-de negative dadurch definieren, daß wir in a l l e n Stellen 0 und L nur einfach vertauschen, so ent-steht gegenüber dem eben Beschriebenen kein großer Unterschied. Allerdings erhalten wir nun bei der Summe aus einer Zahl und ihrem „Negativen" nach der bisherigen Addition nicht die Zahl 000000000:

$$25 \; = \qquad \text{LL 00L}$$
$$\underline{,-25 \; = \; \text{LLL L00 LL0}}$$
$$\text{LLL LLL LLL}$$

Das richtige Ergebnis kommt jetzt bei der Addition erst, wenn wir noch um L erhöhen:

$$\begin{array}{r} \text{LLL LLL} \\ \underline{\text{L}} \\ \text{L} \mid \text{000 000} \end{array}$$

In der Tat ist es gerade dieses letzte L, um das sich die beiden Definitionen der negativen Zahlen unterscheiden. Man hat also die Wahl, dieses L von vornherein bei allen negativen Zahlen mit hinzuzufügen, was auf unser erstes kompliziertes Bildungsgesetz hinausläuft, oder es erst bei der Addition selbst einzuführen.

Die auf die beiden angegebenen Arten definierten negativen Zahlen nennt man die „Komplemente" der entsprechenden positiven. Es hat sich eingebürgert, das erste von ihnen als das B-Komplement, das zweite aber als das $(B-1)$-Komplement zu bezeichnen (auch: „Zweierkomplement" und „Einerkomplement").

Rechenanlagen, an denen nach der zweiten Methode gearbeitet wird, haben ein charakteristisches Kennzeichen: Sie haben für $+0$ und -0 eine verschiedene Darstellung: Das $(B-1)$-Komplement zu $\qquad 0 = \text{000 000}$
lautet: $\qquad -0 = \text{LLL LLL}$

Beide Zahlen müssen miteinander identifiziert werden, wenn man in Einklang mit der Mathematik bleiben will, in der $+0 = -0$ ist.

2.2   Dualbrüche und Gleitkomma

Mit der Betrachtung der positiven und negativen ganzen Zahlen bis zu einer bestimmten vorgegebenen Maximalgröße kann man für das praktische Rechnen noch recht wenig anfangen. Die meisten Rechenvorgänge der Praxis spielen sich innerhalb des „reellen Zahlkörpers" ab oder lassen sich zumindest so umschreiben. Zu diesem Zahlkörper gehören aber bekanntlich unendlich viele Zahlen, während wir mit einer fest vorgegebenen Zahl von Bit nur eine recht begrenzte Anzahl darstellen können.

Daß unter diesen Umständen praktisches Rechnen jeder Art überhaupt möglich ist, ist der Tatsache zuzuschreiben, „daß man es so genau gar nicht wissen will", daß nämlich in Technik und Physik alle anfallenden Zahlenwerte, seien es nun Meßwerte oder Konstruktionsmaße, nur mit Fehlern behaftet auftreten und daher auch in einem Rechenprozeß nur mit einer begrenzten Genauigkeit berücksichtigt zu werden brauchen.

Mathematisch gesehen können wir also im allgemeinen ohne Schwierigkeiten die Elemente des unendlichen reellen Zahlkörpers auf die Menge der Bitkombinationen abbilden. Eine im mathematischen Sinne „homomorphe" Abbildung ist dabei nicht möglich, bei Durchführung der Rechenoperationen müssen wir also Abweichungen, nämlich Rundungsfehler, erwarten.

Befassen wir uns in Erweiterung unserer gegebenen Definition nunmehr mit gebrochenen Dualzahlen. Wir behalten das Prinzip bei, daß die für ganze Zahlen geltenden Rechenoperationen möglichst unverändert auch für erweiterte Zahlenbereiche gelten sollen. Dies hatte uns zu unserer Darstellung der negativen Zahlen geführt und wird uns jetzt zur Darstellung gebrochener rationaler Dualzahlen bringen. Unser oben angegebenes Beispiel einer Divisionsaufgabe sei hier wiederholt und nach dem Komma weiter nach dem gleichen Schema fortgeführt:

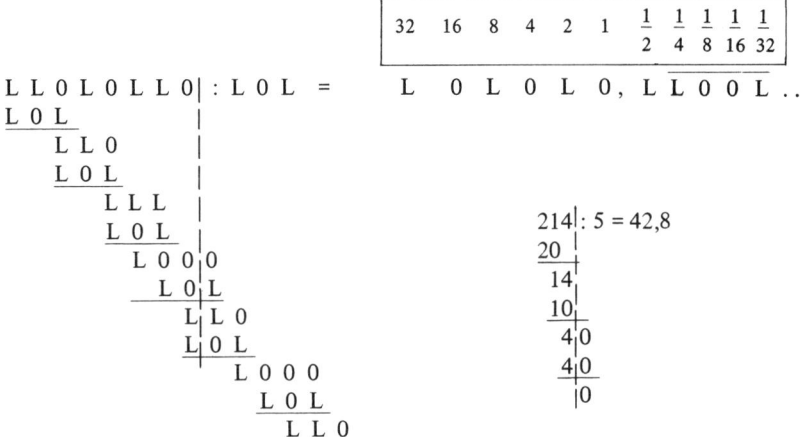

Es ist genauso durchgeführt, wie wir es von Dezimalzahlen sinngemäß auf Dualzahlen zu übertragen haben. Zum Schluß kommt ein periodisches Ergebnis heraus. Wie bei Dezimalzahlen haben wir die Periode durch einen darüberliegenden Strich gekennzeichnet: Aufeinanderfolgend erscheint immer wieder „L00L". Eine dezimale Division würde in diesem Fall ohne Periode abbrechen; ein Dualbruch kann also auch dann unendlich sein, wenn der entsprechende Dezimalbruch endlich ist. Dies führt beim Arbeiten mit Rechenanlagen zu einer Erschwerung für den Programmierer: Aufgaben, die im Dezimalen ein exaktes Ergebnis ohne Rundungsfehler haben, weil ein endlicher Dezimalbruch vorliegt, können im Dualen durchaus auf unendliche Dualbrüche und damit wegen des Abschneidens zu Rundungsfehlern führen, die unerwartet sind.

Welche Wertigkeit haben nun die Stellen hinter dem Komma? Dies sehen wir am besten an der Stelle, bei der zum ersten Male nach dem Komma gerechnet wird. Wir hatten vorher als Rest L00 = 4 erhalten und haben jetzt dazu ein 0 „heruntergeholt", so daß wir weiterrechnen müssen mit L000. Das „Herunterholen" eines 0 bewirkt, daß aus der dreistelligen Zahl L00 die vierstellige Zahl L000 gemacht wird. Diese hat den doppelten Wert wie der Rest, denn das L ist um eine Stelle nach links verschoben und hat dadurch die doppelte Wertigkeit erhalten. Wenn wir den Rest so verdoppeln, bevor wir weiterteilen, so heißt das, daß wir das Ergebnis nachher halbieren müssen. Das Ergebnis war L und bedeutet wegen der Halbierung also den Wert „1/2".

Entsprechendes gilt für alle folgenden Stellen. Wir fügen immer eine neue Stelle hinzu, was den Rest mit dem Faktor 2 multipliziert. Das Ergebnis wird also eine Wertigkeit haben, die immer um einen Faktor „zwei" kleiner wird. Wir haben sie bereits in die Ausrechnung eingetragen.

Unsere Bemerkung, daß der endliche Dezimalbruch 0,8 einem unendlichen Dualbruch entspricht, ist nun verständlich: 8/10 läßt sich nicht durch eine endliche Zahl von Halben, Vierteln, Achteln usw. ausdrücken.

Gleitkomma

Bei praktischem Rechnen innerhalb einer Anlage mit derartigen gebrochenen Zahlen wird man im allgemeinen auf eine ausdrückliche Angabe des Kommas innerhalb der Codierung verzichten. Die einfachste Lösung besteht darin, daß man von vornherein vor dem Komma und nach dem Komma eine feste Zahl von Stellen vorsieht und das Komma in Gedanken zwischen zwei ganz bestimmte Stellen legt.

Eine andere Möglichkeit ist, daß man die Stelle, an der das Komma stehen müßte, dadurch registriert, daß man eine Angabe hierüber getrennt aufschreibt oder abspeichert. Dies führt uns zu der im folgenden beschriebenen „Gleitkommadarstellung" für reelle Zahlen.

Wie sieht nun üblicherweise eine Gleitkommadarstellung aus?

Der erste Schritt besteht in einer Beschneidung der Größe der Zahlen. Für die üblichen Anwendungen besonders in Naturwissenschaft und Technik sind derartige Grenzen meistens naturgegeben, so daß ihre Einführung keine Einschränkung der Allgemeinheit bedeutet. Z. B. liegen physikalisch sinnvolle Längenmaße zwischen dem „Radius des Weltalls" ($\approx 10^{22}$ km) und dem „Radius des Protons" ($\approx 10^{-13}$ cm). Für andere Größen gilt ähnliches.

Der sich daraus ergebende Bereich könnte z. B. für eine Rechenanlage zwischen 10^{+40} und 10^{-40} festgelegt werden. Natürlich ist auch dieser Bereich für einen praktischen Gebrauch zu groß. Er überspannt einen Faktor 10^{80} ($\approx 2^{270}$) und würde zu seiner Darstellung demzufolge 270 Bits erfordern.

Der zweite Schritt einer Reduktion besteht darin, daß man nur die ersten Stellen, d. h. die ersten „gültigen Ziffern" der Zahlen in der Maschine behandelt. Das bedingt aber, daß wir den Zahlenwert in zwei getrennte Informationen zerlegen: in diese ersten Ziffern und in die weitere Angabe, „wo das Komma zu stehen hat". Die bei Dezimalzahlen üblich gewordene externe Schreibweise derartiger „Gleitkommazahlen" mag dieses Verfahren erläutern:

$$0.271538_{10} - 8$$

bedeutet in der üblichen mathematischen Schreibweise die Zahl

$$0.271538 \cdot 10^{-8} = 0.000\,000\,002\,715\,38$$

Der erste Teil der Zahl, hier also 0.271538, wird als „Mantisse", der Teil „-8" als „Exponent" bezeichnet. Bei vorgegebener Stellenzahl der Mantisse ist die relative Genauigkeit im ganzen Zahlenbereich etwa gleich. (Unter diesem „relativen Fehler" versteht man das Verhältnis von absolutem Fehler zu Wert.)

Durch Abrundung nach oben bzw. unten weicht dieser Zahlenwert von dem wirklichen Wert maximal um eine halbe Einheit in der letzten der angegebenen Stellen ab, der wirkliche Wert müßte im vorliegenden Fall zwischen 0.2715385 und 0.2715375 liegen. Daraus ergibt sich ein Fehler von maximal ± 0.002 %o. Solange wir mit einer sechsstelligen Mantisse arbeiten, ist der relative Fehler immer von etwa derselben Größenordnung, hier also etwa 10^{-6}.

Die bei praktischen Rechnungen übliche Zahlenlänge für die Mantisse liegt in vielen Anlagen bei 9 bis 12 Dezimalstellen. Das mag für den Außenstehenden als eine überflüssige Genauigkeit erscheinen, zumindest für normale technische Anwendungen. Man muß dabei aber beachten, daß die gegebene Darstellung, wie oben bereits gesagt, in keiner Weise „homomorph" bezüglich der Rechenoperationen ist. Wenn wir also mit gerundeten Ausgangswerten eine Berechnung vornehmen, so ist damit noch nicht gesagt, daß das Ergebnis der Berechnung auch mit dem gerundeten Wert des wirklichen Ergebnisses übereinstimmt. Ein Beispiel dazu:

$$753\,887 \; - \; 753\,843$$

soll ausgehend von sechsstelliger Genauigkeit berechnet werden:

$$
\begin{array}{rl}
& \text{max. relativer Fehler} \\
753\,887 \quad \pm\,0{,}5 & \left. \right\} \\
-\;753\,843 \quad \pm\,0{,}5 & \approx\;0{,}00007\,\% \\
\hline
44 \quad \pm\,1 & \approx\;2\,\%
\end{array}
$$

Man erhält offensichtlich einen hohen Verlust an relativer (nicht absoluter!) Genauigkeit immer dann, wenn man zwei ungefähr gleich große Zahlen voneinander abzuziehen hat. Das Ergebnis ist eine recht kleine Zahl, so daß bei ihm der Fehler, der sich aus den beiden Fehlern der Ausgangszahlen zusammensetzt, relativ stärker ins Gewicht fällt.

Damit derartige Fehler dann noch einigermaßen tragbar sind, wird bei allen Rechenvorgängen sicherheitshalber eine größere Stellenzahl verwendet. Natürlich ist dies immer nur ein Kompromiß, der in einigen vorkommenden Fällen doch wieder versagt. Die angegebenen Werte haben sich aber als praktikabel erwiesen. Für aus dem üblichen Rahmen herausfallende Grenzfälle wird man mathematische Vorsichtsmaßnahmen ergreifen oder eine andere Zahlendarstellung wählen müssen.

Fassen wir zusammen: Dezimalzahlen lassen sich günstig (mit nicht gar zu vielen Ziffern) angeben, indem sie in „Mantisse" und „Exponent" zerlegt werden. Eine genormte Schreibweise (z. B. auf einem Vordruck) wäre in der Form möglich, daß man eine Reihe von z. B. 9 Leerstellen für das Eintragen der Mantisse und z. B. 2 Leerstellen für das Eintragen des Exponenten vorsieht.

Beide Zahlenangaben brauchen dabei nicht unbedingt in zwei verschiedenen Speicherplätzen der Maschine untergebracht zu werden. Es ist möglich, sie scheinbar zu einer einzigen Zahl zusammenzufassen, d. h. in einem einzigen „Wort" unterzubringen. In unserem Beispiel könnte dies so aussehen:

$$271538{-}8$$

Für den unbefangenen Leser ist natürlich eine Gebrauchsanweisung nötig, wie diese Zahl nun zu interpretieren ist (der „Code" wurde geändert, die „Lämpchen" müssen „neu beschriftet" werden). Für eine Rechenmaschine müssen wir diese Gebrauchsanweisung in Gestalt der Rechenanweisungen geben, wie die einzelnen Rechenoperationen dann durchzuführen sind.

Wie kann man das eben Gesagte am besten auf eine Zahlendarstellung im dualen Zahlensystem übertragen? Zunächst haben wir als erstes die Schreibweise der Dualzahlen auf „gebrochene" Zahlen zu erweitern.

Wenn wir die vollständige Gleitkommadarstellung mit Exponent auf Dualzahlen übertragen wollen, so ist es zweckmäßig, hier nicht den Zehnerexponenten anzugeben, sondern den Zweierexponenten. Der Sinn des Exponenten ist es ja, die Anzahl der Stellenverschiebungen anzugeben, d. h. die Anzahl derjenigen Stellen, um die das Komma von der (fest vorgegebenen) Stelle aus verschoben werden muß, um die wirkliche Stellung zu erhalten. Ein Beispiel:

8	4	2	1	$\frac{1}{2}$	$\frac{1}{4}$	$\frac{1}{8}$

$$0,11\,375\,_{10}2 = 11{,}375 = \quad L \quad 0 \quad L \quad L \; , \; 0 \quad L \quad L$$

$$= 0{,}LOLLOLL \cdot 2^4$$

$$= 0{,}LOLLOLL \cdot 2^{L00}$$

Mantisse									Exponent			
$\frac{1}{2}$	$\frac{1}{4}$	$\frac{1}{8}$	$\frac{1}{16}$	$\frac{1}{32}$	$\frac{1}{64}$	$\frac{1}{128}$	$\frac{1}{256}$	$\frac{1}{512}$	8	4	2	1

$$= L \; 0 \; L \; L \; 0 \; L \; L \; 0 \; 0 \quad 0 \, L \, 0 \, 0$$

Die über der Dualzahl angebrachte Beschriftung existiert wiederum „nur in Gedanken". Sie findet ihren Niederschlag lediglich darin, wie wir eine derartige Zahl zu behandeln haben, wie also z. B. zu dieser Zahl eine andere genauso geschriebene Zahl hinzugezählt wird. Dieser Additionsprozeß wird komplizierter als gewohnt, weil wir den Exponenten ebenfalls verarbeiten müssen. Genau genommen haben wir bei zwei Zahlen, die wir addieren wollen, erst denselben Exponenten herzustellen, damit wir die zugehörige Zweierpotenz ausklammern und dann die beiden Mantissen addieren können. Diese Vorgänge sollen jedoch später betrachtet werden.

Bei unserem Beispiel haben wir darauf verzichtet, Vorzeichen anzugeben. In Wirklichkeit wird man zum Exponenten noch eine weitere Stelle als Vorzeichen benötigen. Ein dort auftretendes L z. B. könnte als Minuszeichen gewertet werden, auch dieses natürlich als willkürlicher Code. Ein zweites Vorzeichen wird vor der Mantisse gebraucht, da die Zahl als ganzes ja auch negativ sein kann. Wir benötigen in der Praxis also noch zwei weitere Dualstellen. Die Anzahl der für den Exponenten und die Mantisse reservierten Stellen muß im allgemeinen festgelegt werden, bevor man die später zu berechnende Zahl kennt. Man wird diese Festlegung für einen Maschinentyp nach Möglichkeit einheitlich vornehmen und immer mit der gleichen Unterteilung vorgehen, da dieses durch Gewohnheit und Übung das Arbeiten wesentlich erleichtert.

Wir wollen überschlagsmäßig abschätzen, wieviel Stellen in der Praxis benötigt werden.

Vor der Mantisse und vor dem Exponenten wird jeweils ein Vorzeichen stehen müssen, das sind zwei Bits. Die Länge der Mantisse selbst richtet sich nach der gewünschten Genauigkeit. Wir haben oben als Beispiel neun Dezimalstellen angegeben, dem würden etwa 30 Bits entsprechen. Wenn wir für den Exponenten außer seinem Vorzeichen noch weitere sieben Bits reservieren, so kann er zwischen -128 und $+128$ liegen, die Zahl hat also einen absoluten Wert zwischen 2^{-128} und 2^{+128}. Dem entspricht ein Zahlenwert zwischen ungefähr 10^{-38} und 10^{+38}.

Alles zusammen ergibt eine Summe von 40 Bits. Dies ist ein praktikabler Wert. Wenn man weniger aufwendet, so muß man an einer der genannten Stellen Abstriche vornehmen, was für viele Aufgaben durchaus tragbar ist. Wünscht man umgekehrt entweder einen größeren Zahlenbereich oder eine höhere Genauigkeit, so muß man mehr vorsehen.

Die eben beschriebene Zahlendarstellung nennt man die „Gleitkommadarstellung" (englisch „floating point") oder in Programmiersprachen die Darstellung der „reals" (= reellen Zahlen).

Als Beispiel für ihre rechnerisch-technische Handhabung wollen wir in Abschn. 4.4. die Addition näher betrachten. Bei kleineren Maschinen sind diese Rechenoperationen, wie Addition, Multiplikation usw., für Gleitkommazahlen im allgemeinen nicht fest eingebaut, sondern werden auf der Ebene der Basisprogramme durchgeführt. Sie gehen daher über den Rahmen unseres Buches hinaus.

Andere Größen

Haben wir eben über reelle Zahlenwerte gesprochen, so dürfen wir nicht vergessen, daß in der Mathematik und ihren Anwendungen vielfach höhere Größen verwendet werden. Viele davon lassen sich als eine Gesamtheit von mehreren Zahlenwerten (des reellen Zahlkörpers) darstellen. Es sind dies z. B. komplexe Zahlen, Vektoren, Matrizen. Zu ihrer Darstellung muß meistens eine entsprechende Zahl von Speicherplätzen zur Verfügung stehen. In der Praxis ist dies nicht immer nötig: Wenn von diesen Komponenten einer Größe immer nur eine einzige bearbeitet werden muß, kann es sinnvoll sein, nur eine Zahl vorzusehen, die dann entsprechend oft ihren Wert ändert. Ein Beispiel wäre ein Vektor, der als Zwischenergebnis komponentenweise berechnet und dann sofort wieder komponentenweise einer weiteren Rechenoperation zugewiesen wird, so daß immer nur eine einzige Komponente auftritt. Es genügt dann ein Speicherplatz für eine einzige Zahl.

Mit einer physikalischen Dimension behaftete Größen werden fast immer nur durch ihren Zahlenwert dargestellt; eine automatische Einheiten-Umrechnung ist durchführbar, aber nicht üblich. Man beschränkt sich auf „Zahlenwertgleichungen".

In der Mathematik treten auch ein- oder mehrkomponentige Gebilde auf, deren Zahlenwerte nicht aus dem reellen Zahlkörper entnommen sind bzw. bei denen nicht die für Gleitkommazahlen vorgesehenen Abrundungsvorschriften tragbar sind. Hier ergibt sich der Speicherbedarf aus den Betrachtungen, die wir über die allgemeine Informationsdarstellung angestellt haben. Die erforderlichen Rechenoperationen müssen im Einzelfall festgelegt werden. Wir werden uns in Abschn. 4.5. mit einem Rechenwerk befassen, das alle Einzelschritte beherrscht, aus denen prinzipiell alle derartigen (selten vorkommenden) Operationen zusammensetzbar sind.

Eine wichtige Rolle spielen die sog. Booleschen Größen. Es sind dies „Aussagen": Variablen, die nur zwei Werte anzunehmen in der Lage sind. Der zu Anfang betrachtete Lichtschalter gehört zu ihnen. Für ihre Darstellung ist nur ein einzelnes Bit nötig.

Eine ganz andere wichtige Art von Gebilden sind die Funktionen. Leider ist es nicht möglich, ohne Schwierigkeiten eine Funktion durch Zahlenwerte zu kennzeichnen. Natürlich hat jede Funktion im konkreten Rechenfall einen Wert; aber durch diesen ist sie nur in einem einzigen Punkt gegeben, und es ist nichts über den weiteren Funktionsverlauf gesagt.

Funktionen können näherungsweise dargestellt werden durch Tabellen, d. h. durch eine große Zahl von Funktionswerten an geeignet gewählten Argumentstellen. Dies ist aber sehr aufwendig, da es bei einigermaßen detaillierter Angabe viele Speicherplätze benötigt (man denke an den Umfang einer 9-stelligen Logarithmentafel).

Eine andere Darstellung ist die durch die Koeffizienten einer Reihenentwicklung (z. B. durch die Taylorreihe). Aber auch dies Verfahren ist im allgemeinen nicht befriedigend, da eine große Zahl von Koeffizienten nötig ist, um bei „ungeeigneten" Funktionen eine einigermaßen genaue Charakterisierung zu erreichen.

In der Mathematik wird daher meistens der Weg beschritten, Funktionen durch eine analytische Formel anzugeben. Auch dies ist bei transzendenten Funktionen nur näherungsweise möglich, z. B. durch einen Iterationsprozeß oder eine rekursive Reihenentwicklung.

Der letzte Weg ist für eine Darstellung in einer Rechenanlage ungünstig. Einer Rechenvorschrift würde hier ein Programm entsprechen. Für solche Programme könnte aber keine allgemeine Angabe über die benötigte Informationsmenge gemacht werden, da es für diese keine Grenze gibt.

Darüber hinaus ist es sehr schwer, für die Programmierung einer Funktion so eindeutige Vorschriften festzulegen, daß jeder Funktion nur eine einzige Darstellung entspricht.

Es ist bisher nicht wirklich befriedigend gelungen, allgemeine Funktionen innerhalb von Rechenanlagen einheitlich darzustellen. Es besteht deshalb auch bisher keine voll befriedigende Möglichkeit, Formelumrechnungen innerhalb einer Rechenanlage durchzuführen.

Vorgegebene Funktionen werden durch diese Schwierigkeiten nicht berührt! Unsere obigen Betrachtungen beziehen sich ausdrücklich auf Funktionen als „höhere Veränderliche", z. B. auf das Suchen einer Funktion auf Grund einer Gleichung. Für das Ermitteln eines einzelnen Funktionswertes gilt das über Größen Gesagte.

2.3. Adressen und Befehle

Eine charakteristische Eigenschaft der modernen Rechenanlagen ist ihre Fähigkeit, in ihrem Speicher Tausende von Zwischenergebnissen und anderen Informationen aufzubewahren. Auch Programme werden in ihm gespeichert. Um nun jeweils die richtige Information wiederfinden zu können, ist es nötig, diese Speicherplätze zu charakterisieren. Dies geschieht durch Durchnumerieren. Wir erhalten so zu jedem Speicherplatz, in dem eine Zahl untergebracht werden kann, eine laufende Nummer, die sog. Adresse.

Adressen unterliegen ebenfalls Umrechnungsprozessen: Wir müssen „Adressenrechnungen" vornehmen. Ein Beispiel hierfür ist die Aufgabe, eine Anzahl von im Speicher befindlichen Zahlen zu bearbeiten. Man wird das Programm so auslegen, daß es für die erste dieser Zahlen die erforderlichen Rechenoperationen auslöst. Nachdem dies geschehen ist, wird man die Adresse um Eins erhöhen, um nunmehr die nächste Zahl zu bearbeiten. Diese Erhöhung bedeutet aber die Addition einer Eins.

Derartige Vorrechnungen organisatorischer Art sollen natürlich auf Grund eines Programmes von der Maschine automatisch durchgeführt werden. Die Adresse als Zahl wird codiert und behandelt wie jede andere Zahl, die sich in der Maschine befindet.

Adressen können nur ganzzahlig positiv sein. Wir sind hier nicht gezwungen, mit gebrochenen oder negativen Zahlen zu rechnen. Letztere treten nur dann auf, wenn wir subtrahieren müssen, wenn wir z.B. jeweils den vorhergehenden Speicherinhalt erreichen wollen und dabei die Adresse immer um Eins reduzieren.

Technisch gesehen ist das Rechnen mit Adressen einfacher als mit normalen Zahlen. Die Adressen können ja auch nur aus einem sehr begrenzten Zahlenbereich entnommen werden, der durch das Volumen des Speichers gegeben ist.

Für die Konstruktion einer Rechenanlage ist zu berücksichtigen, daß die Art und Weise der Codierung von Zahlen aber nun Rückwirkungen auf den Aufbau des Speichers hat. Die Frage, ob wir mit Dezimal- oder Dualzahlen operieren, ist somit nicht nur ein Problem des Rechenwerkes, sondern auch der Struktur des Speichers. Die Adresse soll ja automatisch ausgewertet werden und dazu führen, daß der richtige Speicherplatz technisch angesteuert wird. Dies ist recht kompliziert und bedarf bei der Konstruktion der Rechenanlage einer eindeutigen Festlegung. Auch hier erlaubt, wie beim Rechenwerk, das duale Zahlensystem wegen der Zweiwertigkeit seiner Ziffern eine besonders einfache Konstruktion.

Befehle

„Befehle" kennzeichnen die einzelnen Schritte oder Rechenoperationen eines Programms. Sie lösen ihrerseits ein Programm der nächstniedrigeren Stufe aus. Ein Befehl muß innerhalb der Maschine zeitweilig aufbewahrt werden, da die Maschine ja vollautomatisch arbeitet und auch ihre Rechenanweisungen selbst speichern muß. Damit ist ein Befehl wieder eine Information, die auf eine bestimmte Art und Weise codiert wird.

Die erste Angabe eines Befehls ist die seiner Wirkung, also der Rechenoperation. Man wird diese so notieren, daß jede Operation eine eindeutige Bit-Kombination zur Charakterisierung erhält. Es ist üblich, diese als Dualzahl zu lesen, und so erhält man für jede Operation jeweils eine Nummer (z. B. L = 1 für Addition, L0 = 2 für Subtraktion usw.).

Diese ist für den Benutzer unpraktisch; man wird sie für den normalen Gebrauch ersetzen durch eine Buchstabenkombination wie z. B. „Add" für Addition und „Sub" für Subtraktion. Das Umcodieren in das in der Maschine benötigte Bitmuster wird dann wieder durch ein Programm (den Compiler oder einen Assembler) automatisch durchgeführt.

Zu jedem Befehl ist jedoch noch als zweite Angabe erforderlich, welche Zahl der betreffenden Rechenoperation unterworfen werden soll. Dies geschieht selbstverständlich am besten durch Angabe der Adresse der betreffenden Zahl. Der Zahlenwert selbst wird im allgemeinen beim Einlesen und Bearbeiten des Programmes noch nicht bekannt sein. Meistens unterliegt er auch einer häufigen Veränderung. In der Mathematik würde man eine solche Zahl durch Buchstabenbezeichnungen wie x oder k spezifizieren. An deren Stelle tritt hier die Adresse.

Die Rechenoperationen beziehen sich im allgemeinen auf mehrere Größen. Bei Addition, Subtraktion, Multiplikation und Division haben wir zwei Zahlen, die zu bearbeiten sind, und eine dritte als Ergebnis. Es wäre also konsequent, drei Adressen zu einem Befehl hinzuzufügen.

In der Praxis ist dies zu aufwendig. Meist hat man es mit Kettenrechnungen zu tun, in denen das vorhergehende Ergebnis gleich wieder eine der Ausgangszahlen für die nächste Operation ist. Es wäre hier eine überflüssige Angabe, wollte man das Zwischenergebnis immer wieder durch eine Adresse kennzeichnen.

Daher hat sich eine andere Methode eingebürgert. Man verwendet in vielen Rechenmaschinen heute einen speziellen Speicherplatz, der zur Aufnahme einer Zahl in der Lage ist, dazu, daß immer einer der Operanden und später das Ergebnis seinen Platz in ihm finden. Dieser spezielle Speicherplatz heißt „Akkumulator". Er ist meistens technisch besonders aufwendig ausgeführt, um die Geschwindigkeit zu erhöhen. Insbesondere verwendet man für ihn üblicherweise nicht einen der Kernspeicher- oder Trommelspeicherplätze, sondern ein aus Flipflops aufgebautes sog. „Register". Wir werden seinen technischen Aufbau später behandeln.

Innerhalb eines Befehles wird nach der Vornahme dieser Einschränkung nur noch eine einzige Adresse für den zweiten Operanden benötigt. Dies ist eine Spezialisierung. In etlichen Rechenanlagen ist versucht worden, andere Strukturen einzuführen; die dann verwendeten Befehle haben zwei oder drei Adressen. Sie haben sich aber nicht allgemein durchsetzen können. Wir bleiben im üblichen Rahmen und sprechen im folgenden über „Ein-Adreß-Maschinen".

Ähnlich wie wir bei Gleitkommazahlen den in einem Speicherplatz zur Verfügung stehenden Raum aufgeteilt haben für Mantisse und Exponent, werden wir dieses nun bei Befehlen tun. Wir werden eine Reihe von Bits für den „Operationsteil" – nämlich für die Kennzeichnung der betreffenden Operation   freihalten und einen zweiten Teil für die Adresse.

Es soll jetzt wieder eine Abschätzung folgen, wieviel Bits wir für jeden der Zwecke brauchen. Beim Operationsteil richtet sich das nach der Anzahl der in die Maschine einzubauenden Rechenoperationen. Bis jetzt haben wir von diesen die vier Grundrechenarten kennengelernt. Wir werden aber später feststellen, daß zu ihnen noch eine ganze Reihe anderer treten, die logischer Art sind und für den Programmaufbau und die Programmorganisation benötigt werden. Günstig und realistisch sind Anzahlen zwischen 50 und 200, wobei beide Grenzen in Einzelfällen überschritten werden. Um diese Operationen nun zu codieren, benötigen wir zwischen 6 und 8 Bits ($2^6 = 64$, $2^8 = 256$). Bei den meisten Maschinen ist damit der Operationsteil noch nicht ganz ausgeschöpft, da zu den einzelnen Rechenoperationen noch Varianten möglich sind, so daß man ein oder einige weitere Bits für „Variationen" vorsieht.

Die Adressen einer Rechenanlage richten sich nach der Anzahl der Speicherplätze. Realistische Zahlen bei heutigen Anlagen liegen zwischen 1000 und 100 000 Speicherplätzen, was für die Adressen eine duale Stellenzahl zwischen 10 und 17 bedingt. Man würde damit insgesamt für einen Befehl auf eine Bitzahl zwischen etwa 16 und 30 kommen, sofern nicht besondere Spezialitäten erwünscht sind.

Will man besonders sparsam sein, so kann man die Tatsache benutzen, daß innerhalb eines Programms normalerweise nicht alle Adressen eines sehr großen Speichers zugänglich sein müssen. Vielmehr werden die einzelnen Programmteile sich immer nur auf kleinere Gruppen von Speicherplätzen beziehen, und nur wenige Rechenoperationen werden aus diesem Rahmen herausfallen. Andere Programmteile belegen dann andere Teile des Speichers. Hierdurch ist eine Bit-Ersparnis möglich, denn innerhalb des Befehls brauchen nun nicht mehr alle Speicherplätze ansprechbar zu sein. Man kann gewissermaßen die Adresse der Speicherplätze zerlegen in zwei Teile, von denen die „oberen" Dualstellen angeben, welcher Bereich des Speichers angesprochen wird, und die „unteren" Stellen dann den einzelnen Platz charakterisieren. In den Befehl würde man nur noch diese unteren Stellen aufnehmen, während die oberen einmal durch einen besonderen Befehl im voraus charakterisiert werden und dann während eines Programmteiles meistens konstant bleiben. Durch eine spezielle Rechenoperation würde man diese oberen Stellen abändern können und damit einen anderen Speicherbereich heranziehen.

Da meistens selbst kleine Programmstücke einen Bereich von mindestens 100 Speicherplätzen überstreichen müssen, erhalten wir jetzt einen reduzierten Adreßteil, der mindestens 7 Bits umfassen muß. Dies dürfte in der Praxis als das Minimum gelten.

Nach diesen mehr technisch orientierten Betrachtungen nun eine prinzipielle Bemerkung. Dadurch, daß Adressen als Zahlen umgerechnet werden müssen, gilt dies auch für Befehle, denn Adressen sind ja deren Bestandteil. Man wird innerhalb einer Rechenanlage Befehle also genauso in das Rechenwerk transportieren und verändern, wie dies mit Zahlen geschieht. Diese Möglichkeit hat sich als außerordentlich wichtig erwiesen. Nur in seltenen Fällen wird man dabei die Rechenoperation selbst abändern, indem man zu ihrer Kennnummer etwas addiert oder subtrahiert. Meistens werden diese Umrechnungen sich auf die Adresse beschränken. Das ändert aber nichts an der Tatsache, daß ein Programm auf diese Weise in der Lage ist, sich selbst zu verändern. Wenn dies unbeabsichtigt geschieht, kann es zu unangenehmen Störungen führen. Wenn es beabsichtigt vorgenommen wird, bietet es nahezu unbegrenzte Einsatzmöglichkeiten des elektronischen Rechnens. Faszinierend sind Programme, in denen die Maschine selbst „lernt", also das Programm sich den jeweiligen Bedingungen anpassen kann. –

Wichtig ist, daß eine Maschine von sich aus im allgemeinen nicht in der Lage ist, einen Befehl von einer Zahl zu unterscheiden. Beide sind ja intern nur durch eine Folge von L und 0 charakterisiert und können den gleichen Rechenoperationen unterworfen werden. Ist zu Prüfzwecken o.ä. eine automatische Unterscheidung erwünscht, so muß ein zusätzliches Bit (oder mehrere) als „Typenkennung" eingeführt werden. Dies könnte z. B. durch den Wert L Befehle und durch 0 Zahlen bezeichnen.

Hiermit kann eine automatische Kontrolle eingeführt werden, die eine Störungsmeldung auslöst, sobald z. B. versehentlich (durch einen Programmierfehler) eine Zahl in der Folge der Befehle steht. Ohne Kontrolle würde diese wie ein (wahrscheinlich recht unsinniger) Befehl behandelt, d.h. ausgeführt werden.

Normalerweise ist es Aufgabe des Programmierers festzulegen, welche Informationen in das Rechenwerk überführt, d.h. wie Zahlen behandelt werden, und welche als Befehle interpretiert werden. Da die Maschine Befehle normalerweise in der Reihenfolge ihrer Unterbringung im Speicher ausführt, dürfen zwischen diesen keine anderen Informationen ohne Vorsichtsmaßnahmen stehen.

Zum Abschluß noch die folgende prinzipielle Betrachtung: Derselbe Befehl kann verschieden codiert sein, man kann ihn z. B. durch eine Buchstabengruppe kennzeichnen oder durch eine Kennzahl. Vor seiner Ausführung schließlich muß er als eine Folge von L bzw. 0 innerhalb der Maschine codiert werden. Die erforderlichen Code-Umwandlungen nimmt der Programmierer oder meistens ein Umwandlungsprogramm (Basisprogramm) in der Rechenanlage vor.

Andererseits kann jede Information innerhalb der Maschine verschieden „interpretiert", d.h. verarbeitet werden. Gelangt sie „zur Ausführung", steht sie also in der Reihe der Befehle (und gelangt dadurch in das später zu besprechende Befehlsregister), so wirkt sie als Befehl. Wird sie andererseits in das Rechenwerk transportiert, so bestimmt die dort stattfindende Operation, wie sie interpretiert wird (bei der im folgenden betrachteten Addition z. B. als Dualzahl).

2.4. Das Problem der Wortlänge

Der Speicher einer elektronischen Rechenanlage muß große Mengen von Informationen aufnehmen. Diese sind zu untergliedern in Gruppen von Bits, die sog. „Worte". Die Frage ist, wieviele Bits man zu einem Wort zusammenfassen soll. Einem Wort wird nach Möglichkeit eine Zahl oder ein Befehl entsprechen, so daß wir uns die Länge dieser Informationsgruppen näher anschauen müssen.

Da der Speicher einen großen Teil der Kosten einer Anlage verursacht und da seine Unterteilung über seine Ausnutzbarkeit entscheidet, sind diese Fragen von eminenter Bedeutung.

Die Wortlänge ist im übrigen nicht nur für den Speicher wichtig, sondern für den Aufbau der gesamten Rechenanlage, da ja auch das Rechenwerk und andere Teile auf eine bestimmte Anzahl von Stellen ausgelegt werden müssen.

Festkommazahlen

Als erstes wollen wir im Hinblick auf die Wortlänge die Festkommazahlen betrachten. Dies sind ganze oder auch gebrochene Zahlen, bei denen aber die Stellung des Kommas feststeht. Sie treten bei kaufmännischen Berechnungen fast ausschließlich auf. Wenn man z. B. mit Stückzahlen oder Geldbeträgen zu tun hat, so ist von vornherein gegeben, wo das Komma zu stehen hat.

DM-Beträge werden im allgemeinen kleiner als eine Million DM sein. Wir würden zu ihrer Darstellung also (mit Pfennigangaben) acht Dezimalen benötigen. Auch Stückzahlen werden selten größer sein, als es dieser Zahlenbereich erlaubt.

Bei Prozeßrechenaufgaben treten bei der Verarbeitung von Meßwerten ebenfalls Festkommazahlen auf. Der dort von Meßinstrumenten verarbeitete und in den Rechner eingegebene Bereich von Zahlen ist begrenzt. Man muß bedenken, daß viele Meßinstrumente bezogen auf den ganzen Meßbereich eine Fehlergrenze von der Größenordnung einiger Promille besitzen. Zur Darstellung einer solchen Zahl genügen daher drei Dezimalen. Für das Verrechnen von Meßergebnissen wird man sich allerdings einige Stellen mehr wünschen.

Da wir uns in erster Linie nicht für dezimale, sondern für duale Rechengeräte interessieren, bleibt die Frage, wieviele Bits wir für diese Genauigkeiten benötigen. In Bild 2.1 sind einige Werte angegeben. Die links in der ersten Spalte aufgeführten Zahlen beziehen sich auf Dezimalstellen. Dabei ist nur die Genauigkeit festgelegt, über die Stellung des Kommas ist nichts gesagt. In der nächsten Spalte befindet sich die erforderliche Bitzahl bei der Darstellung durch Dualzahlen, allerdings noch ohne Berücksichtigung des Vorzeichens. Sie wird dadurch gewonnen, daß z.B. in der ersten Zeile 2^{10} ungefähr gleich 10^3 ist. Die Umrechnung entspricht also der Umwandlung vom dezimalen ins duale Zahlensystem.

Will man die Zahlen mit Vorzeichen versehen, hat man es also auch mit negativen Zahlen zu tun, so ist ein weiteres Bit nötig. Auch diese Anzahl ist angegeben.

Zum Vergleich ist ferner angeführt, wieviele Stellen für eine dezimale Darstellung benötigt werden. Für jede einzelne Dezimale benötigen wir ja vier Dualstellen, dies wiederum ohne Vorzeichenangabe. Will man letzteres mit einbeziehen, so hat man einerseits die Möglichkeit, eine Spezialstelle, also ein zusätzliches Bit, für das Vorzeichen zu reservieren. Man kann aber auch um der Einheitlichkeit willen eine weitere Vierergruppe aufnehmen. In diesem Fall würde man z. B. statt negativer Zahlen das Komplement einführen, wie wir es oben als zweckmäßig angesehen haben. Dies würde aber bedeuten, daß vier Bits für das Vorzeichen benötigt werden.

Stellenzahl (Genauigkeit) dezimal	erforderliche Bitzahl		BCD
	Dualzahl		
	ohne	mit	ohne
	Vorzeichen		
3	10	11	12
6	20	21	24
7	24	25	28
8	27	28	32
9	30	31	36
10	33	34	40
12	40	41	48

2.1   Stellenbedarf bei Festkommazahlen bzw. Mantissen von Gleitkommazahlen

Gleitkommazahlen

Ganz anders liegt die Problematik bei technisch-wissenschaftlichen Berechnungen. Da man bei diesen nicht allgemein voraussehen kann, in welcher Größenordnung die Zahlen liegen werden, wird man die Gleitkommadarstellung wählen. Das bedeutet, daß neben der Mantisse noch ein Exponent im Wort unterzubringen ist.

Die Länge der Mantisse können wir aus Bild 2.1, wie bei den Festkommazahlen, entnehmen. Man wird normalerweise bei numerischen Berechnungen eine 6-stellige Genauigkeit wohl als Mindestforderung ansehen. Vielfach deuten die Wünsche aber eher auf neun bis zwölf Stellen, so daß wir für die Mantisse Werte zwischen 20 und 40 Bits unterbringen müssen, soweit wir dual arbeiten.

Der Exponent muß ebenfalls im Wort berücksichtigt werden. Wieweit sich der Exponentenbereich auf die Bitzahl auswirkt, ist Bild 2.2 zu entnehmen.

Bitzahl des Exponenten	Anzahl der Möglichkeiten	Zahlenbereich der Dualzahl	entspricht dezimal $\approx$
5	32	$2^{-15} \ldots 2^{16}$	$10^{-4,5} \ldots 10^{4,8}$
6	64	$2^{-31} \cdots 2^{32}$	$10^{-9} \cdots 10^{9,6}$
7	128	$2^{-63} \ldots 2^{64}$	$10^{-18,9} \cdots 10^{19,2}$
8	256	$2^{-127} \ldots 2^{128}$	$10^{-38,2} \cdots 10^{38,5}$
9	512	$2^{-255} \cdots 2^{256}$	$10^{-76,7} \ldots 10^{77}$

2.2   Stellenbedarf für Exponenten von Gleitkommazahlen

Die Wünsche für eine mathematische bzw. naturwissenschaftlich-technische Anwendung liegen im allgemeinen zwischen sieben und acht Bits. In der Tabelle 2.3 haben wir einige der in der Praxis durchgeführten Einteilungen notiert.

Sonderzwecke	Vorzeichen	Mantisse	Exponent (inkl. Vorz.)	Gesamtzahl
	1	23	8	32
1	1	30	8	40
1	1	36	10	48
	(1)	(23)	(24)	(48)

2.3   Einige übliche Wortlängen in Bit bei Gleitkommazahlen

Wir benötigen eine erheblich größere Wortlänge als bei Festkommazahlen. Dies ist bedingt durch den Exponenten und durch die oft gewünschte höhere Genauigkeit.

Etwas eigenartig erscheint in Bild 2.3 die letzte Zeile. Wir haben sie aufgenommen, weil sie bei manchen Anlagen technische Vorteile bietet, obwohl sie eine etwas unglückliche Einteilung darstellt.

Befehle

Ein Befehl ist zusammengesetzt aus zwei Informationsteilen, nämlich dem Operationsteil und der Adresse. Auch hier wollen wir die benötigte Bitzahl abschätzen.

Bitzahl	mögliche Adressen
6	0 · · · 63
8	0 · · · 255
10	0 · · · 1023
12	0 · · · 4095
14	0 · · · 16 383
16	0 · · · 65 535

2.4   Stellenzahlbedarf für Adressen

Aus Bild 2.4 ist zu entnehmen, daß der Adressenbereich gegeben ist als die Zweierpotenz aus der Bitzahl. Dies ist selbstverständlich, da die Adressen ja einfach dual durchnumeriert werden. (Dezimale Adressen sind möglich, sollen hier jedoch nicht betrachtet werden.)

Die Größe der Adresse richtet sich nach dem Umfang des anzuschließenden Speichers. Kleinere Rechenanlagen enthalten mindestens 1023 Speicherplätze. Bei größeren Anlagen können einige Zehn- oder Hunderttausende von Worten vorhanden sein. Es sollte aber daran erinnert werden, daß nicht jeder Befehl alle Adressen zu erreichen braucht. Durch eine Voreinstellung, die auch durch das Programm vorgenommen werden kann, kann aus dem Gesamtspeicherbereich ein kleinerer ausgewählt werden, so daß die Rest-Adresse sich nur innerhalb dieses kleineren Bereiches zu bewegen braucht. In der Praxis wird man hierdurch Teiladressen von $\approx 7-10$ Bits erhalten können, während vollständige Adressen zwischen 10 und 16 und evtl. noch mehr Bits liegen können.

Der Operationsteil muß die Rechenoperation angeben. Wir haben früher gesagt, daß die Anzahl der Befehle zwischen $\approx$ 50 und 200 liegen sollte. Wir können mit 6 Bits 64 und mit 8 Bits 256 verschiedene Befehle aufrufen. Allerdings ist bei größeren Anlagen damit der Bereich der Operationen noch nicht erschöpft, da diese Operationen nunmehr noch variiert werden können. Dazu sind weitere Bits nötig. Andererseits benötigt nicht jeder Befehl eine Adresse. Man kann also einen Operationsteil einführen, der je nach dem Wert der (scheinbaren) Adresse eine unterschiedliche Bedeutung hat, und dadurch die Anzahl der benötigten Operationsteile reduzieren.

Sonstige Informationen

Für viele Zwecke werden innerhalb des Speichers noch andere Informationen als Zahlen und Befehle untergebracht. In diesem Zusammenhang ist in erster Linie zu denken an Schrifttexte (sog. „Klartexte" oder „strings"), wie sie u.a. bei kaufmännischen Problemen in Gestalt von Warenbezeichnungen, Anschriften, Kundennamen usw. auftreten können. Der für diese sog. „alphanumerischen Texte" benötigte Platz ist dadurch gegeben, daß jeder einzelne Buchstabe aus dem Alphabet entnommen werden kann. Es werden für jedes Zeichen 6 Bits benötigt. Über 6 hinausgehende Bits sind gelegentlich nötig, um Großbuchstaben von Kleinbuchstaben zu unterscheiden oder um Sonderzeichen zu verwenden.

Andere Sonderinformationen sind sog. Boolesche Größen. Dies sind mathematische Größen, die der Booleschen Verbandstheorie entnommen sind und die die Werte 0 und L annehmen können. Für sie ist also nur ein einziges Bit nötig.

Der Kompromiß

Es ist sehr schwer, allen bisher betrachteten Anforderungen gerecht zu werden. Eine gemeinsame Wortlänge für Gleitkommazahlen und Befehle scheint nahezu unmöglich zu sein. Nun ist dieses Problem nicht ganz so kritisch, wie es auf den ersten Blick erscheint, da eine Unterteilung des Speichers in einzelne Worte nur eine technische, für den Programmierer aber eine nicht unbedingt bindende Anordnung ist. Er kann einerseits eine Gleitkommazahl in zwei Stücke zerteilen und diese in getrennten Speicherplätzen unterbringen. Andererseits kann die Maschine aber auch so ausgelegt sein, daß sie in einem Speicherplatz eine Zahl oder aber zwei Befehle unterbringen kann. Diese Sonderwünsche müssen natürlich bei der Konstruktion der Maschine möglichst schon berücksichtigt sein, damit sie nicht zu allzu umständlichen Arbeiten für den Programmierer führen. Aus dem weiten Spektrum der sich ergebenden Möglichkeiten wollen wir jetzt einige in der Praxis realisierte herausgreifen.

1. 6 bis 8 Bits: „Zeichen"

Die kürzeste Wortlänge wird verwendet in sog. „zeichenweise" oder „Byte-weise" arbeitenden Maschinen. Hier ist der Speicher untergliedert in kleine Gruppen von 6−8 Bits (8 Bits = 1 Byte), von denen jede ihre eigene Adresse erhält. Der Vorteil liegt in erster Linie in der Darstellung von Text. Will man in dieser Wortlänge Befehle und Zahlen unterbringen, muß man zwangsläufig mehrere dieser Gruppen oder Bytes kombinieren. Schon ein Befehl wird im allgemeinen aus drei oder mehr Zeichen zusammengesetzt sein.

Bei den zeichenweise arbeitenden Maschinen hat man „aus der Not eine Tugend" gemacht. Da man Befehle und Zahlen niemals in einem einzigen „Zeichen" (= Wort) unterbringen kann, hat man die Anzahl der Zeichen für einen Befehl bzw. eine Zahl variabel wählbar gestaltet und spricht dann von Maschinen mit veränderlicher Wortlänge.

2. 16 Bits: „Kurzworte"

Sehr verbreitet sind Rechenanlagen mit einer Wortlänge von etwa 16 Bits. Der Vorteil liegt in der Orientierung an der gewünschten Länge eines Befehls. Diese Anlagen gestatten darüber hinaus bei Prozeßrechenaufgaben die Unterbringung von Zahlen im Festkomma mit der erforderlichen Genauigkeit. Deswegen sind sehr viele kleine Prozeßrechner nach dieser Art strukturiert.

Will man physikalisch-technische Berechnungen im Gleitkommasystem mit derartigen Maschinen durchführen, so ist es unmöglich, eine Zahl in einem Speicher unterzubringen. Man arbeitet dann mit sog. „doppelter Wortlänge". Die Zahl wird mit 32 Bits aufgebaut und, in der Mitte durchgeteilt, in zwei Speicherplätzen untergebracht. Unterschiedlich ist, wie in solchen Fällen das Rechenwerk aufgebaut wird. Man kann die Gesamtrechenoperation auf der Ebene der Basisprogramme durchführen. Dann genügt ein Rechenwerk für 16 Dualstellen. Man muß jedoch berücksichtigen, daß im allgemeinen die Mantisse 24-stellig gewählt wird, daß also das zweite der Wörter bei der Zerlegung in Mantisse und Exponent in der Mitte getrennt und eine Hälfte zur übrigen Mantisse im vorhergehenden Wort hinzugefügt werden muß. Bild 2.5 zeigt diese Zerlegung.

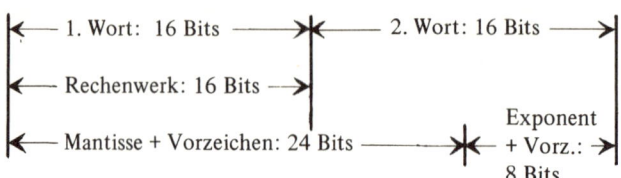

2.5 Beispiel für die Unterteilung von Gleitkommazahlen
bei „doppelter Wortlänge"

Bei Additionen führt dies zu dem komplizierten Vorgehen, daß die Teile der Mantisse einzeln zu addieren sind und daß von dem kleineren Stück ein evtl. auftretender Übertrag in das erste Wort hinüberlaufen kann, der getrennt zu verarbeiten ist.

Eine andere Möglichkeit würde darin bestehen, zwar den Speicher mit 16 Bits zu unterteilen, das Rechenwerk jedoch auf 24 Bits auszubauen, so daß vollständige Mantissen im Rechenwerk verarbeitet werden können. Dies wird aus Sparsamkeitsgründen gern vermieden. Es wäre jedoch technisch recht günstig durchzuführen.

Die erforderliche Wortlänge bei Gleitkommazahlen liegt im allgemeinen etwas höher als 32 Bits. Man kann das eben beschriebene Prinzip der Verteilung der Zahl auf zwei Worte so weiterführen, daß man lange Gleitkommazahlen mit 48 Bits verwendet und diese dann in drei Worte zerlegt. Auch dieses ist üblich und wird um der höheren Genauigkeit willen gern verwendet. Es ist natürlich außerordentlich zeitraubend, da alle drei Stücke dieser Gleitkommazahl getrennt verarbeitet und nachträglich wieder zusammengestellt werden müssen, wobei Überträge von einem Stück auf das andere zu beachten sind. Trotzdem haben sich Rechner dieser Struktur für technisch-wissenschaftliche Berechnungen durchgesetzt, da sie relativ billig sind und in großer Stückzahl Verwendung finden können.

3. 24 Bits: „Kurzworte"

Ähnliche Probleme ergeben sich bei Wortlängen von 24 Bits. Der Vorteil von 24-Bit-Worten liegt darin, daß man die Befehle etwas „komfortabler" und umfangreicher gestalten kann. Man kann 24 Bits zerlegen in einen Operationsteil von 8 Bits, der dann eine große Zahl von Befehlen bzw. Varianten erlaubt, und in einen Adreßteil von 16 Bits, der auch für große Speicher zur vollständigen Adressierung ausreicht. Beides läßt sich mit den vorher beschriebenen 16-Bit-Worten nur bedingt durchführen.

Natürlich ist auch bei 24-Bit-Wortlänge eine Gleitkommadarstellung in einem Wort nicht diskutabel. Man wird auch hier zwei getrennte Worte nehmen. Es ist möglich, mit einer Mantisse von 40 Bits und einem Exponententeil von 8 Bits zu arbeiten. Dies ist eine den meisten Erfordernissen gerecht werdende Zerlegung. Daher soll im folgenden ein Rechner näher betrachtet werden, der diese 24-Bit-Gliederung aufweist.

Um die Gleitkommarechnungen zu vereinfachen, kann man einen etwas zweischneidigen Kompromiß eingehen. Man braucht die Mantisse nicht in zwei Teile zu zerlegen, wenn man nur ein 24-Bit-Wort für die Mantisse reserviert und das zweite 24-Bit-Wort für Exponenten und andere Angaben benutzt. Das letztere ist natürlich eine Verschwendung. Man erhält in der Mantisse nur eine etwa 6- bis 7-stellige dezimale Genauigkeit.

Der Vorteil besteht in einer einfachen Verarbeitung der Mantisse und, dadurch bedingt, in relativ schnellen Rechenoperationen. In Fällen, in denen keine zu hohe Genauigkeit gefordert wird, ist diese Methode durchaus diskutabel.

4. 32 Bits: „Langworte"

Sehr große Verbreitung haben in der letzten Zeit Maschinen mit einer Struktur von 32 Bits gefunden. Sie enthalten normalerweise einen Befehl in einem Wort und haben dadurch die Möglichkeit zu sehr vielen Befehlsvarianten und zu einer sehr umfangreichen Adresse. Für kaufmännische Zwecke ist diese Untergliederung insofern günstig, als Zahlen aus diesem Bereich ohne weiteres in einem solchen 32-Bit-Wort untergebracht werden können. Es ist reichlich Platz für eine 9-stellige Dezimalzahl einschließlich des Vorzeichens.

Darüber hinaus können auch Texte bequem gespeichert werden. Es kristallisiert sich für ihre Aufgliederung eine Struktur von 8 Bits je Zeichen heraus, und in einem derartigen 32-Bit-Wort können demnach 4 Zeichen untergebracht werden.

Der weitere wesentliche Vorteil ist, daß 32 eine Potenz der Zahl 2 ist und daß daher auch die einzelnen Teile eines solchen Wortes bequem adressiert werden können.

Weniger glücklich ist die Struktur dieser Maschinen bei Einsatz für technisch-wissenschaftliche Zwecke. Will man ein Gleitkommawort in 32 Bits unterbringen, ist keine sehr hohe Genauigkeit möglich, so daß mehr Bits wünschenswert wären. Die Möglichkeit, doppelte Wortlänge für Gleitkomma zu verwenden, führt hier zu einer recht starken Verschwendung, denn 64 Bits können bei Gleitkommazahlen nicht besonders sinnvoll ausgenutzt werden. Nur in Ausnahmefällen ist man an so hoher Genauigkeit interessiert. Natürlich schadet es nichts, wenn Rechnungen mit unnötig hoher Genauigkeit durchgeführt werden. Man muß aber berücksichtigen, daß ein umfangreicher Kernspeicher hier vielfach nur zu einem gewissen Prozentsatz ausgenutzt wird und daß die nicht sinnvoll genutzten Bits kostenmäßig mit zu Buche schlagen.

5. 40 Bits: „Langworte"

Eine Wortlänge von 40 Bits ist ebenfalls technisch realisiert worden. Ihr Nachteil ist eine gewisse Verschwendung, wenn in einem dieser Worte nur ein Befehl untergebracht wird. Im übrigen ist diese Wortlänge für Gleitkommarechnung sehr geeignet und bei Festkommazahlen äußerst groß.

Eine Befehlslänge von 40 Bits kann dadurch ausgenutzt werden, daß man die Zahl der möglichen Befehle vergrößert und einen längeren Operationsteil einführt. Durch effektivere Befehle können kürzere Programme erreicht werden, die weniger Speicherplätze beanspruchen. Außerdem kann man beim Aufbau des Operationsteils auf die speziellen Eigenschaften der Maschine eingehen und dadurch den Aufbau insbesondere des Leitwerks vereinfachen.

6. 48 Bits: „Langworte"

In Großanlagen für technisch-wissenschaftliche Berechnungen sind längere Worte von z. B. 48 Bits sehr beliebt. Da in diesen Worten mit guter Genauigkeit eine Gleitkommazahl stehen kann und das Rechenwerk natürlich auf diese Stellenzahl zugeschnitten ist, sind diese Maschinen recht schnell.

Die Unterbringung von Festkommazahlen ist oft von untergeordneter Bedeutung, da diese Anlagen meist für technisch-wissenschaftliche Zwecke eingesetzt werden. Dasselbe gilt für die Unterbringung von Texten.

Befehle benötigen oft einen großen Teil des Gesamtspeichers. Man wird daher in einem Wort zwei Befehle unterbringen. Dieses erfordert einen komplizierteren Aufbau des Befehls- und Leitwerkes, da bei Befehlen jedes Wort automatisch in zwei Teile zerlegt werden muß. Da die Befehle für Rechenoperationen und auch bei ihrer Ausführung einzeln erreichbar sein müssen, bereitet auch die Adressierung der einzelnen Worthälften u.U. eine gewisse Schwierigkeit. Trotzdem hat sich diese Lösung bei Großanlagen als der wohl günstigste Weg erwiesen.

Fassen wir zusammen: Das Problem der Wortlänge ist für die Architektur einer Rechenanlage grundlegend. Es kann nur mit Hilfe eines Kompromisses gelöst werden. Die verschiedensten Lösungsversuche sind im Laufe der Jahre unternommen worden.

Wir wollen uns im folgenden hauptsächlich an einer 24-Bit-Maschine orientieren, die Befehle in einem Wort enthält, die auch mit Festkommazahlen meistens in einem Wort arbeiten wird, die aber bei Gleitkommazahlen zwei Worte benutzt. Das Rechenwerk selbst wird auf 24 Bits zugeschnitten sein.

Wenn man also bei Gleitkommazahlen doppelte Wortlänge verwendet, so sind die einzelnen Bruchstücke der Zahlen getrennt zu verarbeiten und ein Übertrag von einem Bruchstück in das andere muß gesondert vorgenommen werden. Diese Verarbeitungen wollen wir auf der Ebene der Basisprogramme vornehmen, obwohl sie auch auf der Ebene der Mikroprogramme durchführbar wären.

3.   Logik-Schaltungen

Die Verwirklichung von Rechenoperationen geschieht durch Logik-Schaltungen, die auf der Theorie der Booleschen Verbände beruhen. Abschn. 3.1 enthält eine anschauliche Einführung, Abschn. 3.2 die mathematische axiomatische Formulierung dazu. Abschn. 3.3 beschreibt die technische Realisierung, insbesondere die Nand-Technik und die der Flipflops. Einfache, später benutzte Schaltungsbeispiele zeigt Abschn. 3.4. Wichtig sind die dort am Schluß definierten Bezeichnungen und die „negative Logik".

3.1.   „Und" und „Oder"

Eine Anekdote berichtet von einem Feldwebel, der auf allerhöchsten Befehl Seiner Majestät seiner Kompanie das Kleine Einmaleins beibringen sollte. Er löste das Problem auf seine Weise durch Arbeitsteilung: Jeder Rekrut mußte eine Zahl auswendig lernen. Rekrut A z.B. war für „3 x 7" zuständig: Wenn der Feldwebel „drei mal sie-benn" kommandierte, so hatte A die Hacken zusammenzuschlagen und „ein-und-zwann-zich" zu schreien. In allen anderen Fällen hatte er zu schweigen. Diese Fälle gingen ihn überhaupt nichts an, denn dafür waren andere Rekruten zuständig.

Die „Rekruten" der Rechenmaschinentechnik sind die sog. Konjunktionen. Es sind elektronische Bausteine mit mehreren Eingangsanschlüssen, über die sie in Gestalt von elektrischen Spannungen (besser: Potentialen) ihre „Befehle" erhalten. Nur wenn alle diese Eingänge zur gleichen Zeit ihr Stichwort erhalten, reagiert die Konjunktion mit einer Ausgangsspannung.

Im obigen Beispiel würde also eine Konjunktion mit einem Eingang an die Leitung „drei" und mit dem zweiten Eingang an die Leitung „sieben" angeschlossen werden. Ihr Ausgang würde an die Leitung „Einundzwanzig" führen (und dort z.B. ein Lämpchen zum Aufleuchten bringen). Bei „drei mal fünf" würde diese Konjunktion nicht ansprechen, weil der zweite Eingang („sieben") nicht erregt wird.

Mit diesen Bausteinen (und zwei weiteren) lassen sich prinzipiell alle möglichen Rechenvorschriften nachbilden. Jedoch sollte der Aufwand mit allen Mitteln minimalisiert werden. Die folgenden Betrachtungen laufen im wesentlichen auf die Lösung dieses Problems hinaus.

Konjunktionen reichen für technische Anwendungen allerdings nicht ganz aus. Wenn wir z.B. für ein Multiplizierwerk angeben wollen, wann als Ergebnis 12 herauskommt, so können wir schreiben:

	Faktor 2 und Faktor 6	
oder	Faktor 3 und Faktor 4	
oder	Faktor 4 und Faktor 3	ergeben 12
oder	Faktor 6 und Faktor 2	

Man erkennt, daß für eine vollständige Angabe außer der Operation „Und", die das gleichzeitige Vorhandensein der beiden jeweiligen Bedingungen überprüft, als eine zweite Operation noch das „Oder" benötigt wird, das die von verschiedenen Konjunktionen kommenden Meldungen zusammenfaßt und weitergibt. Es wird auch als „Disjunktion" bezeichnet.

Für den Gebrauch in Rechenmaschinen verwendet man außerdem noch eine weitere Operation, die durch das Wörtchen „nicht" („im Gegenteil") am besten umschrieben wird (z.B. liegt eine ungerade Zahl genau dann vor, wenn die Zahl n i c h t durch die Zwei teilbar ist). Sie heißt auch „Negation".

Die drei angegebenen Rechenoperationen „Und", „Oder", „Nicht" spielen seit jeher eine sehr wichtige Rolle in der formalen Aussagenlogik. Wenn man nämlich irgendwelche Aussagen (z.B. technisch-naturwissenschaftlicher Art, aber auch solche über ganz alltägliche Dinge) zu komplizierteren zusammenfassen will, greift man immer auf diese drei „Operationen" zurück.

Ein Beispiel möge das illustrieren:

Ein Kraftfahrer darf an einer in Betrieb befindlichen Ampel vorbeifahren, wenn

> ein Polizeibeamter „Freie Fahrt" gibt
> o d e r   n i c h t ein Beamter den Verkehr regelt
> u n d die Ampel grün zeigt
> o d e r die Ampel gelb zeigt
> u n d   n i c h t der Fahrer rechtzeitig stoppen kann.

Es zeigt, daß eine sprachliche Formulierung noch nicht ganz ausreichend ist. Eindeutig ist eine kompliziertere Umschreibung oder aber eine mathematische Formelschreibweise, die durch Klammersetzung die zusammengehörigen Bedingungen zusammenfaßt. Wenn wir das Beispiel in einer etwas mehr mathematisch anmutenden Form wiederholen, wobei der Einfachheit halber nur Stichwörter für die einzelnen Bedingungen angegeben werden sollen, so würde das so aussehen:

„Frei" o d e r [(n i c h t Beamter) u n d (grün o d e r (gelb u n d (n i c h t stoppen können)))]

Die hier etwas scherzhaft angegebenen Regeln sollen zeigen, daß in komplizierteren Fällen eine mathematische Formelsprache das Angeben von Bedingungen wesentlich vereinfachen kann. Die Aussagenlogik, die in Mathematik und Philosophie sehr genau untersucht wurde, zeigt nun, daß alle Kombinationen von mehreren Aussagen aus den angegebenen drei Verknüpfungen gebildet werden können. Das hat für unsere weiteren Betrachtungen den Vorteil, daß wir nur diese drei und die für sie geltenden Rechenregeln zu betrachten brauchen.

Wenn wir von einigen vorgegebenen Aussagen (den sog. Atomen) ausgehen und alle überhaupt möglichen anderen Aussagen bilden, die durch Kombination der Atome zusammensetzbar sind, so bekommen wir eine Menge von (teils einfachen, teils zusammengesetzten) Aussagen, die man einen komplementierten Booleschen Verband nennt (in der Technik hat sich leider auch die Bezeichnung „Boolesche Algebra" eingebürgert, die mathematisch nicht korrekt ist). Wir stellen im nächsten Paragraphen die Rechenregeln für Verbandselemente und ihre Verknüpfungen auf.

Eine Formelsprache verlangt Abkürzungen. Wir haben ja auch schon Stichwörter an Stelle der vollständigen Aussagen verwendet. In mathematischen Formeln treibt man das noch weiter, indem man die einzelnen Elemente nur durch Buchstaben kennzeichnet. Auch wir wollen entsprechend verfahren.

Die verwendeten Bezeichnungen sind:

Für beliebige Aussagen Buchstaben oder Buchstabengruppen

für das „Und" das Häkchen ∧   (gesprochen „et", „and")

für das „Oder" das kleine ∨   (gesprochen „vel", „or")

für das „Nicht" die Überstreichung ‾   (gesprochen „non", „not")

Dies entspricht den Empfehlungen in DIN 66 000.

Die logischen Operationen sind für die „Schaltalgebra" und für die Rechenmaschinentechnik von so großer Bedeutung, daß wir sie uns ausführlicher ansehen müssen. Wir wollen dies anhand der Tabelle 3.1 tun, in der sie nebeneinander aufgeführt und ihre verschiedenen Eigenschaften zusammengestellt sind. Zuerst sind die von uns eben eingeführten Bezeichnungen wiederholt. Es sind dies Konjunktion, Disjunktion und Negation und die hierfür vereinbarten Kurzzeichen.

Eine Bemerkung zu der benutzten „Gleichungsschreibweise": Wir haben sie früher schon verwendet. Sie bedeutet nicht eine mathematische Gleichung, sondern eine Rechenanweisung. Der Ausdruck auf der rechten Seite des Gleichheitszeichens soll berechnet und das Ergebnis dann eingesetzt werden für die Größe, die links vom Zeichen steht, hier als R („Resultat"). Wir werden diese Schreibweise sehr viel verwenden. Der Doppelpunkt vor den Gleichheitszeichen kann dabei veranschaulicht werden als die Spitze eines Pfeils: R ⇐ A...B.

Anstelle der von uns eingeführten Häkchen sind in der Technik Punkt und Pluszeichen beliebt, wie wir sie in der dann folgenden Zeile angegeben haben. Diese deuten auf Ähnlichkeiten zum Zahlenrechnen hin, die in der Tat vorhanden sind. Man sollte aber vorsichtig sein und Verwechslungen vorbeugen. Insbesondere wenn wir mit Dualzahlen rechnen, können Addition und „logisches Oder" gleichzeitig auftreten, so daß wir die Verwendung verschiedener Zeichen vorziehen.

Hier benutzte Bezeichnungen	Konjunktion R : = A ∧ B et	Disjunktion R : = A ∨ B vel	Negation R : = $\overline{A}$ non
andere übliche Bezeichnungen	R : = A · B Und And	R : = A + B Oder Or	R : = ⌐ A Nicht Not
Bedeutung	sowohl A als auch gleichzeitig B	entweder A oder B oder beide gleichz.	Gegenteil von A
Wertetafel	A B │ R 0 0 │ 0 0 L │ 0 L 0 │ 0 L L │ L	A B │ R 0 0 │ 0 0 L │ L L 0 │ L L L │ L	A │ R 0 │ L L │ 0
Schaltzeichen amerikanisches Schaltzeichen			
Ersatzschaltung			
elektronische Schaltung			
Veranschaulichung durch Venn-Diagramm (R schraffiert)			
mechanische Veranschaulichung (Federwaage bei R)			

3.1   Die logischen Operationen

Die weiter aufgeführten Bezeichnungen sind die deutschen bzw. englischen Übersetzungen von et, vel und non. Auch sie werden vielfach gebraucht. Insbesondere hat sich in Programmen (z.B. in der ALGOL-Sprache) die englische Bezeichnung eingebürgert.

Bedeutung und Wertetafeln

In der nächsten Zeile der Tabelle 3.1 ist die Bedeutung in Worten ausführlicher ausgedrückt. Die Konjunktion meint „sowohl A als auch gleichzeitig B", die Disjunktion „entweder A oder B oder beide gleichzeitig". Insbesondere der dritte Teil („...oder beide gleichzeitig") ist außerordentlich wichtig. Wenn man das „Oder" ohne nähere Erklärung bringt, könnte der dritte Fall ausgeschlossen sein. Im Lateinischen würde man dieses „Oder" dann als „aut" bezeichnen, in der Rechenmaschinentechnik als „exklusives Oder". Letzteres ist also hier ausdrücklich nicht gemeint.

In der dritten Spalte steht „Gegenteil von A". Wenn A eine wahre Aussage ist, so besagt dieselbe Aussage mit einem vorgesetzten „nicht" natürlich das Gegenteil.

Wenden wir uns den Wertetafeln zu. Sie stellen ein Schema der betrachteten Rechenoperationen vor, wie es sehr häufig benutzt wird. Wir wissen, daß A und B beide die Werte 0 und L annehmen können. Im logischen Sinne können sie „wahr" oder „falsch" sein. Für alle auftretenden Kombinationen haben wir in diesen Wertetafeln nun das Ergebnis der Operationen aufgeführt.

Betrachten wir als erstes die Konjunktion. Sie ist dadurch gegeben, daß sowohl A als auch gleichzeitig B gleich L sein müssen, damit auch das Ergebnis L ist. In den übrigen Fällen haben wir als Ergebnis 0. Dies ist in der Wertetafel zusammengefaßt. Auch außer der Schreibweise A·B hat die Operation in der Tat sehr viel mit der Multiplikation von Zahlen gemeinsam. Ersetzen wir 0 und L durch die Ziffern 0 und 1, so steht unter R tatsächlich das Produkt $R: = A \cdot B$.

Nun zur Disjunktion. Auch hier stellen wir die Wertetafel nach demselben Schema auf. Als Ergebnis R tritt L auf, sobald „entweder A oder B oder beide gleichzeitig" L sind. Wir erhalten also nur im ersten Fall ein 0, sonst L. Hier muß man bei dem Blick auf das Pluszeichen etwas vorsichtig sein. In den ersten drei Fällen würde man beim Zahlenrechnen entsprechende Ergebnisse erhalten ($0 + 0 = 0, 0 + 1 = 1, 1 + 0 = 1$). Der vierte Fall jedoch fällt aus dem Rahmen: $1 + 1$ würde 2 ergeben, und dieses wäre in dualer Schreibweise eben nicht L, sondern „0 mit Übertrag".

Die Wertetafel für die Negation ist sehr einfach. R – das Rechenergebnis – ist das Gegenteil von A, hat also den entgegengesetzten Wert. Man neigt dazu, „R: = – A" zu schreiben, um die Umkehrung deutlich zum Ausdruck zu bringen. Das „Minuszeichen" darf aber nicht auf das Zahlenrechnen übertragen werden.

Die Wertetafeln beschreiben die Eigenschaften der drei Rechenoperationen vollständig. Wenn man diese also allein angibt, kann man unabhängig von jeder logischen Bedeutung oder jeder anderen Interpretation ihre Eigenschaften vollständig untersuchen und mit ihnen rechnen. In der Mathematik ist ein anderes abstrakteres Vorgehen beliebter: Man führt die Rechenoperationen mit Hilfe ihrer gegenseitigen Beziehungen ein. Dieses soll später geschehen, indem wir den axiomatischen Aufbau der Schaltalgebra untersuchen. Wir werden dort also so tun, als ob uns die Wertetafeln noch völlig unbekannt seien, und werden für die von uns beabsichtigten logischen Operationen formale Rechenregeln (Gleichungen) aufstellen, aus denen sich ebenfalls alle Eigenschaften herleiten lassen. Vorläufig jedoch werden wir den in der Technik üblichen Weg gehen, nämlich den der Veranschaulichung.

Schaltzeichen

Wenden wir uns den nächsten Zeilen unserer Tabelle zu. Wir müssen später mit diesen logischen Operationen arbeiten und nutzen dabei die Tatsache aus, daß man sie durch elektrische Netzwerke sehr einfach nachbilden kann. Das geschieht oft so, daß dem Wert L eine Spannung von z.B. 5 Volt und dem Wert 0 an denselben Kontakten die Spannung 0 Volt entspricht. Hier wird das Kurzzeichen angegeben, das nach den Normvorschriften für ein derartiges elektronisches Bauelement zu verwenden ist. Diese Bausteine sind für wenige Mark im Handel erhältlich. Sie sind als „integrierte" Bausteine aufgebaut und werden in der Rechenmaschinentechnik in sehr großem Maße verwendet. Die erste Zeile enthält die in Europa übliche Bezeichnung. Für die Konjunktion ist dies ein kleiner Halbkreis, an dem an den Durchmesser links zwei oder mehr Striche angefügt sind, die die „Eingänge" darstellen. Hier haben wir zwei Striche gezeichnet und sie mit A und B beschriftet. Dies stimmt mit den Formeln und den Bezeichnungen in der Wertetafel überein. Der „Ausgang" wird als Strich an den Bogen des Kreises angetragen.

Bei der Disjunktion werden die Eingänge durchgezogen bis an den Bogen des Halbkreises. Im übrigen stimmt die Zeichnung mit der für die Konjunktion überein. Es soll ausdrücklich darauf hingewiesen werden, daß man außer den zwei Eingängen noch weitere dritte, vierte usw. antragen kann. In solchen Fällen haben wir z.B. die Gleichung:

$$R: = A \vee B \vee C \vee D$$

Entsprechendes gilt für die Konjunktion.

Die Negation wird durch einen kleinen Punkt gekennzeichnet. Da dieser leicht übersehen werden kann, kombinieren wir ihn immer mit einem Halbkreis. Ein solches Bauelement nennt man gelegentlich auch einen „Inverter".

Im amerikanischen Gebrauch befindliche Schaltzeichen haben wir in der nächsten Zeile wiedergegeben. Auch für sie gilt, daß beliebig viele Eingänge angetragen werden können. Der kleine Kreis der Negation wird sehr gerne kombiniert mit einem Dreieck, dem Schaltzeichen für einen Verstärker.

Veranschaulichungen

Am einfachsten und übersichtlichsten kann man die Operationen durch einige Tasterschalter beschreiben, wie es in der nächsten Zeile der Tabelle geschehen ist. Der Konjunktion entspricht die Reihenschaltung von Schaltern. R ist eine Glühbirne, die das Ergebnis anzeigt. A bzw. B sind L, wenn die Taste gedrückt ist. R ist L, wenn die Lampe aufleuchtet. Selbstverständlich kann R nur dann L anzeigen, wenn A und B gleichzeitig niedergedrückt werden, und dies stimmt mit der Erklärung unserer Konjunktion überein.

Die Disjunktion müssen wir mit der Parallelschaltung in Analogie setzen. Hier genügt das Betätigen eines Schalters, um ein Ergebnis L anzuzeigen. Der Negation entspricht ein Schalter mit Ruhekontakt, der bei Betätigung geöffnet wird.

Die angegebenen Schaltungen können praktisch wenig eingesetzt werden, da oft die beiden Eingangsgrößen A und B ebenfalls in elektrischer Form vorliegen. Wir müssen die Schaltungen also dadurch vervollständigen, daß wir die Tasten zu Relaiskontakten erweitern, um eine elektrische Betätigung zu ermöglichen.

Die ersten Rechenanlagen haben in der Tat mit derartigen Relais gearbeitet. Bald ist man wegen der Rechengeschwindigkeit, aber auch wegen der größeren Zuverlässigkeit zu elektronischen Schaltungen übergegangen. Die einfachsten haben wir in unserer Tabelle 3.1 angegeben. Sie sind allerdings nicht gar zu typisch zu verstehen, da moderne Schaltungen komplizierter sind und insbesondere jedes dieser logischen Netzwerke noch mit einem Verstärker kombinieren.

Der wesentliche Teil der Konjunktion sind zwei Dioden, die in der Abbildung nur einen Stromfluß von rechts nach links gestatten. Wenn also links eine Plus-Spannung anliegt, so sperren sie. Sobald nun einer der beiden Kontakte A oder B eine Spannung von 0 Volt hat, kann ein Strom von dem Plus-Spannungsanschluß über Widerstand und Diode zu diesem Kontakt fließen. Da die Diode praktisch keinen Widerstand hat, liegt bei R eine Spannung an, die durch die 0-Volt-Spannung am Eingang bestimmt ist. Ob der andere Eingang dabei 0 Volt oder 5 Volt hat, ist bedeutungslos, da er ja durch die Diode blockiert ist. Eine Änderung tritt erst dann ein, wenn sowohl bei A als auch B eine Plusspannung anliegt. Jetzt sind alle Teile an Plus, und auch R erhält eine Plusmeldung.

Die Disjunktion ist in Tabelle 3.1 entsprechend dargestellt. Hier wurde die Schaltung nur umgepolt. Die Dioden können jetzt einen Strom von links nach rechts leiten. Der feste Spannungsanschluß unten liegt an Minus. Wenn beide Eingangsklemmen A und B ebenfalls an Minus liegen, muß selbstverständlich auch bei R Minus herauskommen. Ist dagegen eine Eingangsklemme, z.B. B, an einer Plusspannung, so haben wir wieder einen Strom von B über Diode und Widerstand nach Minus. Nach den Gesetzen der Spannungsteilung erhält dann R dieselbe Plusspannung wie B, wenn wir die Diode mit einem verschwindenden Übergangswiderstand ansetzen dürfen.

Es folgt eine Transistorschaltung für die Negation. Ein derartiger einstufiger Verstärker dreht in gewissem Sinne das Vorzeichen um. Legen wir nämlich bei A eine Plusspannung an, so wird der Transistor gesperrt. Zwischen den beiden festen Spannungsanschlüssen kann also kein Strom fließen, weil der Transistor unterbricht. Die Minusspannung wirkt sich daher über den Widerstand auf den Ausgang R aus.

Wir haben eine Vorzeichenumkehr vor uns: Plusspannung bei A erzeugt Minusspannung bei R.

Das Entgegengesetzte tritt ein, wenn wir bei A eine Minusspannung anlegen. Nun wird der Transistor durchgeschaltet, er wird niederohmig, und wir haben einen Strom, der vom festen Plus- zum festen Minusanschluß fließt. Wegen des geringen Widerstandes des Transistors wirkt die Plusspannung sich praktisch unverändert auf den Ausgang R aus.

Die eben beschriebenen elektronischen Schaltungen sind für alles Folgende bedeutungslos. Auf elektronische Probleme wollen wir nicht eingehen.

Eine Veranschaulichung ganz anderer Art finden wir in Tabelle 3.1 in der nächsten Zeile wieder. Sie basiert auf der Mengenlehre, in der wir Verknüpfungen haben, die denen der formalen Logik fast entsprechen. Unter A bzw. B sind hier alle Punkte verstanden, die innerhalb der betreffenden Kreise liegen. Greifen wir uns irgendeinen Punkt heraus, so würde für diesen A = L sein, wenn er innerhalb des A-Kreises liegt, und A = 0, wenn wir ihn außerhalb des betreffenden Kreises zu suchen hätten. Entsprechendes gilt für B. Wann würde nun für diesen selben Punkt A $\wedge$ B gleich L sein? Das würde voraussetzen, daß für ihn A $\wedge$ B „zutrifft", daß er also sowohl in Kreis A als auch in Kreis B liegt. Er müßte also innerhalb des Mittelstücks liegen, welches von beiden überdeckt wird und das wir in der Zeichnung schraffiert haben. Man stellt die Konjunktion also dar durch das schraffierte Mittelstück. Dies setzt natürlich voraus, daß wir die Aussagen A und B durch Kreise darstellen, an denen wirklich alle Kombinationen studiert werden können. Mit anderen Worten: Diese Kreise müssen sich überschneiden, sonst versagt unsere Veranschaulichung. Wenn wir bei späteren Betrachtungen noch weitere Aussagen C, D usw. hinzufügen, ist also zu beachten, daß alle Kombinationen von Überdeckungen existieren müssen. Es müssen Punkte da sein, die allen Kreisen gemeinsam sind, ebenso wie Punkte, die nur von einigen Kombinationen überdeckt werden usw.

Für die Disjunktion gilt Entsprechendes. In der zweiten Spalte haben wir alle diejenigen Punkte schraffiert, die entweder zu A oder zu B oder zu beiden gleichzeitig gehören. Das bedeutet, daß unsere Menge R durch die Schraffierung skizziert ist.

In der dritten Spalte finden wir Entsprechendes für R: $= \overline{A}$. Hier besteht R offensichtlich aus allen Punkten, die nicht zu A gehören, also dem Außenraum der Kreisscheibe.

Bei einigen der im folgenden betrachteten Gleichungen werden wir diese Veranschaulichung und die durch Schalter verwenden.

Es sollte nicht der Eindruck entstehen, als ob logische Rechenoperationen nur in der Elektrotechnik auftreten. Deshalb soll eine ganz einfache Illustration auf mechanischem Gebiet als letzte Zeile unseres Bildes 3.1 betrachtet werden.

Links ist die Konjunktion dargestellt. Es wird an einem Seil gezogen nach A bzw. nach B. Das Resultat kann bei R an einer Federwaage abgelesen werden. Das Seil zwischen A und B ist über eine Rolle geführt. Es ist klar, daß eine Kraft an der Federwaage R nur auftreten kann, wenn sowohl bei A als auch bei B gezogen wird. Im anderen Fall würde das Seil ja über die Rolle gleiten.

Bei der Disjunktion können wir die gleiche Veranschaulichung wählen, wenn wir statt der Rolle einen Knoten anbringen. Jetzt genügt schon das Ziehen entweder bei A oder bei B (oder bei beiden gleichzeitig), um eine Anzeige bei R zu erreichen.

Etwas komplizierter ist die Negation darzustellen. Aber auch dies ist möglich, wie die dritte Zeichnung zeigt. Normalerweise zieht die rechte Feder die Federwaage bei R auseinander. Wird jedoch bei A gezogen, so wird die Federkraft aufgefangen und die Anzeige bei R entlastet: R = 0.

3.2. Boolesche Verbände

Im vorigen Abschnitt haben wir anschaulich die Verknüpfungen der Booleschen Verbände kennengelernt. Eine andere Möglichkeit zu ihrer Einführung bildet der in der Mathematik übliche axiomatische Weg: Eine Reihe von Axiomen wird in Gestalt von Gleichungen vorausgesetzt, aus denen ohne weitere Voraussetzungen alle übrigen Eigenschaften folgen.

Beide Fundierungen der Verbandstheorie müssen natürlich gleichwertig sein: Aus unseren Angaben, insbesondere aus den Wertetafeln, müssen die Axiome gefolgert werden können, und umgekehrt ergeben diese wieder u.a. die Wertetafeln.

Für praktische Anwendungen besitzen Axiome die Bedeutung, daß sie die grundlegenden Rechenregeln sind, aus denen alle übrigen sich ergeben.

Wir werden die Axiome nun betrachten und aus dem früher Gesagten heraus begründen bzw. plausibel machen.

Für technisch orientierte Anwendungen und für einen ersten Überblick ist es günstig, die Axiome aufzuteilen in eine Klasse, deren Anwendung unmittelbar einleuchtend und zu denen wenig zu bemerken ist, und in eine zweite Klasse, welche für den Benutzer ungewohnt ist. Die durchzuführenden Rechenumformungen ähneln nämlich sehr stark den Rechenregeln, die wir vom normalen Zahlenrechnen bereits kennen, so daß eine besondere Aufmerksamkeit nur an Stellen nötig ist, an denen Abweichungen auftreten.

Zur ersten Gruppe wird man im allgemeinen die zunächst folgenden Axiome zählen.

Einfache Axiome

Ein Verband ist mathematisch gesehen ein Elementebereich mit mindestens zwei Elementen, in dem zwei Verknüpfungen $\wedge$ und $\vee$ gegeben sind, die den Axiomen a) bis g) gehorchen.

a) Die beiden Kommutativitätsaxiome:

$$X \wedge Y = Y \wedge X \quad \text{und} \quad X \vee Y = Y \vee X$$

Für den mehr technisch orientierten Leser sind sie uninteressant: Wenn zwei Aussagen miteinander verknüpft werden, so besagen sie, daß deren Reihenfolge beliebig ist, was bei technischen Anwendungen trivial ist.

b) Die beiden Assoziativitätsaxiome:

$$X \wedge (Y \wedge Z) = (X \wedge Y) \wedge Z \quad \text{und} \quad X \vee (Y \vee Z) = (X \vee Y) \vee Z$$

Der Inhalt dieser Axiome ist die für das Rechnen bedeutungsvolle, bei unserer Anwendung aber ebenfalls triviale Tatsache, daß es gleichgültig ist, ob erst die vorderen beiden oder erst die folgenden beiden Elemente miteinander verbunden werden.

c) Es muß für einen komplementierten Booleschen Verband weiter gefordert werden, daß (mindestens) ein sog. Einselement L und ein sog. Nullelement 0 existieren, die den Bedingungen genügen:

$$L \vee X = L \quad \text{und} \quad 0 \wedge X = 0 \qquad \text{für alle X}$$

Logisch gesehen sind beides triviale Aussagen. Z.B. könnte man nehmen: „Jede gerade Zahl ist durch zwei teilbar" als Aussage L und „Jede ungerade Zahl ist durch zwei teilbar" als Aussage 0 (da sie immer falsch ist).

d) Weiter muß man fordern, daß jedes Verbandselement ein Komplement (logisch „Gegenteil") besitzt mit den Eigenschaften:

$$X \wedge \overline{X} = 0 \quad \text{und} \quad X \vee \overline{X} = L \quad \text{sowie} \quad \overline{\overline{X}} = X$$

Auch bei diesen Gleichungen ist unmittelbar einleuchtend, daß sie immer richtig sein müssen.

Drei weitere Axiome

Für das praktische Rechnen von viel größerer Bedeutung sind nun aber die folgenden Gleichungen, die nicht so unmittelbar einleuchten und insbesondere dann ungewohnt erscheinen, wenn man das Rechnen mit gewöhnlichen Zahlen geübt hat.

e) Die beiden Verschmelzungsaxiome:

$$X \vee (X \wedge Y) = X \quad \text{und} \quad X \wedge (X \vee Y) = X$$

Die Gültigkeit dieser beiden Axiome ist schon schwerer einzusehen. Machen wir es uns logisch klar: In der linken Gleichung bedeutet die Klammer, daß X und Y gleichzeitig erfüllt sein müssen. Das stimmt natürlich nur dann, wenn mindestens erst einmal X allein erfüllt ist. Ist aber X schon erfüllt, so würde schon das vor der Klammer stehende X genügen. Wir können also die Klammer ganz fortfallen lassen.

f) Die Distributivitätsaxiome:

$$X \wedge (Y \vee Z) = (X \wedge Y) \vee (X \wedge Z)$$
$$\text{und} \quad X \vee (Y \wedge Z) = (X \vee Y) \wedge (X \vee Z)$$

Bei genauerem Hinsehen erkennt man, daß diese Gleichungen nichts anderes zum Inhalt haben als das „Ausmultiplizieren von Klammern". Neu ist bei den beiden Gleichungen nur, daß es z w e i sind, die sich bis auf das Vertauschen von $\wedge$ und $\vee$ völlig gleichen. Wir können hier also „in zwei Richtungen" ausmultiplizieren: Im Vergleich zum Zahlenrechnen können wir einmal $\vee$ mit dem Pluszeichen + und $\wedge$ mit dem Malzeichen · vergleichen; wir können aber auch genau umgekehrt verfahren und $\wedge$ mit + und $\vee$ mit · vergleichen. Das „Ausmultiplizieren" führt in jedem Fall zu einem richtigen Ergebnis.

g) Das de-Morgansche-Axiom:

Für das Komplement gilt:

$$\overline{X \wedge Y} = \overline{X} \vee \overline{Y}$$

Rein formal kann man sich diese Regel leicht merken, wenn man sich einprägt, daß das Komplement der Konjunktion die Disjunktion ist und umgekehrt (scheinbar also $\overline{\wedge} = \vee$ bzw. $\overline{\vee} = \wedge$).

Aus dieser Gleichung folgt wieder eine zweite, wenn wir „Und" und „Oder" vertauschen:

$$\overline{X \vee Y} = \overline{X} \wedge \overline{Y}$$

Wenn man die Bedeutung der logischen Verknüpfungen voraussetzt, sind auch die letzten Axiome verhältnismäßig leicht einzusehen. Für derartige Betrachtungen sind besonders die Veranschaulichungen einerseits durch Schalterkontakte, andererseits durch Mengen geeignet.

Prüfen wir das erste Distributivitätsaxiom: Aus ihm folgt, daß die beiden Schaltungen des Bildes 3.2 äquivalent sind, d.h. bei entsprechenden Schalterstellungen dasselbe Ergebnis liefern.

3.2
Das Distributivitätsaxiom: Die beiden Ausdrücke für R sind äquivalent, weil für entsprechende Schalterstellungen in beiden Fällen dasselbe Ergebnis vorliegt

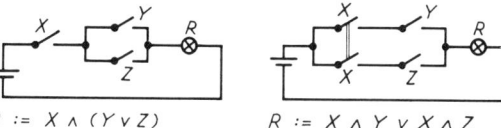

$$R := X \wedge (Y \vee Z) \qquad R := X \wedge Y \vee X \wedge Z$$

Daß dies der Fall ist, zeigt das Durchspielen aller möglichen Fälle: Offenbar ist ein Brennen der Lampe nur möglich, wenn der Schalter X betätigt ist. Wenn er aber gedrückt ist, genügt bei beiden Schaltungen schon einer der beiden restlichen Taster, um die Verbindung herzustellen. Die Schaltungen sind also äquivalent.

Zu einer Betrachtung des de-Morganschen-Axioms wollen wir die auftretenden Größen als Mengen darstellen (Bild 3.3). Wir wollen zeigen:

$$\overline{X \wedge Y} = \overline{X} \vee \overline{Y}$$

Der Reihe nach sind im Bild zu erkennen: a) die Menge $X \wedge Y$ und b) die Menge $\overline{X \wedge Y}$, also die linke Seite unserer Gleichung. Es folgen c) $\overline{X}$ und d) $\overline{Y}$. Aus beiden entsteht e) $\overline{X} \vee \overline{Y}$, die rechte Seite der Gleichung. Es ist offensichtlich die gleiche Menge wie in b), was zu beweisen war.

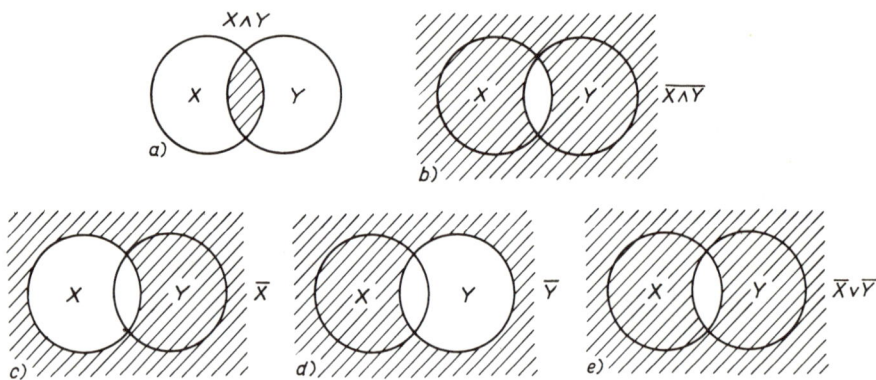

3.3   Zum de-Morganschen-Axiom: $\overline{X \wedge Y} = \overline{X} \vee \overline{Y}$ gilt, da die den beiden Ausdrücken entsprechenden Mengen übereinstimmen

Disjunktive Minimalformen

Bei der Aufstellung der Distributivitätsaxiome haben wir festgestellt, daß man mit ihrer Hilfe „Klammern ausmultiplizieren" kann. Wie beim Zahlenrechnen kann man das so lange weiterführen, bis alle Klammern aufgelöst sind und der betrachtete Ausdruck ganz ohne Klammern geschrieben wird. Da dann jedoch immer noch beide Verknüpfungsoperationen auftreten, muß eine Vorrangordnung gegeben sein. Es ist festgelegt, daß die Operation $\wedge$ „stärker bindet" als $\vee$. Aus diesem und aus anderen Gründen werden in der Technik auch oft statt der Zeichen $\wedge$ und $\vee$ die Zeichen $\cdot$ und $+$ geschrieben. Auch hier ist ja gemeint, daß $\cdot$ stärker bindet als $+$, daß also erst die Multiplikationen und dann die Additionen ausgeführt werden sollen.

Damit können wir nun jeden Ausdruck ausmultiplizieren, bis er die folgende Gestalt hat:

$$A \wedge B \wedge C \vee D \wedge E \wedge F \vee \cdots \vee G \wedge \cdots \wedge H$$

Diese Schreibweise spielt für technische Konstruktionen eine besondere Rolle.

Ein Beispiel möge ihre Berechnung erläutern:

$$(A \vee B) \wedge (C \vee D) \vee E$$

soll vereinfacht werden. Wir errechnen der Reihe nach:

$$A \wedge (C \vee D) \vee B \wedge (C \vee D) \vee E$$
$$= A \wedge C \vee A \wedge D \vee B \wedge C \vee B \wedge D \vee E$$

Den Vorteil dieser Form werden wir später erkennen: Sie wird mit technischen Bausteinen nachgebildet. Wenn nun die Größen A, B, C... Werte 0 bzw. L erhalten, soll möglichst schnell der Wert 0 bzw. L des ganzen Ausdrucks ermittelt werden. Die Berechnung kann in zwei Stufen durchgeführt werden, wenn man zuerst die einzelnen Teilkonjunktionen berechnet und dann diese mit dem „vel" zum gesamten Ausdruck zusammensetzt. In der ursprünglichen Formel war eine zusätzliche Stufe nötig: Erst die Disjunktion in den beiden Klammern, dann die Konjunktion zwischen diesen Ergebnissen und schließlich noch die Disjunktion mit E.

Die technische Ausführung, die wir später kennenlernen werden, gestattet die Berechnung der einzelnen Schritte einer Stufe zur gleichen Zeit.

Ergebnis unserer Betrachtung ist somit die Aussage, daß man durch „Ausmultiplizieren", also durch Anwendung der Distributivitätsgesetze, immer zu einer „zweistufigen Logik" kommen kann, in der zuerst eine Reihe von Konjunktionen und im nächsten Schritt unter Benutzung derer Ergebnisse eine Mehrfach-Disjunktion zu berechnen bleiben. Allerdings kann man auf diese Weise u.U. erheblich mehr Verknüpfungen erhalten als im ursprünglichen Ausdruck, die somit eine aufwendigere Technik bedingen.

Derartige Formen können oft vereinfacht werden. Hierzu ein Beispiel:

$$A \wedge B \wedge C \vee A \wedge B \wedge \overline{C}$$

Wieder können wir unsere Distributivitätsgesetze anwenden, hier jedoch in der umgekehrten Richtung, indem wir „ausklammern":

$$A \wedge B \wedge (C \vee \overline{C})$$

Wenden wir die Gesetze über das „Einselement" an, so folgt der Reihe nach:

$$A \wedge B \wedge L \text{ bzw. } A \wedge B$$

Das Gesamtergebnis können wir zusammenfassen, indem wir sagen: Wenn zwei Konjunktionen disjunktiv zu verknüpfen sind, die sich nur darin unterscheiden, daß eine Größe im einen Fall negiert und im anderen nicht negiert enthalten ist, so können wir sie durch eine einzige Konjunktion ersetzen, in der diese Größe nicht mehr vorkommt.

Wir erhalten auf diese Weise, wenn alle Möglichkeiten ausgeschöpft sind, die sog. disjunktive Minimalform unseres Problems.

Ihre Ermittlung ist für die Technik sehr wichtig, da das Vereinfachen in der technischen Realisierung eine Materialersparnis bedeutet. Es ist dafür eine Reihe von Rechenverfahren entworfen worden, welche die soeben benutzte Rechnung schematisieren und dadurch für den Anwender übersichtlicher machen. Sie sollen hier nur am Rande betrachtet werden, da sie ihre volle Tragweite erst bei wesentlich unübersichtlicheren Schaltungen zeigen, als sie hier auftreten werden.

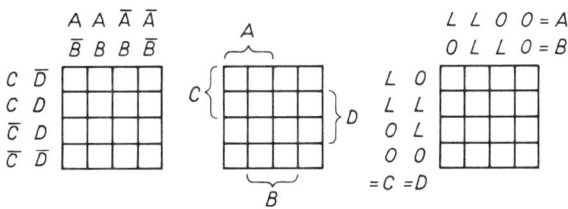

3.4   Karnaugh-Diagramme, verschiedene Arten der Beschriftung

Eine übersichtliche Methode zur Durchführung derartiger Minimisierungen stellen die Karnaugh-Veitch-Diagramme dar. Bild 3.4 zeigt die Anordnung und drei verschiedene übliche Arten der Beschriftung. Es handelt sich um speziell angeordnete Wertetafeln einer gewünschten Funktion. Maximal vier Veränderliche sind erlaubt, sonst wird die Auswertung etwas komplizierter. Die Anordnung der Werte der Veränderlichen am oberen bzw. linken Rand wird so gewählt, daß von Zeile zu Zeile bzw. von Spalte zu Spalte immer nur eine einzige Veränderliche ihren Wert ändert. Dies gilt auch beim Übergang vom linken zum rechten bzw. vom oberen zum unteren Rand. Man hat sich also das Diagramm so „geschlossen" zu denken, daß entgegengesetzte Ränder miteinander verbunden sind.

Da alle Übergänge, bei denen sich nur eine Veränderliche ändert, „nebeneinanderliegen" sollen, ist die Beschränkung auf vier Veränderliche nötig.

Die gewünschten Werte der Funktion werden in das Innere der Tafel eingetragen. Kommen nun in nebeneinanderliegenden Feldern die Werte L vor, so ist eine Zusammenfassung nach dem vorher beschriebenen Verfahren möglich: Alle übrigen Variablen stimmen überein, nur in dieser einen sind beide Werte vorhanden. Man kann diese beiden L zu einem Gebiet zusammenfassen, das einer einzigen Konjunktion entspricht.

Weitere entsprechende Zusammenfassungen sind möglich, sobald sich rechteckige Gebiete von den Kantenlängen von einem, zwei oder vier Feldern (nicht drei!) finden lassen, die nur L enthalten (oder Felder, deren Wert beliebig ist). Mehrere derartige Gebiete dürfen sich überdecken. Jedem dieser rechteckigen Gebiete entspricht dann eine zu verdrahtende Konjunktion. Bild 3.5 zeigt Beispiele.

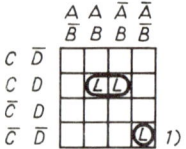 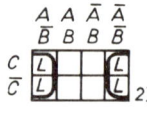 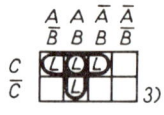

3.5
Vereinfachung der Booleschen Ausdrücke durch Karnaugh-Diagramme

1) $A \wedge B \wedge C \wedge D \vee \bar{A} \wedge B \wedge C \wedge D \vee \bar{A} \wedge \bar{B} \wedge \bar{C} \wedge \bar{D} = B \wedge C \wedge D \vee \bar{A} \wedge \bar{B} \wedge \bar{C} \wedge \bar{D}$

2) $A \wedge \bar{B} \wedge C \vee A \wedge \bar{B} \wedge \bar{C} \vee \bar{A} \wedge \bar{B} \wedge C \vee \bar{A} \wedge \bar{B} \wedge \bar{C} = \bar{B}$

3) $A \wedge \bar{B} \wedge C \vee A \wedge B \wedge C \vee \bar{A} \wedge B \wedge C \vee A \wedge B \wedge \bar{C} = A \wedge B \vee A \wedge C \vee B \wedge C$

Überdecken sich mehrere Gebiete, so sind dort mehrere Konjunktionen gleichzeitig erfüllt und liefern dann für die gemeinsamen Felder gleichzeitig ein L an die nachgeschaltete Disjunktion (im dritten Beispiel in Bild 3.5 ist dies der Fall $A \wedge B \wedge C$).

Erstes Ziel ist es, mit möglichst wenig Gebieten alle L (und keine 0) zu überdecken. Gelegentlich wird dies durch die Aufgabenstellung erleichtert, wenn diese für einzelne Stellen der Wertetafel offen läßt, welcher Wert dort steht.

Zweites Ziel ist es aber auch, möglichst große Gebiete zu bekommen, weil die Zahl der Konjunktions-Eingänge mit der Größe der Gebiete abnimmt.

Jedes Gebiet entspricht einer Konjunktion, alle benötigten Konjunktionen müssen nachher durch eine Disjunktion zusammengefaßt werden.

Karnaugh-Diagramme sind ein beliebtes Hilfsmittel beim logischen Schaltungsentwurf. Wir werden sie jedoch kaum benötigen.

Andere Rechenoperationen

Einige weitere Rechenoperationen außer Konjunktion, Disjunktion und Negation sind in DIN 66 000 festgelegt. Sie lassen sich natürlich auf diese drei zurückführen, sind also mathematisch gesehen nur Abkürzungen. Es sind:

Nand: $A \barwedge B$ bedeutet $\overline{A \wedge B}$

Nor: $A \barvee B$ bedeutet $\overline{A \vee B}$

Implikation: $A \subset B$ bedeutet $\overline{A} \vee B$

Äquivalenz: $A \equiv B$ bedeutet $A \wedge B \vee \overline{A} \wedge \overline{B}$

Antivalenz: $A \not\equiv B$ bedeutet $A \wedge \overline{B} \vee \overline{A} \wedge B$

Die Antivalenz wird auch das „Exklusive Oder" genannt. Einige dieser Bezeichnungen betrachten wir später näher.

Wichtig für die Technik ist, daß u.a. Konjunktion und Disjunktion „nichtlinear" sind: Will man sie auf Rechenoperationen abbilden (besser: durch diese nachbilden), die sich auf Zahlen 1 und 0 (statt logischer Werte L und 0) beziehen, so benötigt man nichtlineare Gleichungen. Ihre Nachbildung in „linearen Automaten" ist daher nicht allgemein möglich. Auch benötigt man physikalisch für ihre technische Ausführung wesentlich nichtlineare Effekte: nichtlineare Kennlinien, Sättigung, Hysterese usw. Lineare elektrische Bauglieder, wie Widerstände, Kapazitäten und Induktivitäten, genügen nicht. Die Nichtlinearität folgt mathematisch aus der Nichtumkehrbarkeit der logischen Operationen (Nichtexistenz des inversen Elements).

3.3. Bausteine

Wenn wir die in der formalen Logik betrachteten Verknüpfungen technisch realisieren wollen, so müssen wir erst einmal festlegen, wie logische Aussagen und ihre Wahrheitswerte dargestellt werden sollen.

Den Aussagen wollen wir Teile der Rechenanlage zuordnen, die ein elektrisches Potential („Spannung") besitzen. Im allgemeinen wird es sich dabei um Anschlußklemmen handeln, an die weiterführende Leitungen oder aber Anzeigeinstrumente angeschlossen werden können.

Der einer Aussage im Augenblick zukommende Wahrheitswert ist dann durch das Potential gegeben, d.h. durch die Spannung zwischen Klemme und „Masse". Da wir allen unseren Betrachtungen eine zweiwertige Logik zugrunde gelegt haben, werden wir technisch dafür zu sorgen haben, daß zwei deutlich unterscheidbare Potentiale möglich sind. Es ist dabei üblich, das positive bzw. das höhere Potential als den Wahrheitswert L („wahr"), das negative bzw. Null- bzw. kleinere Potential als Wahrheitswert 0 („falsch") zu definieren. In diesem Falle spricht man von einer „positiven Logik". Diese Identifikation ist willkürlich und könnte im Einzelfall oder auch allgemein anders definiert werden. Bei einer Umkehrung spricht man von „negativer Logik". Wir werden im folgenden auch von dieser sehr viel Gebrauch machen und oft innerhalb einer Schaltung für einen Anschluß die eine, für einen anderen die andere Möglichkeit benutzen. Wichtig ist nur, daß für jeden einzelnen Kontakt und für jeden einzelnen Zeitpunkt festliegt, welche Codierung benutzt und welche logische Aussage dadurch angegeben wird.

Eine elektrische Darstellung in diesem Sinne haben wir schon in Gestalt der Schalter-Veranschaulichung in Tabelle 3.1 gegeben, die für die Aussagen der Booleschen Verbände existiert. Für eine technische Verwendung größeren Umfangs ist diese jedoch nur theoretisch geeignet. Die Gründe sind:

1. Um Verkopplungen verschiedener Stromkreise zu vermeiden, müßte man Vielfachschalter benutzten (wie oben schon in einem Beispiel), die in dieser Kontaktzahl nicht verfügbar sind.

2. Bei zu großen Reihenschaltungen von Schaltern sind Verstärker nötig, um einen zuverlässigen Stromfluß zu ermöglichen.

3. Zur Vereinfachung ist es nötig, Schalter nicht nur von Hand, sondern in vielen Fällen automatisch, d.h. elektrisch zu stellen.

Aus diesen drei Forderungen folgt, daß automatische Schalter, z.B. Relais, den Aufbau auch kompliziertester Schaltungen erlauben. In der Tat wurden die ersten Rechenanlagen mit Relais und ähnlichen Bauteilen konstruiert und haben richtig gearbeitet. Für heutige Konstruktionen benutzt man keine mechanisch schaltenden Elemente mehr, da sie zu störanfällig und viel zu langsam sind.

An ihre Stelle sind elektronische Bauteile getreten, auf deren innere Schaltung aber an dieser Stelle nicht eingegangen werden soll.

Wir können nun jede logisch gegebene Formel in eine elektronische Schaltung übersetzen, wenn wir für unsere drei Grundrechenoperationen Konjunktion, Disjunktion und Negation je eine entsprechende Schaltung besitzen.

Nands

Viele in den folgenden Kapiteln beschriebenen Schaltungen sind in einem konkreten Versuchsmuster aufgebaut und untersucht worden. Das hat den Vorteil, daß hier genau über alle technischen Einzelheiten gesprochen werden kann. Es hat für die folgenden Kapitel aber auch den Nachteil, daß wir uns um der Praxisnähe willen auf ein im Handel übliches Bausteinsystem spezialisieren müssen. Wir müssen dabei jedoch beachten, daß die konkreten Baustein- und Aufbau-Eigenschaften, die im folgenden beschrieben werden, nicht für alle Bausteinsysteme zutreffen können, die jetzt oder in Zukunft erhältlich sind. Es scheint aber sehr nützlich zu sein, wirklich auf technische Einzelheiten einzugehen.

Im beschriebenen Aufbau wurden keine Konjunktionen und Disjunktionen, sondern sog. Nands verwendet. Diese haben etwas andere Eigenschaften, für die Praxis aber sehr wesentliche Vorteile, so daß sie bei dem heutigen Stand der Technik überwiegend verwendet werden.

Der Name „Nand" ist, aus dem Amerikanischen kommend, eine Zusammenziehung von „not" und „and". Damit sind im Rahmen unserer Bezeichnungen schon sein Schaltzeichen und seine Wahrheitstafel gekennzeichnet (Bild 3.6). Es hat die Formel $R := \overline{A \wedge B}$.

A B	R
0 0	L
0 L	L
L 0	L
L L	0

3.6   Zweifachnand

A B $\cdots$ C	R
L L $\cdots$ L	0
sonst	L

3.7   Mehrfachnand

Handelsüblich sind nicht nur Nands mit zwei Eingängen wie das beschriebene, sondern auch solche mit z.B. drei oder vier Eingängen (oder mehr): $R := \overline{A \wedge B \wedge \cdots \wedge C}$ (s. Bild 3.7)

Die Ausgangsspannungen kann man sich so einprägen, daß 0 V dann und nur dann vorliegen, wenn a l l e Eingänge gleichzeitig positive Spannung haben. Eine andere Formulierung lautet: Eine einzige Null-Spannung am Eingang überwiegt alle anderen Eingänge und erzwingt „Plus" am Ausgang.

Warum sind Nands in der Technik so beliebt? Es gibt zwei Gründe:

1. Sie sind im technischen Aufbau (z.B. durch Dioden und einen nachgeschalteten Transistor) relativ einfach herzustellen. Dieser Vorteil ist jedoch bei den heute üblichen integrierten Schaltungen nicht mehr sehr gravierend.

2. Mit Nands allein lassen sich alle drei logischen Verknüpfungen realisieren, es ist also nur ein einziges System nötig. Dadurch sind durch große Herstellungsserien und bequeme Lagerhaltung wesentliche Ersparnisse möglich.

Der letzte Punkt soll in Bild 3.8 erläutert werden.

	Schaltzeichen	Ersatzschaltung
Konjunktion	A, B → R	A, B → * → R
Disjunktion	A, B → R	A, B → * → R
Negation	A → R	A → R

3.8   Ersatzschaltungen mit Hilfe von Nands. Die angetragenen Logik-
      Symbole haben keine physikalische Bedeutung (s. Text)

Bei dieser Nebeneinanderstellung entsteht der Eindruck, daß die Ersparnis durch einen größeren Bausteinbedarf überwogen wird. Das ist aber nicht der Fall, da wir auf die eingezeichneten „Inverter", die nur der Vorzeichenumkehr dienen, oft verzichten können, wenn wir „negative Logik" zulassen.

„Negative Logik"

Diese Möglichkeit beruht auf der Willkür, mit der wir das Potential von 5 V als L und das von 0 V als 0 bezeichnet haben. Diese Zuordnung ist ja eine Codierung, die auch umgekehrt möglich wäre. Aus der sog. „positiven Logik" würde dann eine sog. „negative Logik".

Innerhalb desselben Gerätes ist ein häufiger Übergang von positiver zu negativer Logik und umgekehrt durchaus erlaubt. Man muß nur wie bei allen Codierungsfragen dafür sorgen, daß keine Verwechslung entstehen kann. Es muß also für jeden einzelnen Kontakt zu jedem Zeitpunkt feststehen, welche „Logik" für ihn gilt. Negative Logik werden wir gelegentlich (aber nicht immer) durch einen kleinen angetragenen Stern * andeuten. Dieser ist für die elektrischen Eigenschaften einer Schaltung natürlich bedeutungslos.

Ein Nand kann ohne Inverter als eine Konjunktion interpretiert werden, wenn man festlegt, daß man bei seinen E i n gängen mit positiver, bei seinem A u s gang aber mit negativer Logik arbeitet. Die Wertetafel ist dann aus Bild 3.9 ersichtlich, wobei wir bei A und B das positive Potential als L und bei C gerade anders das positive als 0 bezeichnet haben.

Interpretation als Konjunktion

A	B	R neg. Logik
0V = 0	0V = 0	5V = 0
0V = 0	5V = L	5V = 0
5V = L	0V = 0	5V = 0
5V = L	5V = L	0V = L

Interpretation als Disjunktion

A negative Logik	B	R
0V = L	0V = L	5V = L
0V = L	5V = 0	5V = L
5V = 0	0V = L	5V = L
5V = 0	5V = 0	0V = 0

Interpretation als Nor

A	B negative Logik	R
0V = L	0V = L	5V = 0
0V = L	5V = 0	5V = 0
5V = 0	0V = L	5V = 0
5V = 0	5V = 0	0V = L

3.9   Interpretation von Nand-Bausteinen bei positiver und negativer Logik. Rechts die hier verwendeten Symbole

Das Nand kann auch als Disjunktion arbeiten, wenn man (anders als eben) die Eingänge jetzt in negativer und den Ausgang in positiver Logik interpretiert (Bild 3.7 Mitte).

Man kann also mit gewisser Berechtigung sagen, daß ein Nand nur dann als Nand aufgefaßt werden kann, wenn man sowohl am Eingang als auch am Ausgang mit positiver Logik arbeitet.

Aus der Kombinatorik folgt, daß noch eine vierte Interpretation möglich ist, wenn man nämlich sowohl am Eingang als auch am Ausgang mit negativer Logik codiert. Diese Funktion heißt in konsequenter Fortsetzung unserer Bezeichnungsweise das „Nor" und kann mit der Schaltfunktion

$$C := \overline{A \lor B}$$

aufgefaßt werden als Kombination von „not" und „or", also Negation und Disjunktion.

Disjunktive Minimalform

In den meisten Fällen hat man das Bestreben, mit positiver Logik zu arbeiten. Dann erscheinen auf den ersten Blick die angegebenen Interpretationen recht willkürlich und für die Praxis wenig brauchbar. Daß dies nicht so ist, erkennt man, wenn man sich darauf besinnt, daß alle logischen Verknüpfungen mit beliebig komplizierten Formeln sich immer auf eine disjunktive Minimalform reduzieren lassen. Betrachten wir als Beispiel:

$$R := A \land B \lor C \land D$$

Es hat in der normalen Gestalt das Schaltbild in Bild 3.10, links.

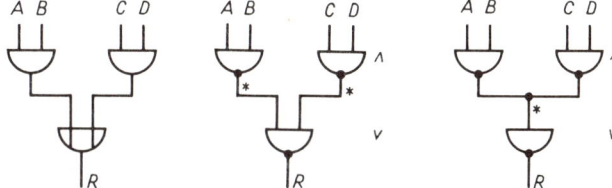

3.10
Drei gleichwertige Schaltungen.
Im dritten Fall wurde die Möglichkeit des „wired and" vorausgesetzt

In diesem Schaltbild können nun ohne weiteres die Konjunktionen und Disjunktionen durch Nands ersetzt werden (Bild 3.10, Mitte).

Diese Ersetzung mutet wie ein Zaubertrick an. Seine Lösung ist, daß die Schaltung sich von der obigen im Potential der Zwischenverbindungen unterscheidet: Diese haben jetzt „negative Logik". Dann wirken die ersten beiden Nands (von positiver zu negativer Logik übergehend) als Konjunktionen und das in der zweiten Stufe geschaltete Nand (im Übergang von negativer zu positiver Logik) als Disjunktion.

Wegen der großen Bedeutung der disjunktiven Minimalform kann man in der Praxis in der weit überwiegenden Zahl der vorkommenden Schaltungen stufenweise immer wieder von positiver zu negativer Logik übergehen und steht nur selten vor der Notwendigkeit, wirklich einmal einen Inverter einzubauen, der einzig die Aufgabe hat, das Vorzeichen zu ändern.

Die von uns verwendete Bausteinreihe hat darüber hinaus eine weitere Eigenart, die nicht für alle derartige Bausteinsysteme zutrifft, sich aber bei Vorhandensein als sehr praktisch erweist: Unsere eben betrachtete Schaltung läßt sich technisch noch vereinfachen zu Bild 3.10, rechts.

Der innere Aufbau der Bausteine ist hier so dimensioniert, daß die Ausgänge zweier oder mehrerer Nands sich galvanisch verbinden lassen. Auch in diesem Falle gilt: „Null Volt überwiegt!". Der

Vorteil besteht darin, daß das nachfolgende Nand weniger Eingänge benötigt bzw. daß in Fällen, wo sehr viele Ausgänge an Eingänge desselben Nands herangeführt werden sollen, eine Schaltung mit den vorhandenen Bausteinen überhaupt erst möglich wird.

Die betrachtete Verbindung von Ausgängen, bei der 0 V überwiegt, bezeichnet man als „wired AND": „Verdrahtetes Und". In der Tat ist es ja (bei positiver Logik) eine „Und"-Schaltung: L tritt nur dann auf, wenn beide verbundenen Ausgänge gleichzeitig L haben.

Eine weitere Besonderheit, die nicht immer vorzuliegen braucht: Wenn ein Eingang eines Bausteins unbenutzt bleibt, braucht er nicht an eine (positive) Spannung gelegt zu werden. Er kann frei bleiben und wirkt dann wie ein positiver Anschluß. Der Vorteil: Jedes Nand kann ohne besondere Maßnahmen als eines mit weniger Eingängen verwendet werden.

Dimensionierung

Das von uns verwendete Bausteinsystem enthält Nands mit einem einzigen Eingang (6 Stück in einem Baustein), mit zwei (4 Stück), mit drei (3 Stück), mit vier (2 Stück) und mit acht Eingängen (1 Nand in einem Baustein). Die Anzahl der in einem Baustein enthaltenen Nands ist dabei im wesentlichen gegeben durch die Anzahl der Anschlußklemmen, die aus dem Baustein herausführen. Bei der genormten Form T0 116 sind dies 14 Anschlüsse, von denen natürlich 2 für die benötigte Stromversorgung benutzt werden müssen.

Bei den konkreten Aufbauten ist die Belastungsfähigkeit von Bedeutung. An jeden Nand-Ausgang können bis zu 8 Eingänge angeschlossen werden. Werden mehrere Ausgänge verbunden („wired and"), so müssen im wesentlichen die parallel gelegten Ausgänge wie Eingänge gezählt werden. Dabei ist jedoch in Grenzfällen Vorsicht geboten, da die Belastung nicht genau übereinstimmt, sondern etwas größer ist.

Die „Signalflußzeit" der von uns verwendeten Nand-Bausteine ist nach Herstellerangaben etwa 30 ns. Im Handel sind jedoch auch zehnfach schnellere Bausteine erhältlich.

Diese Zahlenangaben (und die Möglichkeit des „wired and") sind natürlich Spezialitäten, die von System zu System wechseln und auf die hier kein großer Wert gelegt werden soll. Sie sind jedoch für die praktische Konstruktion außerordentlich wichtig, so daß es nicht gut wäre, sie unerwähnt zu lassen.

Die verwendete Speisespannung beträgt für derartige Bausteine meistens 5 Volt.

Flipflops

Auf den ersten Blick scheint damit die ganze Logik erfaßbar zu sein. Dabei übersieht man jedoch, daß nach unseren Betrachtungen der früheren Abschnitte nicht nur logisch aktive Teile innerhalb einer Rechenanlage nötig sind. Wir hatten insgesamt drei Komponenten, die übrigen beiden sind einerseits speichernde Elemente, andererseits Kanäle für das Hinein- und Herausführen von Daten. Die letzteren brauchen uns in diesem Zusammenhang nicht zu beschäftigen. Für die Kurzzeitspeicher müssen wir aber noch ein Bauteil angeben, das bereits erwähnt wurde: Das Flipflop.

Die Grundlagen der Informationstheorie hatten wir uns an Schaltern veranschaulicht, deren wesentliche Eigenschaft es war, in der einmal eingenommenen Stellung zu verharren, bis sie von außen zu einer Änderung veranlaßt wurden. Derartige Schalter lassen sich elektronisch verwirklichen: sog. Flipflops. Das für sie genormte Schaltzeichen ist ein rechteckiges Kästchen, welches in seiner einfachsten Form zwei Eingänge und zwei Ausgänge hat (Bild 3.11).

Die beiden Ausgänge haben dabei immer komplementäre Potentiale, z.B. ist immer einer von beiden auf 5 V geladen und der andere auf 0 V entladen. Die beiden Zustände des Flipflops („Stellungen des Schalters") bestehen in den beiden dadurch gegebenen Möglichkeiten. Bei positiver Logik wollen wir im folgenden sagen, daß das Flipflop „links steht", wenn der linke Ausgang das positive Potential hat. Im anderen Fall wollen wir sagen, daß das Flipflop die „rechte" Stellung einnimmt.

Eingänge

Ausgänge   3.11   Das Flipflop

Es kann nun in eine Stellung gesetzt werden, indem man an den entsprechenden Eingang eine positive Spannung anlegt. Wird dies z.B. am rechten Eingang vorgenommen, so „kippt" es nach rechts, wenn es vorher links stand, bzw. es bleibt rechts stehen, wenn es schon vorher nach rechts gekippt war.

An dieser Beschreibung ist zu erkennen, daß ein solches Flipflop wirklich genau dem früher von uns betrachteten Schalter entspricht.

Getaktete Flipflops

Für den praktischen Gebrauch ist es wichtig, den Flipflops eine weitere Aufgabe zu übertragen: Die Synchronisation. Da größere Rechenanlagen programmgesteuert sind und da ein Programm einen zeitlichen Ablauf determiniert, muß bei gleichzeitiger Arbeit verschiedener Teile darauf geachtet werden, daß keine zeitlichen Verschiebungen auftreten. Eine Synchronisation wird nun erzwungen, indem alle beteiligten Flipflops eine „Taktfrequenz" (einen „Clockimpuls") erhalten, die den zeitlichen Ablauf regelt. Da damit ein kurzzeitiges Warten auf den Takt unvermeidlich ist, wird der Takt zweckmäßigerweise an den speichernden Elementen, also an den Flipflops, wirksam werden. Die in Rechenanlagen verwendeten Flipflops sind daher allgemein so ausgelegt, daß sie getaktet arbeiten.

Wie wirkt ein solches Flipflop? Seine wichtigste Eigenschaft ist, daß die Eingänge nicht unmittelbar auf die Ausgänge wirken (solange keine Freigabe durch den Takt erfolgt). Es kann also an die entsprechenden Eingänge eine beliebige Spannung angelegt werden, ohne daß eine Wirkung eintritt. Erst im Augenblick des Taktimpulses schaltet der Ausgang um und stellt sich auf den Wert ein, der in diesem Augenblick an den Eingängen anliegt. Da der Signalfluß im allgemeinen von einem Flipflop über eine Anzahl von hinter- und nebeneinander geschalteten Nands zu einem anderen Flipflop und von dort ebenso weiter führt, sieht die Arbeitsweise des ganzen Systems so aus: In der Pause zwischen zwei Takten stellen sich die Nands mit einer gewissen zeitlichen Verzögerung nach und nach auf die ihrer Wahrheitstafel entsprechenden Ausgangsspannungen ein. Dabei behalten die Flipflops ihre Stellung unverändert bei. Kommt nun der Takt, der auf alle Flipflops gleichzeitig gegeben wird, so schalten die Flipflopausgänge auf ihre neuen Werte um. Wichtig dabei ist, daß in diesem Augenblick die Eingangsspannungen der Flipflops sich nicht mehr ändern können, so daß also nicht auf Grund der gleichzeitigen Änderung eines vorhergehenden Flipflops ein dahinter geschaltetes nun ein zweites Mal im selben Takt schaltet.

Jedes Flipflop enthält dafür einen „Vorspeicher", der durch die Eingangsspannungen jeweils auf den letzten logischen Stand aufgeladen wird. Sobald der Takt kommt, wird dieser Vorspeicher von den Eingängen abgetrennt und dann erst sein Stand auf den Ausgang übernommen.

Bei einer Reihe von technischen Flipflops ist der „Vorspeicher" nichts anderes als ein unsicht-
bares kleines zweites Flipflop. Man nennt es den „Master" („Meister"), während das „eigentliche
Flipflop" die Bezeichnung „Slave" („Sklave") erhalten hat; der ganze Aufbau ist ein „Master-
Slave-Flipflop". Der Master wird also über den jeweiligen Stand der Eingänge informiert. Im
Augenblick des Taktes schaltet er ab und gibt seine Information an den Slave weiter.

Statt eines Masters wird in vielen Fällen ein Kondensator verwendet, der durch seine Ladungs-
speicherung als Informationsspeicher wirken kann.

Wegen der verschiedenen Bauweise der üblichen Flipflops ist der genaue Zeitpunkt des Umschal-
tens etwas verschieden. Der Taktimpuls, den das Flipflop erhält, hat ja auch eine bestimmte Länge, die bei den sehr kurzen Schaltzeiten der übrigen Bauelemente durchaus ins Gewicht fällt. Man
unterscheidet daher zwischen Flipflops, die auf eine Flanke des Taktimpulses, also auf sein An-
oder Abschalten, und solchen, die auf das Potential des „Taktes" reagieren. Im ersten Fall muß
noch zwischen den beiden auftretenden Flanken unterschieden werden. Die im folgenden benutzten Flipflops sind von dieser „einflankengesteuerten" Art.

Bei dem anderen Typ ist es meistens so, daß ein zweiflankiges Arbeiten vorliegt. Bei der ersten
Flanke wird der Vorspeicher von den Eingängen abgetrennt und gibt seine Weisung an den Slave
weiter, bei der zweiten Flanke wird die Verbindung zwischen beiden unterbrochen, und die Eingänge wirken wieder auf den Master. Für unsere Schaltungen ist diese Arbeitsweise bedeutungslos, sie würden bei jeder Art von Taktung arbeiten. Ein Unterschied tritt erst dann auf, wenn der
Takt selbst logisch beeinflußt, also an- und abgeschaltet wird und dieser Schaltvorgang zeitlich
koordiniert werden muß.

Die Tatsache, daß die von uns verwendeten Flipflops einen Vorspeicher besitzen, wird in der
Schaltzeichnung dadurch markiert, daß in dem Rechteck bei den Eingängen ein kleineres Recht-
eck abgeteilt wird, welches eben diesen Vorspeicher (den „Master") anschaulich darstellen soll
(Bild 3.12). Der Taktanschluß wird in die Mitte dieses Kästchens zwischen die getakteten Ein-
gängen eingetragen, wobei aus der Art der Eintragung noch ersichtlich ist, ob und an welcher
Flanke die Schaltung erfolgt.

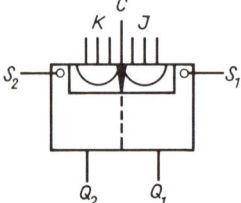

3.12
Getaktetes JK-Flipflop mit Eingangskonjunktionen, Taktanschluß C, negierten ungetakteten Setzeingängen S_1 und
S_2 und den beiden Ausgängen Q_1 und Q_2

In der Zeichnung sind auf jeder Seite nicht nur ein, sondern mehrere Eingänge J bzw. K eingezeichnet. Schalten des Flipflops erfolgt nur, wenn alle auf einer Seite liegenden Eingänge gleichzeitig im Augenblick des Taktes an 5 V liegen. Anders ausgedrückt: Die gezeichneten Eingänge
sind die Eingänge einer in das Flipflop eingebauten Konjunktion, deren Ausgang erst den Vorspeicher schaltet. Es ist üblich, mehrere Eingänge dieser Art zu haben, und es wird sich für unsere
folgende Anwendung als sehr nützlich erweisen. Natürlich könnte dieselbe Wirkung auch durch
eine vorgeschaltete Nandschaltung erreicht werden, das würde aber auf einen größeren Bausteinbedarf und auf eine Vergrößerung der Schaltzeit hinauslaufen.

Diese in das Flipflop eingebauten Konjunktionen bei den beiden Eingängen sind im Schaltzeichen durch kleine Kreisbogen gekennzeichnet, wie wir sie schon oben für Konjunktionen verwendeten.

Die von uns benutzten Flipflops besitzen zwei weitere Eingänge, die in der Zeichnung seitlich eingetragen wurden. Diese Eingänge führen nicht in den Vorspeicher und arbeiten unabhängig vom Taktimpuls. Sie gestatten es, ein Flipflop zu beliebigen Zeitpunkten zu schalten. Bei den von uns verwendeten Flipflops führen diese Eingänge auf kleine Kreise, die an ihnen anzulegenden Spannungen werden also vor ihrer Verwendung einer Vorzeichenumkehr unterworfen. Das bedeutet, daß wir das Flipflop nach rechts kippen können, wenn wir an den rechten ungetakteten Eingang S_1 eine 0-V-Spannung legen (während dort sonst eine 5-V-Spannung anliegen muß). Entsprechendes gilt natürlich auch für den anderen ungetakteten Eingang S_2.

Der Taktanschluß wird üblicherweise mit C (,,clock") bezeichnet. Er wird in der Mitte zwischen beiden Eingangskonjunktionen eingetragen. Wir werden in allen folgenden Zeichnungen auf seine Angabe verzichten auf Grund der Verabredung, daß grundsätzlich alle Flipflops an dieselbe einheitliche Taktleitung angeschlossen werden sollen.

Unterhalb des Taktkontaktes ist im Schaltbild ein kleines Dreieck zu sehen, dessen Gestaltung angibt, auf welche Flanke des Taktes das Flipflop anspricht; im vorliegenden Fall auf den Abfall 5 V → 0 V. Im anderen Fall wäre das Dreieck nicht schwarz ausgefüllt, sondern weiß gezeichnet. Wegen des einheitlichen Taktes spielt diese Unterscheidung aber keine Rolle, sofern alle Flipflops gleich sind.

Die gewählten Buchstabezeichnungen J, K, S, C und Q entsprechen dem üblichen Gebrauch, sie werden auch von anderen Herstellern verwendet.

Genau genommen unterscheidet man einige verschiedene Typen von Flipflops durch die verwendeten Buchstaben. Die bisherigen Betrachtungen bezogen sich auf sog. RS-Flipflops. Bei ihnen ist es verboten, daß die beiderseitigen Eingänge gleichzeitig 5 V erhalten; die Anweisung, in beide Richtungen gleichzeitig zu schalten, ist offensichtlich sinnlos, die spätere Stellung undefiniert.

Anders die sog. JK-Flipflops: Bei ihnen ist als Definition vorausgesetzt, daß sie bei gleichzeitigen 5 V an beiden Eingängen ihren bisherigen Wert ändern, also bei jedem Takt ,,pendeln". Wir werden im nächsten Abschnitt sehen, daß dies für die Konstruktion von Zählern zweckmäßig ist. Daher sind die meisten im Handel üblichen Typen von dieser Art.

Ein dritter Typ wäre an manchen Stellen im folgenden interessant, wird aber hier der Einheitlichkeit willen nicht verwendet: D-Flipflops. Diese besitzen nur einen einzigen Eingang, dessen Wert bei jedem Takt auf den Ausgang übernommen wird. Die Eigenschaften aller drei Typen mit Gleichung und Schaltsymbol zeigt Bild 3.13.

Das oben an die Buchstaben angetragene t bzw. t+1 bezeichnet den Zeitpunkt, t+1 liegt also einen Takt später. Der breite schwarze Strich in den Flipflops wird später erläutert. Er hat keine physikalische Bedeutung.

Im folgenden betrachten wir fast ausschließlich JK-Flipflops (mit zusätzlichen ungetakteten S̄-Eingängen).

Die für sie geltenden Schalteigenschaften geben wir noch einmal in den Tabellen 3.14 wieder. Der Kürze halber wurde für die Konjunktion der drei J-Eingänge nur J geschrieben (und entsprechend K).

Die Schaltzeiten der Flipflops liegen bei etwa 90 ns.

R^t	S^t	Q_1^{t+1}	Q_2^{t+1}
0V	0V	Q_1^t	Q_2^t
0V	5V	0V	5V
5V	0V	5V	0V
5V	5V	verboten	

1)

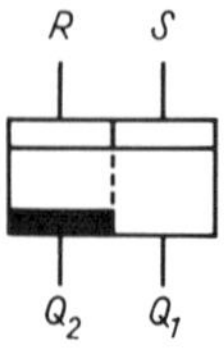

J^t	K^t	Q_1^{t+1}	Q_2^{t+1}
0V	0V	Q_1^t	Q_2^t
0V	5V	0V	5V
5V	5V	Q_2^t	Q_1^t

2)

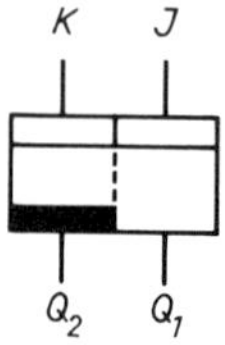

D^t	Q_1^{t+1}	Q_2^{t+1}
0V	0V	5V
5V	5V	0V

3)

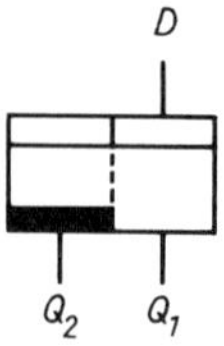

3.13 Flipfloptypen
1) RS-Flipflop: $Q_1^{t+1} := S \vee \bar{R} \wedge Q_1^t$
2) JK-Flipflop: $Q_1^{t+1} := \bar{K} \wedge Q_1^t \vee J \wedge Q_2^t$
3) D-Flipflop: $Q_1^{t+1} := D$

S_1	S_2	Q_1	Q_2	Falls $S_1 = S_2 = 5\,V$ ist:			
				J^t	K^t	Q_1^{t+1}	Q_2^{t+1}
0V	0V	undefiniert		0V	0V	Q_1^t	Q_2^t
0V	5V	5V	0V	0V	5V	0V	5V
5V	0V	0V	5V	5V	0V	5V	0V
5V	5V	s. nebenstehende Tabelle		5V	5V	Q_2^t	Q_1^t

3.14 Wertetafeln für das Flipflop

Manche Eigenschaften sind natürlich bei anderen Typen ein wenig anders und müssen von Fall zu Fall den Katalogen und Prospekten der Herstellerfirmen entnommen werden. Allerdings sind sich die Eigenschaften in allen Fällen sehr ähnlich, so daß es im Rahmen dieses Buches sinnvoll erscheint, wenigstens an einem handelsüblichen Beispiel einmal alle Einzelheiten aufzuzeigen.

Aufbautechnik

Bausteine der betrachteten Art werden als „IC" („integrated circuit") bezeichnet. Sie werden in einer Größe von z.B. $\approx$ 15 x 6 x 5 mm in großer Stückzahl gefertigt. Dabei enthält innerhalb des Gehäuses ein kleines Silizium-Plättchen von oft weniger als 4 mm^2 die Schaltung mit allen Bauteilen. Da Anschlußkontakte und Gehäuse preislich stark ins Gewicht fallen, wird versucht, größere Baugruppen in der gleichen Fertigungstechnik herzustellen und in einem Gehäuse unterzubringen. Als „MSI"-Bausteine („medium scale integrated") werden Zähler und Teile von Rechenwerken angeboten, die Entwicklung tendiert zur „LSI"-Technik („large scale integrated"), in der große Teile eines ganzen Rechners integriert hergestellt werden.

Ein Beispiel für einen einfachen IC-Baustein zeigen die Bilder 3.15 bis 3.17. Wiedergegeben sind das Aussehen, der logische Aufbau mit der Anordnung der Kontakte und die für eines der Nands verwendete Schaltung.

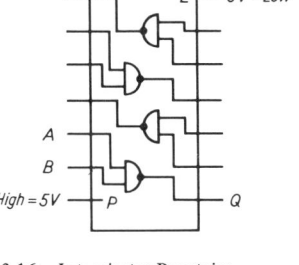

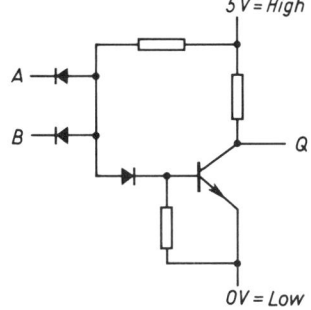

3.15
Integrierter Baustein:
Gehäuseform T0-116
(M. 1:1)

3.16   Integrierter Baustein;
Logik-Schaltung

3.17   Zweifachnand aus Bild 3.16: Elektronische Schaltung

Um die Montage und die Verbindungen zwischen einzelnen Bausteinen möglichst einfach und irrtumsfrei bei Serienfertigung, aber auch bei Einzelstücken herstellen zu können, verwendet man sog. geätzte oder gedruckte Schaltungen. Es sind dies dünne Brettchen aus Isoliermaterial, auf die in einer oder mehreren Schichten elektrische Verbindungen aufgetragen werden. Die Kontakte der Bausteine werden in kleine Bohrlöcher gesteckt und, falls sich an diesen Stellen eine Kupferschicht befindet, mit dieser verlötet. Letzteres kann auch maschinell vollautomatisch geschehen.

Ein Beispiel für eine derartige Leiterschicht mit Verbindungen für 7 Bausteine zeigt Bild 3.18. Die übliche Herstellung benutzt Isolierkarten, die vollständig mit einer Kupferschicht überzogen sind. Auf diese wird durch fotografische oder drucktechnische Verfahren das gewünschte Muster in Gestalt einer Schutzschicht aufgebracht. Anschließend wird die Karte in ein Säurebad gegeben und dadurch das Metall an allen nicht von der Schutzschicht überzogenen Stellen weggeätzt.

Besonders einfach und günstig sind natürlich zwei Schichten von Verbindungsleitungen auf beiden Seiten der Karte, die oft genügen. Durch mehrere Bearbeitungs- und Beschichtungsvorgänge können aber auch fünf und mehr Leiterschichten (mit zwischenliegenden Isolierschichten) nacheinander aufgetragen werden.

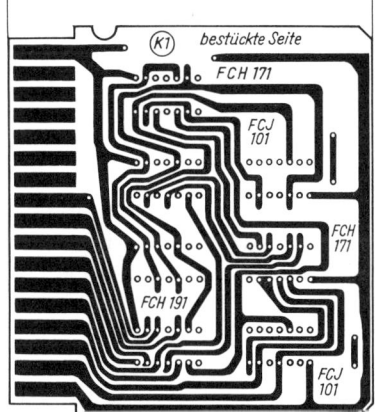

3.18   Geätzte Schaltung (eine Seite) für
         sieben integrierte Bausteine

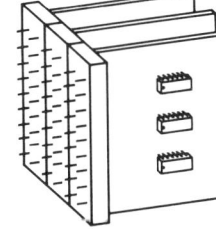

3.19
Anordnung mehrerer ge-
ätzter Karten in Stecker-
leisten. Links Kontakte
für Drahtverbindungen
zwischen den verschiede-
nen Karten

An der linken Seite der Karte in Bild 3.18 sind parallele breite schwarze Streifen erkennbar. Mit dieser Seite wird die Karte in eine sog. Steckerleiste eingeschoben, deren Kontakte diese Kupferstreifen berühren. Jeder Kontakt ist auf der anderen Seite der Steckerleiste mit einem Stift verbunden, an dem durch angelötete (oder herumgewickelte) Drähte die Verbindungen der Karten untereinander angebracht sind (Bild 3.19).

Viele der in diesem Buch wiedergegebenen Schaltungen sind einer Anlage entnommen, die für Ausbildungszwecke vollständig aufgebaut wurde. Einige Zahlenangaben könnten interessant sein, wenn sie auch nicht unbedingt typisch für andere Rechenanlagen zu sein brauchen. Bei den folgenden Zahlen ist nur der Rechnerkern ohne Speicherelektronik und Ansteuerung externer Geräte berücksichtigt.

Es wurden etwa 1000 Nands und 350 Flipflops in zusammen 700 Bausteinen benutzt, die in 150 geätzte Karten montiert waren. Die Steckerleisten für die Aufnahme dieser Karten füllten einen Rahmen von ≈ 1,5 m Breite und 0,5 m Höhe.

3.4. Einfache Schaltungen

Um die von uns beschriebenen Bausteine in ihrer Arbeitsweise zu illustrieren, sollen in diesem Abschnitt einige elementare Schaltungen beschrieben werden.

Ersatzschaltung für ein Flipflop

Die in Bild 3.20 angegebene Schaltung gestattet es, an Stelle eines Flipflops zwei Nands so zusammenzuschalten, daß sie gemeinsam dessen Schalteigenschaften haben. (Bei S_1 und S_2 muß normalerweise 5 V anliegen.)

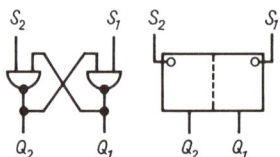

3.20   Ersatzschaltung für ein RS-Flipflop (ungetaktet, mit negierten Eingängen)

Zum Vergleich wurde ein entsprechendes Flipflop danebengezeichnet. Wenn man an den freien Eingang S_2 des linken Nands einen (evtl. nur kurzen) 0-V-Impuls gibt, so wird der linke Ausgang Q_2 5 V bekommen. Dann aber haben beide Eingänge des rechten Nands 5 V, dessen Ausgang also 0 V. Damit ist nun das linke Nand endgültig am Ausgang auf 5 V festgelegt, der Kreis schließt sich, und wir haben das Flipflop nach links in einen stabilen Zustand „gekippt"; auch wenn der linke Eingang S_2 inzwischen wieder auf 5 V zurückgekehrt sein sollte, bleibt dieser Zustand bestehen.

Wegen der Symmetrie des Aufbaues kann das Flipflop ebenso natürlich auch in die entgegengesetzte Stellung geschaltet werden. Wir haben also in der Tat ein (ungetaktetes) Flipflop vor uns. Allerdings ist zu beachten, daß die Eingänge normalerweise 5 V erfordern und daß das Kippen hier durch 0-V-Impulse erfolgt. In der rechten Zeichnung, die das Ersatzschaltbild enthält, wurden daher die beiden Eingänge auf kleine Kreise geführt, die einen Vorzeichenwechsel andeuten.

Eine praktische Anwendung unserer kleinen Schaltung ist in Bild 3.21 dargestellt. Bei vielen elektronischen Aufbauten stellt das Prellen der verwendeten Taster ein Problem dar. Ein Taster, der heruntergedrückt wird, hat im ersten Augenblick keinen sicheren Kontakt, da Staub für kurze Unterbrechungen sorgt oder die Metallteile federnd schwingen. Dadurch treten kurze Unterbrechungen auf, die im Vergleich zu den hier zu betrachtenden Zeitskalen aber als außerordentlich lang erscheinen. Dann kann eine Schaltung oft so reagieren, als ob der verwendete Schalter nicht einmal, sondern viele Male heruntergedrückt worden wäre. Eine Abhilfe ist hier skizziert.

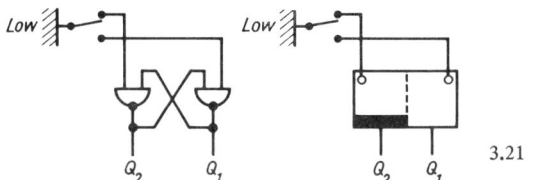

3.21   Flipflop als Schutz gegen Prellen

Man erkennt, daß bei der ersten kurzen Berührung des unteren Schalterkontaktes das Flipflop nach rechts kippt. Auch kurze Unterbrechungen stören es nicht in dieser Stellung. Erst wenn der Schalter endgültig losgelassen wird und wieder seinen oberen Kontakt berührt, kippt das Flipflop zurück und beendet dadurch den Schaltvorgang.

Natürlich kann das Prellen eines Schalters auch mit einfacheren Mitteln beseitigt werden (im wesentlichen durch Kondensatoren). Da jedoch integrierte Bausteine recht billig und zuverlässig sind, gewinnen Schaltungen wie die hier beschriebene mehr und mehr an Beliebtheit.

Ersatzschaltung für Master-Slave-Flipflop

Auch ein Master-Slave-Flipflop kann durch Nands nachgebildet werden. Wegen seines Aufbaus aus zwei getrennten Flipflops können wir damit beginnen, daß wir unsere eben beschriebene Ersatzschaltung verdoppeln. Da der Takt den Übergang von einer Stufe zur nächsten, also vom Master zum Slave, regelt, müssen wir an diesen Stellen Konjunktionen einfügen, in die der Takt eingeht. Unser Bild 3.22 zeigt eine Schaltung, bei der bei Nullpotential am Takteingang die Master mit den Eingangsklemmen S und R verbunden ist. Bei positivem Potential wird er abgetrennt und dafür sein Ausgang mit dem Eingang des Slave verbunden.

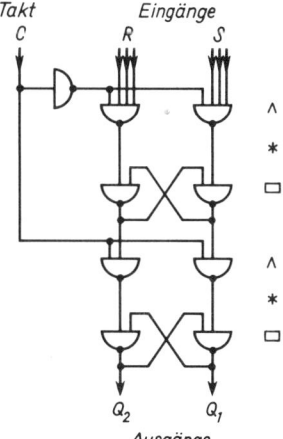

3.22
Ersatzschaltbild für ein getaktetes RS-Flipflop (Master-Slave-Flip-flop). Potential 0 bei C verbindet die Eingänge bei R und S mit dem Master, Potential L bei C trennt die Eingänge und schaltet den Slave

Wir geben derartige Schaltungen oft mit Nands an. Nach unserer früheren Betrachtung wirken diese jedoch wie Konjunktionen bzw. Disjunktionen, wenn wir abwechselnd mit positiver bzw. negativer Logik arbeiten. Als Kommentar zum leichteren Verständnis der Schaltung werden wir daher gelegentlich neben den Nands durch kleine Häkchen ∧ und ∨ den Zweck der Elemente andeuten. Ein kleines Kästchen soll angeben, daß die Ersatzschaltung für ein Flipflop vorliegt. Natürlich beziehen sich alle diese Angaben nicht auf die physikalische Schaltung, sondern auf die Bedeutung.

Schieberegister

Wenn eine Folge von Impulsen durch eine Leitung übertragen werden soll, so folgen die zu einer Information gehörigen Bits zeitlich aufeinander. Es sind für diesen Zweck Schaltungen nötig, die eine vorliegende Bitfolge Schritt für Schritt weiterschieben und damit an ein anderes Gerät weitergeben. Derartige Bauteile nennt man Schieberegister. Wegen ihrer häufigen Anwendung sind sie schon als vollständig integrierte Bausteine erhältlich. Wir wollen hier aber betrachten, wie sich ein derartiges Schieberegister aus einzelnen Flipflops aufbauen läßt (und wie es in integrierten Schaltungen auch in der Tat intern aufgebaut ist).

Bild 3.23 zeigt die Schaltung und Bild 3.24 die Wirkungsweise.

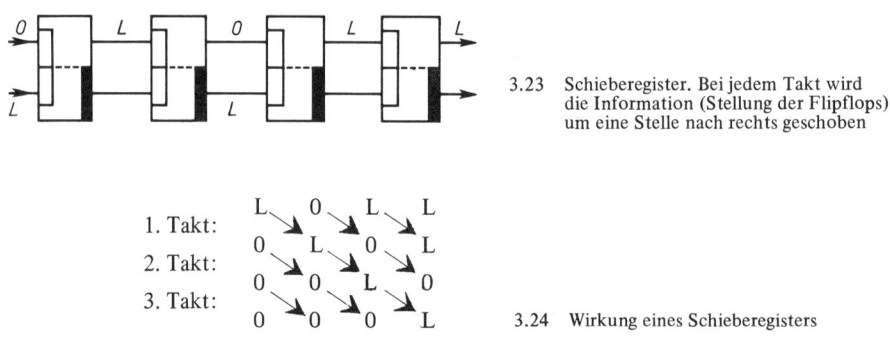

3.23 Schieberegister. Bei jedem Takt wird die Information (Stellung der Flipflops) um eine Stelle nach rechts geschoben

1. Takt: L ↘ 0 ↘ L ↘ L
2. Takt: 0 ↘ L ↘ 0 ↘ L
3. Takt: 0 ↘ 0 ↘ L ↘ 0
           0 ↖ 0 ↖ 0 ↖ L

3.24 Wirkung eines Schieberegisters

Die einzelnen Stellen in Bild 3.24 entsprechen den Flipflops. Die in ihnen eingetragenen L und 0 sollen als Beispiel eine eingespeicherte Zahl darstellen. L bedeutet, daß das betreffende Flipflop „nach oben" gekippt ist, 0 das Gegenteil. Im ersten Augenblick sind also die in der Schaltzeichnung angegebenen Aus- bzw. Eingänge am Potential 5 V, die anderen an 0 V. Es handelt sich um getaktete Flipflops.

Was geschieht nun bei Eintreffen des ersten Taktimpulses? Alle Flipflops kippen in diejenige Stellung, die durch 5 V am Eingang gekennzeichnet ist. Das Ergebnis ist in unserer Tabelle 3.24 in der zweiten Zeile angegeben: Die eingetragene Information ist im Endeffekt um eine Stelle nach rechts verschoben worden. Beim nächsten Takt wiederholt sich das Spiel: Wir haben wieder eine Verschiebung um eine Stelle. Das setzt sich so fort: In einem Schieberegister wird bei jedem Takt die Information um eine Stufe weitergereicht.

Natürlich muß jedes Flipflop an die Taktleitung angeschlossen sein, die als elektrische Verbindung nicht vergessen werden darf. In der Schaltzeichnung läßt man diese Leitungen gerne fort, um das Bild übersichtlicher zu gestalten.

Die angegebene Tabelle, in der wir untereinander die Werte zu verschiedenen Zeitpunkten dargestellt haben, werden wir in Zukunft eine Zeittafel nennen. Sie gestattet bei getakteten Netzwerken eine sehr bequeme Darstellung eines Signalverlaufes. Dabei ist aber zu beachten, daß insbesondere dann, wenn innerhalb der Schaltung kompliziertere Nand-Netzwerke vorhanden sind, sich alle Angaben auf den Zeitpunkt beziehen, zu dem sämtliche nichtgetakteten Elemente durchgeschaltet sind. Der genaue dargestellte Zeitpunkt ist also der Augenblick unmittelbar v o r dem Schalten der Flipflops.

Decoder

In vielen Fällen ist es nötig, wahlweise eine Leitung an L zu legen, deren Nummer als Dualzahl gegeben wird. Dann wird ein Netzwerk benötigt, das aus dem dualen Code einen „1-aus-n“-Code herstellt. Umcodierungsprobleme dieser Art können mit Nand-Schaltungen relativ einfach bewirkt werden (Bild 3.25).

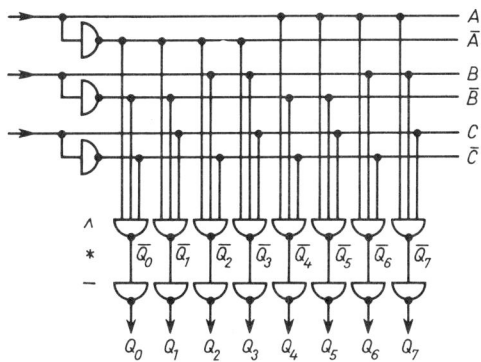

3.25 Decoder. Die Nummer n des L liefernden Ausgangs Q_n ergibt sich, wenn man einem L bei A den Wert $2^2 = 4$, bei B $2^1 = 2$ und bei C $2^0 = 1$ zuspricht; n ist also der Wert der Dualzahl (ABC)

Im gezeichneten Fall sind acht Ausgangsleitungen vorhanden. Diese erfordern zur Unterscheidung eine dreistellige Dualzahl. Dementsprechend sind links oben drei Eingangsleitungen eingezeichnet, über die die Dualzahl zugeführt wird. Wir haben die Werte der drei Stellen mit A, B und C bezeichnet, wobei C die Einerstelle ist.

Das Prinzip: Für jede der acht Möglichkeiten wird durch eine Konjunktion abgefragt, ob sie vorliegt. An deren Stellen wurden hier die acht in der ersten Zeile befindlichen Dreifach-Nands eingesetzt.

Da wir in einer Reihe von Fällen auch abfragen müssen, ob eine oder mehrere der Eingangsleitungen 0 sind, aber nur eine Abfrage nach L möglich ist, müssen alle drei Eingänge über die links befindlichen Inverter noch einer Vorzeichenumkehr unterworfen werden.

Die acht Abfragenands liefern ein 0, wenn alle Bedingungen erfüllt sind. Da man im allgemeinen gerade dann den Wert L haben möchte, wurden die Ausgänge noch auf acht Inverter geführt. In vielen Fällen wird man je nach Anwendung auf diese oder auch auf die drei Eingangsinverter verzichten können.

Da durch die beschriebene Schaltung der Dualcode entschlüsselt wird, ist die Bezeichnung „Decoder" üblich. Diese brauchen neuerdings nicht einmal mehr aus einzelnen Nands aufgebaut zu werden, sondern sind komplett in einem einzigen integrierten Baustein erhältlich.

Zähler

Als nächstes Beispiel zeigt Bild 3.26 einen Zähler. Es handelt sich um einen sog. Synchronzähler, bei dem alle Dualstellen zum gleichen Zeitpunkt, nämlich dem Augenblick des Taktes, weiterschalten.

Die drei Flipflops geben drei Dualstellen wieder, wobei die Stelle mit dem höchsten Stellenwert unten angeordnet wurde und die „Einerstelle" oben. Bei jedem Takt wird zur nächsten Dualzahl weitergeschaltet.

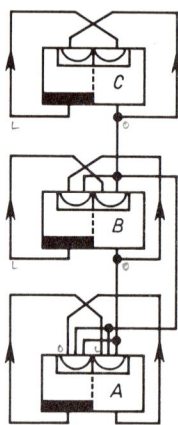

A	B	C
0	0	0
0	0	L
0	L	0
.	.	.
.	.	.
.	.	.
L	L	L
0	0	0
.	.	.
.	.	.

3.26   Dreistelliger synchroner Binärzähler

Da die größte dreistellige Binärzahl LLL = 7 ist, muß danach wieder bei 000 begonnen werden.

Zur Schaltung: Flipflop C muß bei jedem Takt umschalten, der linke Eingang muß also 5 V erhalten, wenn der r e c h t e Ausgang an L liegt, und umgekehrt.

Für Flipflop B gilt dasselbe mit der Einschränkung, daß hier das Schalten nicht bei jedem Takt erfolgt, sondern nur dann, wenn ein Übertrag einläuft, d.h., wenn vorher C = L war.

Entsprechendes gilt für A: Es schaltet bei einem Übertrag der beiden vorhergehenden Stellen, dabei müssen diese beide vorher auf B = C = L gestanden haben.

Es muß daran erinnert werden, daß die jeweils drei zusammengehörigen Eingänge innerhalb des Flipflops in eine Konjunktion führen: Das Flipflop schaltet nur dann, wenn alle eingehenden Bedingungen gleichzeitig erfüllt sind.

Einfacher wird eine Zählerschaltung, wenn man JK-Flipflops verwenden kann, die einheitlich auf den entgegengesetzten Wert umschalten, wenn an beiden Eingangsklemmen gleichzeitig eine Spannung von 5 V anliegt. Hier brauchen wir nicht mehr anzugeben, in welche Stellung, sondern nur, wann das Flipflop zu schalten hat. Bild 3.27 zeigt Einzelheiten.

Zähler sind nicht nur in der Rechenmaschinentechnik von sehr großer Bedeutung. Daher existieren die verschiedensten Schaltungen. Insbesondere sind erhebliche Vereinfachungen möglich, wenn man die Forderungen etwas abschwächt und nicht verlangt, daß alle Flipflops zu genau der gleichen Zeit umschalten.

Ein beliebter Trick besteht darin, daß der „ rechte" Ausgang des Einerflipflops als Takt für das nächste benutzt wird, dessen Ausgang wieder als Takt für das nächste usw. Wegen der zeitlichen Verschiebungen zwischen den einzelnen Flipflops spricht man hier von einem „asynchronen" Zähler.

Verschiedene Konstruktionen können bereits als „MSI"-Bausteine bezogen werden, wobei im allgemeinen vier Dualstellen in einem Gehäuse untergebracht sind.

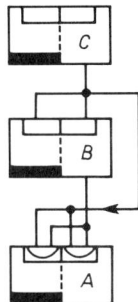

3.27 Synchroner Binärzähler mit umschaltenden JK-Flipflops

Vorzeichenfragen

Ein sehr oft irritierendes Problem stellen Vorzeichenfragen dar. Wir haben hier in der Schaltalgebra in gewissem Sinne überhaupt nur mit Vorzeichenfragen zu arbeiten, da die Wahrheitswerte L und 0 oft mit einer gewissen Berechtigung auch mit + bzw. − bezeichnet werden. Deshalb soll auf die auftretenden Vorzeichen hingewiesen werden.

Als erstes müssen wir vom „physikalischen" (d.h. elektrischen) Wert sprechen: Wir werden in Zukunft ein positives Potential als H („high", „hoch", früher L) und ein negatives oder NullPotential als Low („niedrig", früher 0) bezeichnen. Falls beide Potentiale bei einem Bausteinsystem positiv oder beide negativ sind, ist sinngemäß die relative Lage zu betrachten. Diese Bezeichnungen, aus dem Amerikanischen kommend, beginnen sich mehr und mehr durchzusetzen, wobei wir jedoch hier nicht die recht unglückliche Abkürzung L für Low benutzen wollen, die zu vielen Verwechslungen Anlaß gibt.

Als zweites müssen wir davon ausdrücklich den „logischen Wahrheitswert" unterscheiden, der die Werte L und 0 annehmen kann. Bei positiver Logik entspricht $H \triangleq L$ und $Low \triangleq 0$, bei negativer Logik ist die Zuordnung umgekehrt. Die Festlegung auf positive oder negative Logik ist willkürlich und kann innerhalb der Schaltung und u.U. auch an einem einzelnen Kontakt mit der Zeit wechseln. Sie ist eine Codierungsfrage.

Als drittes wollen wir das „semantische Komplement" erwähnen, das sich aus der Wahl der Bedeutung ergibt.

Soll z.B. eine automatische Größensortierung irgendwelcher Gegenstände vorgenommen werden, so bedeutet dieselbe Flipflopstellung für die Aussage „groß" „ja" = L und gleichzeitig für die Aussage „klein" „nein" = 0. Der Wahrheitswert hängt also davon ab, auf welche der beiden Aussagen man sich bezieht; beim Überang von einer zur anderen tritt ein Vorzeichenwechsel ein. Bei Flipflops entspricht dem der Übergang vom einen zum anderen komplementierten Ausgang.

In den im folgenden anzuzeichnenden Schaltungen wollen wir die Verabredung einhalten, daß wir nach Möglichkeit von zwei zueinander komplementären Aussagen nur eine ausdrücklich formulieren. Diese Aussage werden wir dann dem in der Zeichnung r e c h t e n Ausgang des Flipflops zuordnen. Der andere (linke) Ausgang entspricht der komplementierten Aussage, die wir ausschließlich durch dieselbe Größe mit einem Querstrich kennzeichnen.

Es ist üblich, die (logische) „Grundstellung" eines Flipflops (bei uns also in der linken Seite) durch einen breiten schwarzen Strich in der Zeichnung anzugeben. Dieser hat keine physikalische Bedeutung, sondern betrifft wieder nur die Codierung und logische Interpretation: Der auf dieser Seite liegende Ausgang hat „negative Logik".

Negative Logik werden wir im übrigen meistens durch einen Stern * andeuten.

4.   Rechenwerke

Eine Einführung in Addier- und Subtrahierschaltungen für einzelne Dualstellen gibt Abschn. 4.1. Zu einem Addierwerk gehören darüber hinaus Aufbewahrung und Verarbeitung aller Stellen einer Zahl sowie die Weiterleitung des Übertrags (Abschn. 4.2). Verschiedene verbesserte Addiertechniken, die später nicht weiter verfolgt werden sollen, sind in Abschn. 4.3 zusammengestellt. Abschn. 4.4 zeigt an Beispielen, welche weiteren Rechenoperationen in einer Anlage benötigt werden. Ihre Realisierung in einem vollständigen Rechenwerk wird schließlich in Abschn. 4.5 gezeigt.

4.1. Addier- und Subtrahierschaltungen

Die Addition ist wohl die wichtigste Operation, die in einer Rechenanlage durchgeführt werden muß. Soweit es sich um die Ausrechnung von mathematischen Formeln handelt, ist dies einleuchtend, da die Addition viel häufiger vorkommt als die anderen elementaren Verknüpfungen. Man darf in diesem Zusammenhang aber nicht vergessen, daß die in den mathematischen Formeln auftretenden Operationen nur einen relativ kleinen Teil der in einer Maschine auszuführenden Rechenschritte ausmachen. Der sehr viel größere Teil entfällt auf die organisatorischen Stücke eines Programms. Hierzu gehört z.B. das Ermitteln von Adressen von Daten und Befehlen, die sich im Speicher der Maschine befinden, ferner das Durchführen von Abfragen (Bedingungen), das Entschlüsseln von Daten (z.B. Untersuchen eines Fernschreibzeichens) u.ä. In allen diesen Fällen sind Additionen (bzw. Subtraktionen) durchzuführen. Aus den genannten Gründen enthalten die meisten elektronischen Rechenanlagen ein sog. Addierwerk. Auf seine Ausgestaltung, insbesondere auf seine Rechengeschwindigkeit, muß besonderer Wert gelegt werden.

Mathematisch gesehen handelt es sich bei der Addition um eine zweistellige Relation, die den beiden Operanden eine neue Zahl, das Ergebnis, zuordnet. Das Naheliegendste wäre daher eine Tabelle, die zwei Eingänge enthält und sofort das Entnehmen des Ergebnisses gestattet. Derartige Additionstabellen sind für das Handrechnen in Gestalt von Zahlentafeln in Gebrauch.

In einer Rechenanlage lassen sich Tabellenverfahren jedoch wegen des Umfangs der zu speichernden Tabelle praktisch nicht anwenden. Zwar läuft jede Methode letzten Endes auf eine

Additionstabelle hinaus, jedoch ist man beim Bau einer Rechenanlage gezwungen, den Umfang einer solchen Tabelle mit Hilfe der besonderen Eigenschaften der Addition zu reduzieren. In der Praxis des Kopfrechnens geschieht dies dadurch, daß der normale Rechner nur die Additionstabelle für eine einzige Dezimalstelle auswendig weiß und die durchzuführende Rechnung durch Zerlegen in einzelne Stellen auf diese Tabelle zurückführt. Eine Verbesserung und Beschleunigung des Kopfrechnens ist dadurch möglich, daß nach einiger Übung zwei- und mehrstellige Zahlen mit ihren Ergebnissen auswendig bekannt sind, ohne daß dann noch bewußt eine Zerlegung mit Übertrag usw. stattfindet.

Bei automatischen Rechenanlagen wird das genannte Zerlegungsprinzip ebenfalls angewandt. Es kann hier jedoch insofern modifiziert werden, als man in der Lage ist, mehrere Teile eines Addierwerks so aufzubauen, daß sie gleichzeitig arbeiten können. Insbesondere kann auf diese Weise die Addition für alle Stellen zur gleichen Zeit durchgeführt werden, was einen wesentlichen Zeitgewinn bedeutet.

Diesem Verfahren sind jedoch Grenzen gesetzt. Es ist nicht möglich, die Addition in völlig getrennte Operationen für die einzelnen Stellen zu zerlegen, da die Stellen durch den Übertrag miteinander gekoppelt sind. Bei Handrechnung macht sich dies in der Zwangsläufigkeit der Reihenfolge der Einzelschritte bemerkbar: Die Addition muß bei den Einerstellen (rechts) begonnen werden. Erst wenn bekannt ist, ob diese Stellen einen Übertrag auf die nächste Stelle ergeben, kann die nächste endgültig berechnet werden. Komplizierte Verhältnisse, die bei einfachen mechanischen Geräten (z.B. Zählern) oft genug zu Störungen führen, liegen z.B. im Fall 999 999 + 1 vor.

Betrachten wir nun die verschiedenen bei der Addition verwendeten Verfahren mit ihren elektronischen Schaltungen.

Addierschaltungen

Wir versuchen, die Addition durch ein Netzwerk aus Konjunktionen und Disjunktionen auszuführen. Zuerst betrachten wir die Addition zweier einstelliger Zahlen. Die Tabelle Bild 4.1 zeigt, daß es für die beiden Veränderlichen A und B dann je zwei Möglichkeiten, insgesamt also vier Kombinationen gibt, in denen sie auftreten können.

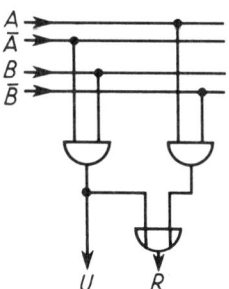

A	B	U	R
0	0	0	0
0	L	0	L
L	0	0	L
L	L	L	0

4.1 Addierschaltung für zwei Operanden:
     (U, R): = A+B

Die Ergebnisse sind in die Tabelle eingetragen. Ein Netzwerk hierfür muß zwei Ausgänge haben, nämlich einen für den Übertrag und einen zweiten für das Ergebnis. Als Eingänge haben wir im Bild 4.1 sowohl A als auch B mit beiden Vorzeichen vorgesehen, da wir in den Konjunktionen sowohl abfragen müssen, ob A = L ist, als auch, ob A = 0 und damit $\overline{A}$ = L ist (Entsprechendes gilt für B).

Wie sieht die Schaltung aus? Als erstes soll der Übertrag U betrachtet werden. Er tritt nur dann auf, wenn sowohl A als auch B = L ist. Der Übertrag wird also gebildet durch eine einfache Konjunktion von A und B:

$$U: = A \wedge B$$

Das Resultat R (also die „Einerstelle") kommt in der Tabelle in zwei Fällen vor, nämlich in dem, daß einzig A = L ist, und in dem zweiten, daß allein B = L ist. Beide Fälle müssen wir abfragen. Im ersten Fall haben wir es zu tun mit der Konjunktion $A \wedge \overline{B}$. Sie ist nur erfüllt bei A = L und B = 0. Der zweite Fall liefert $\overline{A} \wedge B$. Beide müssen nun durch eine Disjunktion zusammengefaßt werden. Wir erhalten so die eben angegebene Schaltung:

$$R: = A \wedge \overline{B} \vee \overline{A} \wedge B$$

Sie wird oft als das „exklusive Oder" oder die „Antivalenz" von A und B bezeichnet. Wir können mit ihr die Addition einer Dualstelle durchführen.

		alter Übertrag bzw. 3. Summand		
			neuer Übertrag	
				Resultat
A	B	C	U	R
0	0	0	0	0
L	0	0	0	L
0	L	0	0	L
0	0	L	0	L
L	L	0	L	0
L	0	L	L	0
0	L	L	L	0
L	L	L	L	L

Dabei liegt jedoch im allgemeinen der kleine Schönheitsfehler vor, daß wir als drittes den Übertrag der vorhergehenden Stelle zu berücksichtigen, im Grunde also drei Komponenten zu addieren haben. Wir kommen in diesem vervollständigten Fall auf die Tabelle in Bild 4.2.

Sie ist komplizierter als im vorigen Beispiel.

4.2
Wertetafel für Addierschaltung für drei Operanden: (U,R): = A + B + C

Wir versuchen wieder, den Übertrag durch ein Netzwerk zu errechnen. Er tritt in insgesamt 4 Fällen auf. Für ihn müssen mindestens zwei der Größen L sein (nur dann ist die Summe $\geqq$ 2). Diese Kombinationen haben wir abzufragen. Es geschieht durch folgende Gleichung:

$$U: = A \wedge B \vee A \wedge C \vee B \wedge C$$

Um es zu betonen: Eigentlich hätten wir alle vier Fälle ausdrücklich angeben müssen. Die Gleichung hätte also gelautet:

$$U: = A \wedge B \wedge \overline{C} \vee A \wedge \overline{B} \wedge C \vee \overline{A} \wedge B \wedge C \vee A \wedge B \wedge C$$

Wir haben diese Bedingungen durch anschauliche Überlegungen vereinfacht zugunsten der drei angegebenen Konjunktionen, was das Einsparen der vierten und die Verwendung von Zweifach-

statt Dreifachkonjunktionen ergibt. Diese Ersparnis kann auch durchgeführt werden durch Umrechnen der ausführlichen Formel mit Hilfe der Gleichungen der Booleschen Verbände:

$$U := A \wedge B \wedge \overline{C} \vee A \wedge \overline{B} \wedge C \vee \overline{A} \wedge B \wedge C \vee A \wedge B \wedge C$$

$$= \underbrace{A \wedge B \wedge \overline{C} \vee A \wedge B \wedge C} \vee \underbrace{A \wedge \overline{B} \wedge C \vee A \wedge B \wedge C} \vee \underbrace{\overline{A} \wedge B \wedge C \vee A \wedge B \wedge C}$$

$$= A \wedge B \wedge (\overline{C} \vee C) \quad \vee \quad A \wedge C \wedge (\overline{B} \vee B) \quad \vee \quad (\overline{A} \vee A) \wedge B \wedge C$$

$$= A \wedge B \wedge \underbrace{L} \quad \vee \quad A \wedge C \wedge \underbrace{L} \quad \vee \quad \underbrace{L} \wedge B \wedge C$$

$$= A \wedge B \quad \vee \quad A \wedge C \quad \vee \quad B \wedge C$$

In der ersten Zeile haben wir die erwähnten vier Konjunktionen aufgeführt, die jeweils bei einem der gewünschten Fälle L liefern.

Beim Übergang zur zweiten Zeile wurde der Ausdruck $A \wedge B \wedge C$ an zwei weiteren Stellen noch einmal hinzugefügt. Von der Bedeutung des logischen „Oder" her leuchtet ein, daß das erlaubt ist. Für eine streng axiomatische Begründung dürfen wir nach dem Verschmelzungsgesetz $X = X \vee (X \wedge L)$

schreiben, nach den Gleichungen über das Einselement das L fortlassen:

$$X = X \vee X$$

und nun für X den Ausdruck $A \wedge B \wedge C$ einsetzen.

Der Übergang zur dritten Zeile wendet das Distributivitätsgesetz zum Ausklammern an.

Dann folgt zweimal die Anwendung von Gleichungen für das Einselement.

Eine derartige Reduktion einer Schaltung bedeutet technisch eine wesentliche Ersparnis. Es sind ausführliche Methoden erdacht worden, um diese Ausrechnungen so weit wie möglich zu treiben und um sie zu schematisieren. Im vorliegenden Beispiel ist die Vereinfachung gegeben durch die Formulierung, daß „mindestens zwei" der Ausgangsgrößen L sein müssen, und diese zwei können „A und B oder A und C oder B und C" sein. Bei einfachen Schaltungen läßt sich auf ähnliche Weise durch anschauliches Durchdenken diese Reduktion vornehmen. Für die hier betrachtete Rechenanlage sind kompliziertere Reduktionsmethoden weder nötig noch zweckmäßig gewesen. Für Karnaugh-Diagramme gaben wir die jetzige Reduktion als drittes Beispiel in Bild 3.5.

Fahren wir mit unserer Schaltung fort. Das Ergebnis-Bit R ist noch zu berechnen. Es ist an vier Stellen = L. Demzufolge haben wir durch vier Konjunktionen diese Fälle auf ihr Vorhandensein abzufragen und die vier Konjunktionen dann weiterhin in einer Disjunktion zusammenzufassen. Man kann versuchen, auch hier die Schaltung durch Reduktion zu vereinfachen und mit weniger Bausteinen auszukommen. Es zeigt sich jedoch, daß das nicht möglich ist. Die Formel:

$$R := A \wedge \overline{B} \wedge \overline{C} \vee \overline{A} \wedge B \wedge \overline{C} \vee \overline{A} \wedge \overline{B} \wedge C \vee A \wedge B \wedge C$$

liefert die Schaltung in Bild 4.3.

Die beiden von uns angegebenen Netzwerke zur Addition von Zahlen sind oft als „Halbaddierer" bzw. „Volladdierer" (auch „-adder") bezeichnet worden. Diese Ausdrucksweise ist nicht sehr glücklich. Sie rührt daher, daß man einen „Volladdierer" aus zwei „Halbaddierern" (und weiteren Teilen) zusammensetzen kann, wenn man diese hintereinanderschaltet. Im Bild 4.4 ist das Prinzip angegeben.

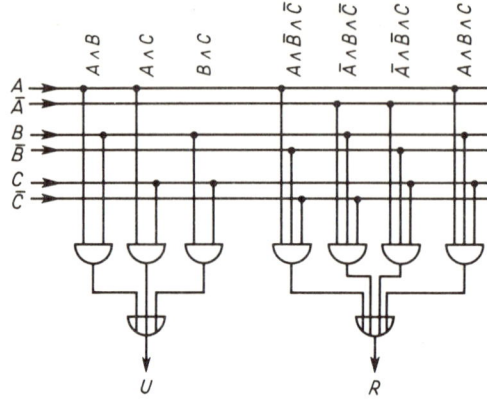

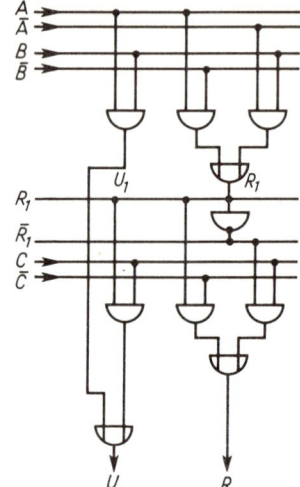

4.3   Addierschaltung für drei Operanden

4.4   Addierschaltung für drei Operanden aus zwei Halbaddern

Das Verfahren ist einfach. Es beruht darauf, daß man beim Zusammenzählen dreier Zahlen erst zwei kombinieren und dann das Ergebnis noch einmal mit der dritten zusammenfassen kann. Der Nachteil dieser Ersetzung eines Volladders durch zwei Halbadder besteht darin, daß wir – wie es in der Zeichnung dargestellt ist – jetzt mehr Stufen von Konjunktionen und Disjunktionen hintereinandergeschaltet haben. Da für die einzelnen Stufen immer eine gewisse Durchlaufzeit benötigt wird, ist das oft zu zeitraubend.

Subtrahierschaltungen

Die Subtraktion zweier Dualzahlen voneinander kann innerhalb eines Rechenwerkes auf sehr verschiedene Weise geschehen. Die an unsere früheren Betrachtungen anknüpfende Methode wäre die, daß man zu einer Zahl die negative Zahl in einem besonderen vorgeschalteten Rechenprozeß herstellt und dann eine Addition zwischen dem anderen Operanden und dieser negativen Zahl durchführt. Der Vorteil ist, daß ein Netzwerk zur Herstellung einer negativen Zahl verhältnismäßig einfach gebildet werden kann. Wir haben es dabei nur zu tun mit einer Komplementierung der einzelnen Stellen und mit einer zusätzlichen Addition der Ziffer 1. Das Problem ist somit zurückgeführt auf die Komplementbildung und auf eine Addition. In vielen Fällen ist dieses der einfachste und beste Weg.

Eine andere Möglichkeit besteht darin, ein regelrechtes Subtrahierwerk zu bauen. Hierfür geben wir wieder zwei Bilder, welche die Netzwerke für die Subtraktion zeigen (Bild 4.6 und 4.7). Zuerst der Fall, daß wir von einer einstelligen Zahl eine ebenfalls einstellige Zahl subtrahieren wollen. Aus der Tabelle 4.5 können wir die verschiedenen vorkommenden Fälle entnehmen.

Berechnet wird $A - B$. Da diese Subtraktion oft nicht wirklich durchführbar ist, bekommen wir einen „negativen Übertrag" auf die vorhergehende Stelle. Dieser ist hier unter U aufgeführt. Wenn wir im folgenden von „Übertrag" sprechen, so meinen wir damit also ein L oder 0, das von der nächsthöheren Stelle abgezogen werden muß.

Das Ergebnis R erhält genau dieselben Werte wie bei der Addition. Lediglich der Übertrag ist anders. Diese Tatsache ist nur auf den ersten Blick verblüffend. Der Mathematiker würde dies so formulieren, daß in der Einerstelle des Ergebnisses eine Addition bzw. Subtraktion „modulo 2" durchgeführt wird und im Restklassenkörper modulo 2 Addition und Subtraktion dasselbe Ergebnis haben.

		negativer Übertrag	Resultat
A	B	U	R
0	0	0	0
0	L	L	L
L	0	0	L
L	L	0	0

4.5 Wertetafel für Subtraktion bei zwei Operanden

Man kann dies auch einfacher ausdrücken: Wir haben nur die Einerstelle vor uns. Ein L gibt an, daß es sich um eine ungerade Zahl handelt, ein 0, daß eine gerade Zahl vorliegt. Wenn wir jetzt zwei gerade Zahlen verarbeiten, so bekommen wir wieder eine gerade Zahl heraus, einerlei, ob wir subtrahieren oder addieren. Wenn beide Zahlen ungerade sind, gilt das gleiche. Ist eine von beiden gerade und die andere ungerade, so ist in jedem Fall das Ergebnis ungerade. Hieraus folgt, daß für Addition und Subtraktion in der Einerstelle dasselbe Ergebnis auftreten muß. Dies beinhaltet dann aber auch, daß Addition und Subtraktion in ihrem Ergebnis R dasselbe Netzwerk aufweisen.

Das Übertragsnetzwerk ändert sich natürlich. Der Übertrag tritt jetzt nicht mehr auf in dem Fall, wenn beide Operanden L sind, sondern, wenn der erste Operand 0 ist und von diesem L subtrahiert werden soll. Anders ausgedrückt: Ein neuer Übertrag ergibt sich, wenn A = 0 und B = L ist. Als Formel:

$$U: = \overline{A} \wedge B$$

Bild 4.6 zeigt wieder das Netzwerk. Es unterscheidet sich nur geringfügig von dem eines Halbadders.

Da die Konjunktion $\overline{A} \wedge B$ zweimal vorkommt. läßt sich dies zu Bild 4.7 vereinfachen.

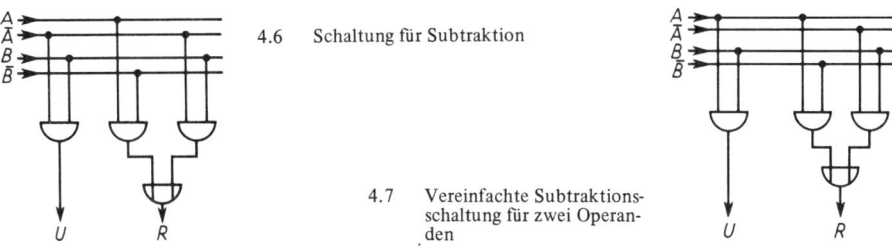

4.6   Schaltung für Subtraktion

4.7   Vereinfachte Subtraktionsschaltung für zwei Operanden

Wenden wir uns nun dem zweiten Problem zu, daß wir den Übertrag der vorhergehenden Stelle auch mit verarbeiten wollen. Wir haben es nunmehr mit drei Operanden zu tun, die wir A, B und C nennen, und wir haben A − B − C zu berechnen.

Die Tabelle 4.8 zeigt uns die Ergebnisse. Auch hier gilt für die Ergebnisstelle unter R das gleiche wie oben: Diese Spalte unserer Tabelle stimmt vollkommen mit der entsprechenden Spalte bei einem Addierwerk überein. Die Begründung ist die gleiche wie im vorigen Fall. Damit ist diese Hälfte des Netzwerkes wieder in Übereinstimmung mit einem Addierwerk.

		alter Übertrag		
			neuer negativer Übertrag	
				Resultat
A	B	C	U	R
0	0	0	0	0
L	0	0	0	L
0	L	0	L	L
0	0	L	L	L
L	L	0	0	0
L	0	L	0	0
0	L	L	L	0
L	L	L	L	L

4.8   Subtraktionstabelle
für A – B – C

Der negative Übertrag tritt in vier Fällen auf. In ihnen wollen wir entweder von einem 0 mindestens ein L oder von einem L zwei L subtrahieren. In beiden Fällen muß „eins geborgt werden". Wir können diese Fälle in der Form schreiben, daß von A = 0 ein B = L oder C = L subtrahiert werden soll, oder im dritten Fall, daß B und C b e i d e L sind. Die Formel lautet daher:

$$U := \overline{A} \wedge B \vee \overline{A} \wedge C \vee B \wedge C$$

Ein Vergleich dieser Formel mit der entsprechenden eines Volladders ergibt, daß sie fast übereinstimmt, nur steht an allen Stellen, an denen der Volladder ein A hat, hier $\overline{A}$ (Bild 4.9).

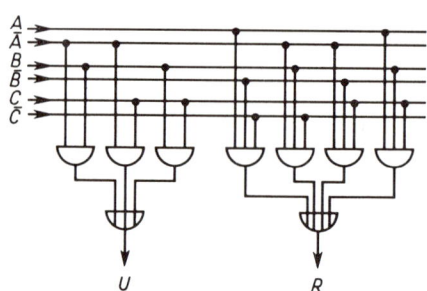

4.9   Subtraktionsschaltung für
A – B – C

Daß wir bei der Berechnung des Übertrages bei der Subtraktion nur $\overline{A}$ statt A zu setzen brauchen, um von der Addition zur Subtraktion überzugehen, führt zu dem allgemeineren Gedanken, ob man auf diesem Wege nicht zu einer einfachen Umschaltung kommen kann. Wenn man durch ein vorgesetztes Bauglied das Vorzeichen von A vertauscht, so erhält man zwar den richtigen Übertrag, aber nicht das richtige Ergebnis. Das Ergebnis, welches dann entsteht, ist gerade invertiert: Es stimmt mit dem richtigen überein, wenn man 0 und L vertauscht. Dies führt zu einer weiteren Methode, die Subtraktion durchzuführen. Wenn man schon ein Addierwerk besitzt, vertausche man vorher die 0 und L von A und nach der Addition die 0 und L des Ergebnisses, um eine Subtraktion zu erhalten.

Wir haben somit drei verschiedene Methoden der Subtraktion kennengelernt. Welche man in der Praxis vorziehen wird, hängt von verschiedenen Gesichtspunkten ab, die wir uns später überlegen werden.

Kombinierte Addier- und Subtrahierschaltung

Die eben betrachtete Schaltung wollen wir dahingehend vervollständigen, daß unser Netzwerk nun nicht nur addieren, sondern wahlweise auch subtrahieren kann. Die Ausführung ist ziemlich einfach, da Addier- und Subtrahierwerk weitgehend übereinstimmen. Die wenigen differierenden Teile müssen wir nur umschaltbar gestalten. Die Umschaltung erfolgt dadurch, daß von außen an bestimmte Kontakte ein L oder 0 gelegt wird, je nachdem, ob wir addieren oder subtrahieren wollen.

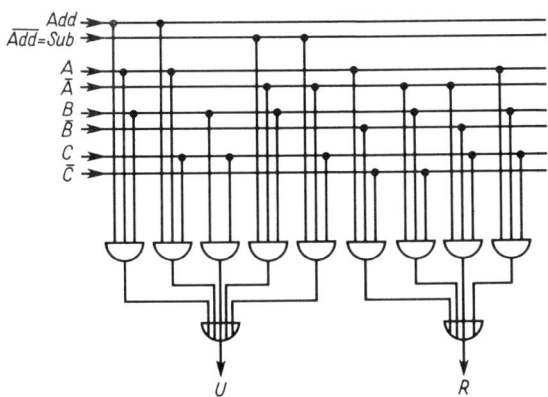

4.10   Schaltung für wahlweise Addition A + B + C
bzw. Subtraktion A – B – C

In Bild 4.10 haben wir die Schaltung wiedergegeben. Wir müssen diejenigen Teile, die nur für die Addition benutzt werden, jetzt dadurch abschaltbar machen, daß wir in die Konjunktionen als weitere Bedingung die „Addition" hereinführen. Wenn also die Leitung „Add" ein L führt, so sollen diese Konjunktionen wirksam sein, im anderen Falle sollen sie 0 liefern. Dies geschieht, indem wir an diesen Stellen Dreifachkonjunktionen einführen und als dritten Eingang „Add" anschließen. Wenn dieses = 0 ist, so können die betreffenden Konjunktionen nichts zum Ergebnis beitragen; sie liefern ein 0 an die nachgeschaltete Disjunktion. An ihre Stelle müssen dann zwei andere Konjunktionen treten, die gerade den Unterschied zwischen Addition und Subtraktion bilden. Diese hingegen müssen abgeschaltet werden, wenn eine Addition stattfindet. Sie benötigen also ebenfalls einen dritten Eingang, der an L liegt bei Subtraktion und an 0 bei Addition. Auch dieser ist oben an eine Leitung herangeführt, die wir mit „Sub" gekennzeichnet haben. Selbstverständlich sind die beiden Anschlüsse „Add" und „Sub" komplementär zueinander: „$\overline{\text{Add}}$" ist identisch mit „Sub".

4.2. Einfache Addierwerke

Mit den bisher betrachteten Netzwerken können wir addieren und subtrahieren. Wir haben aber noch keine vollständigen Rechenwerke vor uns, weil sich die Schaltungen immer nur auf eine einzige Dualstelle beziehen. Erst eine Weiterleitung des Übertrages von Stelle zu Stelle und die Zuführung der Operanden erlauben eine vollständige Rechnung. Es folgen die verschiedenen Typen der so entstehenden Rechenwerke.

Reihenaddition (Serienaddierwerk)

Ein Rechenwerk dieses Typs ist so ausgelegt, daß immer nur eine einzige Stelle bearbeitet wird. Als Eingänge sind dabei normalerweise drei Operanden erforderlich: Die betreffende Stelle des ersten Summanden, die des zweiten Summanden und außerdem noch der Übertrag aus der vorhergehenden Stelle.

Da das Rechenwerk nur eine einzige Stelle verarbeitet, muß dafür gesorgt werden, daß entweder für jede Stelle ein getrenntes Addierwerk vorhanden ist (was aber einen großen Aufwand bedeutet), oder aber, daß der Reihe nach alle Stellen nacheinander in das Addierwerk transportiert werden. Dieser Transport muß natürlich so geschehen, daß die Einerstelle als erste und die höheren Stellen entsprechend später eintreffen.

Die sinnvollste Konsequenz für die ganze Rechenanlage ist, daß auch in allen übrigen Teilen die Verarbeitung der einzelnen Stellen dieser Reihenfolge entspricht, daß also (mit mehr oder weniger Ausnahmen) grundsätzlich immer eine Stelle eines Wortes nach der anderen verarbeitet wird.

Der Zeitaufwand für die Addition entspricht bei diesem Addierwerk der Stellenzahl. Im allgemeinen gilt das dann nicht nur für die Addition, sondern ebenso für die übrigen Rechenoperationen. Derartige Anlagen sind also relativ langsam; ihr Vorteil liegt in der geringen Anzahl der Einzelteile und in der Möglichkeit, den Zeitbedarf für die Einzeloperationen genau vorherzusagen.

Da die beiden Operanden stellenweise herangeführt werden müssen und ein entsprechender Transport auch für das Ergebnis nötig ist, arbeitet man hier mit den früher besprochenen Schieberegistern.

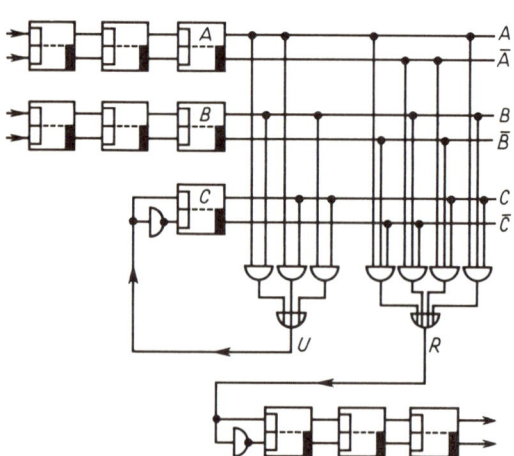

Der Übertrag, der bei einem Schritt geliefert wird, muß in den nächsten Schritt als Operand einbezogen werden. In der Zwischenzeit ist eine Speicherung durch ein Flipflop nötig.

4.11
Serienaddierwerk. Bei jedem Takt wird eine Stelle berechnet. Das Ergebnis wird beim nächsten Takt in das untere Schieberegister übernommen, der neue Übertrag wandert nach C. C muß vor Beginn der Addition gelöscht sein (d.h. „unten stehen")

Da während der Berechnung des nächsten Übertrages der alte noch benötigt wird, ist an dieser Stelle ein Flipflop mit Vorspeicher bzw. ein Master-Slave-Flipflop vorzusehen. Bild 4.11 zeigt eine Schaltung für ein derartiges Addierwerk.
Die Zuführung der Operanden in die Schieberegister wird im allgemeinen ebenfalls stellenweise (seriell) geschehen. Während der Addition läuft dann schon der nächste Operand ein. − Serienaddierwerke sind heute kaum noch üblich.

Parallelrechenwerk

Es besteht bei einer automatischen Anlage die Möglichkeit einer erheblichen Zeitersparnis, wenn man für jede Stelle ein getrenntes Addierwerk einbaut und alle diese Werke gleichzeitig operieren läßt. Aus den erwähnten Gründen können diese gleichzeitig ablaufenden Operationen aber noch nicht das endgültige Ergebnis liefern, da eine Information über einen evtl. noch zu verarbeitenden Übertrag aus den vorhergehenden Stellen zu spät eintrifft und daher bei dem stattfindenden Schritt noch nicht berücksichtigt werden kann. Es müssen also weitere Additionsschritte erfolgen, die den Übertrag aufarbeiten.

Auf den ersten Blick hat dieses Verfahren also keine Vorteile. Im Falle einer dezimalen Addition würden z.b. bei 999 999 + 1 auch für ein derartiges Addierwerk sechs Schritte nötig sein wie bei einem Serienaddierwerk.

Bei genauerem Hinsehen stellt man jedoch fest, daß dieser ungünstigste Fall nur sehr selten auftritt und daß im allgemeinen nicht so viele Überträge vorkommen. Wenn man also die Möglichkeit schafft, die Addition zu beenden, sobald keine weiteren Überträge mehr entstehen, kann man zwar nicht in allen Fällen, wohl aber in den meisten erheblich Zeit sparen.

Wir wollen eine Schaltung angeben, in der die Summe zweier Operanden gebildet wird. Nach dem ersten Rechenschritt ist der zweite Operand verarbeitet. An seine Stelle treten aber dann die Überträge, die sich beim ersten Schritt gebildet haben. Nach dem zweiten Schritt folgen dann die Überträge der Überträge usw., bis sich keine weiteren mehr ergeben.

Ein Beispiel für eine solche duale Addition zeigt Bild 4.12.

	128	64	32	16	8	4	2	1	
A =	0	0	L	L	0	L	L	L	
B =	0	L	0	L	0	0	L	L	
									1. Schritt
R =	0	L	L	0	0	L	0	0	
U =	0	0	L	0	0	L	L	0	
									2. Schritt
R =	0	L	0	0	0	0	L	0	
U =	0	L	0	0	L	0	0	0	
									3. Schritt
R =	0	0	0	0	L	0	L	0	
U =	L	0	0	0	0	0	0	0	
									4. Schritt
R =	L	0	0	0	L	0	L	0	
U =	0	0	0	0	0	0	0	0	

4.12
Beispiel zur
Paralleladdition

Der eingerahmte Teil zeigt, wie aus L + L ein 0 entsteht mit einem Übertrag L, der einen Schritt später zur nächsten Stelle addiert wird.

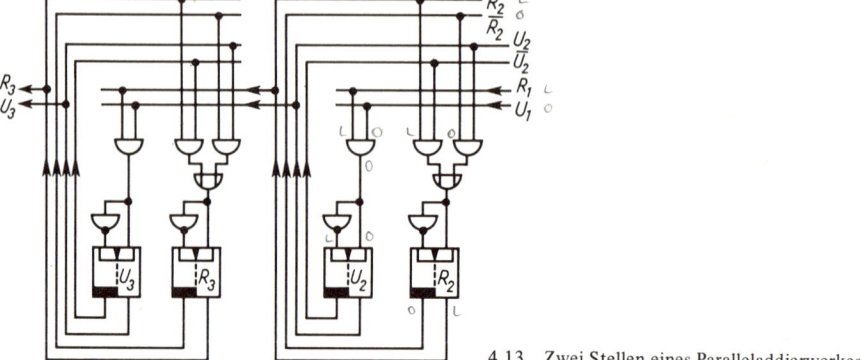

4.13   Zwei Stellen eines Paralleladdierwerkes

Die Schaltung ist in Bild 4.13 für zwei Stellen ersichtlich. Sie ist logisch natürlich nichts anderes als unser Addiernetzwerk für zwei Summanden. Wir müssen nur Ergebnis R und Übertrag U wegen Aufaddierens des Übertrages wieder in die Operandenregister zurückbringen. Dies führt zu dem in Bild 4.13 gezeigten Kreislauf.

Das gesamte Addierwerk besteht aus z.B. 24 Stellen, die alle gleich aufgebaut sind. Die Anschlüsse R_1 und U_1, die zur Berechnung des Übertrages dienen, müssen daher ihre Eingänge von der nächstniedrigeren Stelle beziehen.

In der zeichnerischen Darstellung von Schaltungen wollen wir möglichst die „Signalflußrichtung" von oben nach unten bzw. von links nach rechts wählen. Wir verstehen darunter die Richtung vom Ausgang des vorhergehenden zum Eingang des nächsten Bausteins. Wenn wir davon wesentlich abweichen müssen, soll dies wie in Bild 4.13 durch kleine Pfeilspitzen gekennzeichnet sein. Diese geben also nicht die Richtung eines elektrischen Stromes an.

Wir wollen hier und im folgenden die Konvention einführen, daß der jeweils in der Zeichnung rechte Ein- bzw. Ausgang der Flipflops dem Wert L der logischen Größe entspricht. Die Buchstabenbezeichnung der Größe müssen wir also in die rechte Hälfte des Kästchens eintragen. Die linke Hälfte müßte die komplementierte Bezeichnung (z.B. $\overline{R}$ oder $\overline{A}$ oder $\overline{U}$) tragen, die wir aber der Übersichtlichkeit halber fortlassen.

Da beide Eingänge der Flipflops angeschlossen werden müssen, haben wir jeweils den Ausgang unseres logischen Netzwerkes über einen Inverter auf den linken Flipflopeingang gelegt.

Die Taktfrequenz, mit der die Flipflops beschickt werden können, ist gegeben durch die Signalflußzeiten der verschiedenen hintereinander geschalteten Bauteile. Im vorliegenden Fall sind dies ein Flipflop und je eine Konjunktion, Disjunktion und Negation.

Natürlich lassen alle bisherigen Betrachtungen die Frage offen, wie denn nun die Operanden, also die ersten beiden zu addierenden Zahlen, in das R- bzw. U-Register eingegeben werden und wie am Schluß das Ergebnis in den Speicher der Maschine transportiert wird. Auf dieses Problem werden wir später zurückkommen.

Beim Betrachten der in der Rechenmaschinentechnik üblichen Bausteine wiesen wir auf die vorzugsweise Verwendung von Nands hin. Wir zeigten, daß jede disjunktive Minimalform auf Nands umgeschrieben werden kann, indem wir diese einfach für Konjunktionen und Disjunktionen einsetzen. Somit erhalten wir die Schaltung in Bild 4.14. Bei ihr wurde auch von der Möglichkeit des „wired and" Gebrauch gemacht.

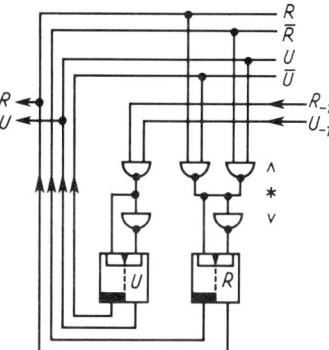

4.14   Eine Stelle eines Paralleladdierwerkes, mit Nands aufgebaut

Da die Verknüpfungen der Konjunktion und Disjunktion wegen ihrer logischen Bedeutung anschaulicher sind als das Nand, werden wir öfter (aber nicht immer) neben den in den Zeichnungen auftretenden Nandstufen durch kleine Häkchen $\wedge$ bzw. $\vee$ andeuten, welcher Zusammenhang „eigentlich" durch das Nand gemeint ist. Ebenso wird ein Stern * neben Kontakten bzw. Verbindungen wie früher andeuten, daß an dieser Stelle mit „negativer Logik" gearbeitet wird.

Bei ganz extremen Wünschen kann man die Taktfrequenz noch weiter erhöhen. Es ist möglich, unter Verwendung der in den Flipflops eingebauten Konjunktionen mit nur einer Nandstufe auszukommen. Die Existenz einer disjunktiven Minimalform zeigt, daß immer zwei logische Stufen genügen müssen. Nur wird der Aufwand dann u.U. unvertretbar hoch.

Der Zeitaufwand für das eben beschriebene Paralleladdierwerk ist nur überschlagsmäßig abzuschätzen, weil er je nach den vorliegenden Operanden verschieden ist. Es kann also nur ein Mittelwert angegeben werden.

Um einen derartigen Mittelwert zu berechnen, sei angenommen, daß zwei Dualzahlen addiert werden sollen, bei denen die Ziffern 0 und L mit gleicher Wahrscheinlichkeit und einer Gleichverteilung auftreten, daß also keine Korrelationen zwischen den Werten der verschiedenen Dualstellen vorliegen. Im Mittel hat jeder Operand (bei einer 24-stelligen Zahl) 12mal 0 und 12mal L. Ein Übertrag erfolgt, wenn auf ein L ebenfalls ein L des zweiten Operanden stößt. Das wird durchschnittlich bei vier Stellen einmal der Fall sein, da L + L eine unter vier gleich häufigen Kombinationen ist. Beim ersten Additionsschritt wird das also vermutlich 6mal auftreten, wir erhalten somit im Mittel 6 Überträge nach dem ersten Schritt.

Für den zweiten Rechenschritt haben wir zwei Operanden zu verarbeiten, bei denen der erste das Ergebnis des vorhergehenden Schrittes mit 50 % 0 und 50 % L ist und von denen der zweite nur 6 L als Übertrag des ersten Schrittes enthält. Ein neuer Übertrag entsteht wieder, wenn zwei L aufeinanderstoßen, also im Mittel in 50% von 6, also in drei Fällen.

Nach dem zweiten Rechenschritt haben wir somit im Mittel drei Überträge, nach dem dritten 1,5, nach dem vierten 0,75 und nach dem fünften 0,375 Überträge zu erwarten. Im Durchschnitt wird die Addition also nach vier bis fünf Schritten beendet sein. Der maximale Wert beträgt natürlich 24 Schritte, der minimale Wert 0 Schritte (z.B. bei LLL + 0). Die Bedingung für das Abbrechen ist, daß der 2. Operand (gleich den vorhergehenden Überträgen) in allen Stellen 0 ist. Die fragwürdigste Stelle unserer Abschätzung ist übrigens die Annahme, daß zu Anfang je die Hälfte der Stellen 0 bzw. L als Wert hat. Meistens dürfte die Anzahl der 0 überwiegen und die Schrittzahl kleiner sein.

Der Vorteil des genannten Verfahrens ist, daß die Addition relativ schnell abläuft. Der Nachteil besteht darin, daß für jede Stelle ein gesondertes Rechenwerk erforderlich ist (es ist jedoch Serienfertigung möglich, und die Rechenwerke sind relativ einfach). Ein weiterer Nachteil ist die Tatsache, daß die Rechenzeiten verschieden sind, und insbesondere, daß der Ablauf der übrigen Teile der Anlage so lange gestoppt werden muß, bis die Addition beendet ist. Es ist außerdem eine gesonderte Abfrage nötig, die das Ende der Addition feststellt und die Wartesteuerung übernimmt.

Anlagen der vorliegenden Art sind allgemein üblich geworden, und auch die im folgenden beschriebene Konstruktion verwendet das angegebene Verfahren.

4.3. Weitere Möglichkeiten der Addition

Parallelrechner mit Gruppenverarbeitung

Das oben angegebene Prinzip ist für extreme Anwendungen oft zu langsam. Es soll daher hier in weiteren Beispielen angegeben werden, wie eine Beschleunigung möglich ist.

Das erste besteht darin, das Verfahren des vorhergehenden Beispiels beizubehalten, aber die Zahl der Überträge und damit auch die Zahl der Rechenschritte zu reduzieren.

Das kann geschehen, indem z.B. für jeweils zwei Stellen der „interne Übertrag" der ersten auf die zweite Stelle sofort mit verarbeitet wird (im Prinzip durch eine verdrahtete zweistellige Additionstabelle) und daß dann also für den nächsten Schritt noch der „äußere" Übertrag (von einer Zweiergruppe auf die nächste) zu verarbeiten bleibt. Bild 4.15 soll dies verdeutlichen. Die dort leer gelassenen Felder müssen natürlich mit 0 gefüllt werden.

	128	64	32	16	8	4	2	1	
A =	0	0	L	L	0	L	L	L	
B =	0	L	0	L	0	0	L	L	1. Schritt
R =	0	L	0	0	0	L	L	0	
U =		L		0		L			2. Schritt
R =	L	0	0	0	L	0	L	0	
U =		0		0		0			

4.15   Paralleladdition mit Gruppenübertrag

Für dieselben Zahlenwerte hatten wir bei unserem vorigen Addierwerk vier Schritte benötigt, hier genügen zwei.

Die Schaltung ist in Bild 4.16 wiedergegeben. Sie zeigt die aus der 3. und 4. Stelle gebildete Doppelstelle bei der Addition

$$(A_4, A_3, A_2, A_1)$$
$$+ \quad (B_4, B_3, B_2, B_1)$$

4.16 Parallelladdierwerk mit
Gruppenübertrag

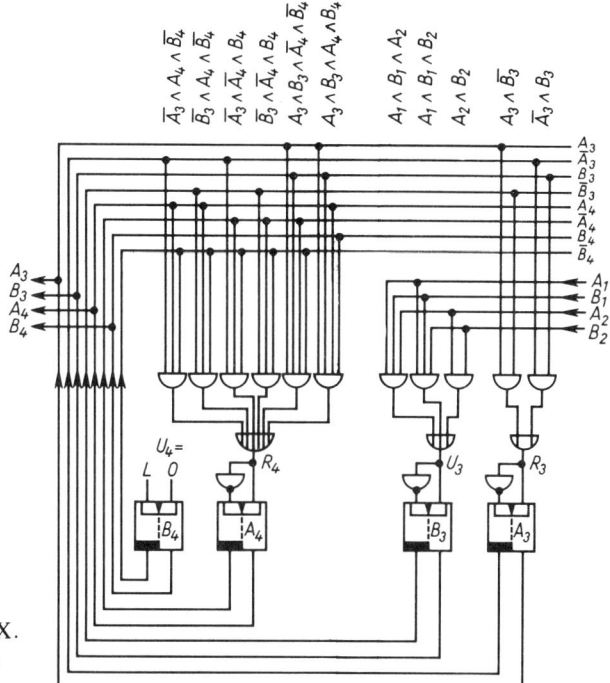

Betrachten wir die einzelnen
Teile. Dabei bezeichnen wir
Stellen, deren Wert L oder O
momentan unwichtig ist, mit X.
R_3 muß gesetzt werden, wenn
wir vorher die Kombinationen

$$(A_4, A_3) + (B_4, B_3) = XL + X0 \quad \text{oder} \quad X0 + XL$$

haben. Wir erhalten dann ja beide Male $(R_4, R_3) = XL$ als Ergebnis. In Formeln also:

$$R_3 := A_3 \wedge \overline{B}_3 \vee \overline{A}_3 \wedge B_3$$

In dieser Stelle kommt ein von der vorhergehenden Zweiergruppe stammender Übertrag zustande, wenn die vorhergehende Gruppe die Kombinationen

$$(A_2, A_1) + (B_2, B_1) = LX + LX \quad \text{oder} \quad LL + XL \quad \text{oder} \quad XL + LL$$

hat. Als Formel:

$$U := A_2 \wedge B_2 \vee A_2 \wedge A_1 \wedge B_1 \vee A_1 \wedge B_2 \wedge B_1$$

Wenden wir uns nun der höheren Stelle unserer Zweiergruppe zu. Sie ist am kompliziertesten, da in ihr ein eventueller Übertrag ja sofort mit einbezogen werden soll. Ein L in dieser Stelle (d.h. ein LX in unserer Zweiergruppe $[R_4, R_3]$) taucht in folgenden Fällen auf:

(A_4, A_3)	+	(B_4, B_3)	$R_4 :=$
L0	+	0X	$A_4 \wedge \overline{A}_3 \wedge \overline{B}_4$
LX	+	00	$\vee A_4 \wedge \overline{B}_4 \wedge \overline{B}_3$
00	+	LX	$\vee \overline{A}_4 \wedge \overline{A}_3 \wedge B_4$
0X	+	L0	$\vee \overline{A}_4 \wedge B_4 \wedge \overline{B}_3$
0L	+	0L	$\vee \overline{A}_4 \wedge A_3 \wedge \overline{B}_4 \wedge B_3$
LL	+	LL	$\vee A_4 \wedge A_3 \wedge B_4 \wedge B_3$

Die zu den einzelnen Fällen gehörigen Formeln haben wir in der Tabelle angegeben. Aus ihnen folgen die Gesamtformel und die Schaltung.

Wir müssen ausdrücklich dafür sorgen, daß in dieser Stelle bei den folgenden Schritten kein Übertrag U_4 addiert wird. Daher muß das Flipflop B_4 nach dem ersten Additionsschritt dauernd auf 0 geschaltet, d.h. nach links gekippt werden.

Zu einer Rechenzeitabschätzung machen wir wieder bezüglich der Verteilung der Ziffern 0 und L dieselben Gleichverteilungsvoraussetzungen wie bei der vorhergehenden Abschätzung.

Bei dem ersten Schritt kann die betrachtete Zweiergruppe des ersten Summanden vier Werte mit je gleich großer Wahrscheinlichkeit annehmen: 00, 0L, L0, LL. Dasselbe gilt für den zweiten Summanden. Man kann durch Ausprobieren leicht finden, daß von den 4 · 4 = 16 auftretenden Möglichkeiten nur die folgenden einen Übertrag auf die nächste Zweiergruppe auslösen: 0L + LL, L0 + L0, L0 + LL, LL + 0L, LL + L0, LL + LL.

Die Wahrscheinlichkeit für einen „äußeren Übertrag" ist nach dem ersten Schritt also für jede Doppelstelle 6/16.

Für den zweiten (und die folgenden) Rechenschritte ist das Verhältnis noch erheblich günstiger: Für den ersten Operanden (= dem Ergebnis des vorhergehenden Schrittes) bestehen wieder die 4 Möglichkeiten 00, 0L, L0, LL, für den zweiten (= dem Übertrag des vorhergehenden Schrittes) jedoch nur noch die Möglichkeiten 00 und 0L.

Von 8 Kombinationen führt jetzt nur noch eine einzige zu einem weiteren Übertrag: LL + 0L. Es ergibt sich eine Wahrscheinlichkeit von einem Viertel, wenn rechts 0L steht.

Von 24 Stellen = 12 Zweiergruppen haben wir mit folgender Zahl von Überträgen im Mittel zu rechnen:

Nach dem ersten Schritt $12 \cdot 6/16 = 4{,}5$

Nach dem zweiten Schritt $4{,}5 \cdot 1/4 = 1{,}1$

Nach dem dritten Schritt $1{,}1 \cdot 1/4 = 0{,}3$

Im Mittel wird die Addition also nach drei oder vier Schritten beendet sein. Maximum sind 12 Schritte. Für eine Doppelstelle müssen wir 16 Konjunktionen, Disjunktionen und Inverter aufwenden gegenüber 5 für jede Einzelstelle bei der früheren Schaltung.

Größere Gruppen

Bei unserer Zeitabschätzung haben wir vorausgesetzt, daß wir Gruppen von zwei Dualstellen gleichzeitig verarbeiten können. Die Zeitersparnis dabei war recht wesentlich. Verarbeitung in noch größeren Gruppen kann selbstverständlich Vorteile bringen, die Frage ist nur, mit welchem Aufwand man das Ergebnis erreicht. Bei zwei Stellen wird die Schaltung schon verhältnismäßig kompliziert. Bei mehr Stellen wird man sie nur schwer aufstellen können. Allerdings bietet sich ein Weg, wenn man von den früheren Schaltungen ausgeht und den Übertrag, der von einer Stelle an die nächste Stelle weitergereicht wird, nicht immer auf ein Flipflop gibt, sondern sofort in den Rechenprozeß der nächsten Stelle mit einbezieht. Wir benötigen für jede Stelle dann ein Addiernetzwerk mit drei Eingängen, nämlich den beiden Operanden und dem Übertrag der vorhergehenden Stelle. Mehrere Stellen können auf diese Weise in einem einzigen Takt verarbeitet werden, wie Bild 4.17 zeigt.

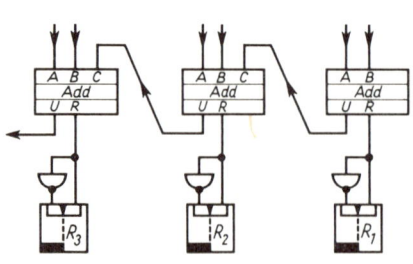

4.17   Weiterleitung des Übertrages im selben Takt

Der Übersichtlichkeit halber sind hier und im folgenden die einfachen Addiernetzwerke der Bilder 4.1 und 4.3 nur durch Kästchen dargestellt. Die Anzahl der Eingänge gibt dabei an, welche der beiden Schaltungen gemeint ist. Zu beachten ist, daß wir die komplementierten Eingänge nicht mit eintragen. Da die Komplemente von A, B und C benötigt werden, müssen sie evtl. innerhalb unserer „Kästchen" durch zusätzliche Inverter hergestellt werden.

Welche Vor- und Nachteile hat nun diese Gruppenschaltung? Eine Addition über beliebig viele Stellen kann natürlich in einem einzigen Takt abgewickelt werden, der jedoch relativ lang sein muß. Innerhalb seiner Dauer muß der Übertrag u.U. durch alle Stellen weitergereicht werden, und dieses geschieht nicht zur selben Zeit, sondern jede Stelle enthält eine Zeitverzögerung. Der Vorteil gegenüber früherem liegt nur darin, daß der Übertrag nicht über Flipflops geleitet wird, die ihrerseits Umschaltzeiten bedingen. Die Zeiten für das Durchschalten der logischen Bauelemente können nicht eingespart werden, denn diese werden nach wie vor benötigt.

Oft wird effektiv ein Zeitgewinn vorliegen. Aus diesem Grunde werden des öfteren Netzwerke dieser Art benutzt. Insbesondere gibt es Vierergruppen schon als fertige Bausteine käuflich im Handel. Diese haben den Vorteil, daß innerhalb der integrierten Bausteine sehr kurze Schaltzeiten möglich sind und daß dadurch die Geschwindigkeit für eine vierstellige Gruppe trotz der Mehrstufigkeit außerordentlich hoch sein kann. Nachteilig ist allerdings, daß wir innerhalb einer Vierergruppe das vollständige Durchschalten für den „worst case" abwarten müssen. Wir können nicht abfragen, ob der Übertrag schon „angekommen" ist, bei einer asynchronen Schaltung wie der hier beschriebenen würde das außerordentlich schwierig.

Der langsamste Takt der ganzen Anlage bestimmt das Tempo. Hat man ein Addierwerk, in dem sehr viele logische Stufen hintereinandergeschaltet sind, bevor das nächste Flipflop zur Synchronisation überleitet, so wird man auch die übrigen Flipflops der Anlage nur mit Schwierigkeiten in einem anderen Takt arbeiten lassen können.

Zusammengefaßt: Die Vorteile liegen auf der Hand, da sehr viel weniger Überträge explizit auftreten. Die Nachteile können in einer niedrigeren Taktfrequenz liegen, die auch bei den übrigen Rechenschritten Zeitverluste bedeutet. Sie können ferner darin liegen, daß man Schwierigkeiten hat, das Ende der Addition abzuschätzen, und dann den ungünstigsten Fall berücksichtigen muß.

„Carry-by-pass"

Eine gern benutzte Möglichkeit höherer Geschwindigkeit liegt darin, daß man durch Mehrstufigkeit zwar die Rechenzeit innerhalb einer Gruppe relativ groß läßt, aber den Gesamtübertrag, der an die nächste Gruppe weitergeleitet werden muß, durch ein schnelles Netzwerk vorrangig berechnet und sofort weitergibt. Bild 4.18 zeigt eine Schaltung.

Natürlich läßt sich hier wie bei allen logischen Schaltungen das Ergebnis, also der Gesamtübertrag, in zwei Stufen erreichen. Eine (zweistufige) disjunktive Minimalform läßt sich für jeden logischen Ausdruck aufstellen. Um Aufwand zu sparen, ist unsere Schaltung im Bild jedoch so ausgelegt, daß das Gesamtergebnis nach ≈ 8 (Und-, Oder- bzw. Nand-)Stufen vorliegt, während der Übertrag in nur vier Stufen durchläuft. Um das richtige Zustandekommen des Gesamtübertrages zu erklären, haben wir am rechten Bildrand den „Zahlenwert" der waagerechten Leitungen angeschrieben. So kommt z.B. die oberste Leitung aus einer Konjunktion von A_4 und B_4. Da innerhalb der Vierergruppe diese beiden Bits den Stellenwert L000 = 8 haben, bedeutet an dieser obersten Leitung ein L, daß ein Ergebnis von mindestens 16 vorliegt.

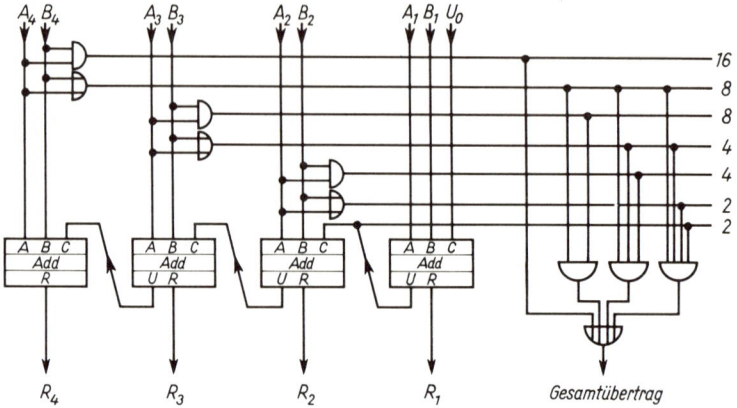

4.18 Vierergruppe eines Addierwerkes mit vorwegberechnetem Gesamtübertrag. U_0 ist der Übertrag aus der nächst niedrigeren Vierergruppe, A und B sind die Summanden, R das Ergebnis; rechts der Zahlenwert eines L an den betreffenden waagerechten Leitungen

Wann kommt nun ein Gesamtübertrag zusammen? Dazu muß die Summe der Vierergruppe mindestens den Wert 16 haben. Die Zahl 16 kann sich dabei zusammensetzen aus:

a)   16
b)   8 + 8
c)   8 + 4 + 4
d)   8 + 4 + 2 + 2

Andere Zerlegungen sind nicht möglich. Bedenkt man nun noch, daß die Teile dieser Zerlegungen aus verschiedenen Stellen der Vierergruppe kommen müssen, so erhält man das gezeichnete Netzwerk.

Eine derart beschleunigte Übertragsberechnung heißt im Amerikanischen „Carry-by-pass" (Carry = Übertrag) oder „Carry-look-ahead".

Eine Zeitabschätzung hierzu: Bei 24 Stellen sind sechs Vierergruppen nötig. Wir erhalten für den durchlaufenden Übertrag bei Verwendung von Nands also etwa 5 mal 4 plus 8, insgesamt etwa 28 logische Stufen. Es muß ein Flipflop nachgeschaltet sein, das das Ergebnis aufnimmt. Ein vorzeitiges Abbrechen der Addition bei wenig Überträgen ist schwierig, weil wir das Vorhandensein von Überträgen schlecht abfragen können. Wir müssen also in jedem Fall diesen „worst case" veranschlagen.

Zum Vergleich unser Paralleladdierwerk nach Bild 4.14: Dort waren im Mittel etwa fünf Additionsschritte mit zwei logischen Stufen und einem Flipflop nötig, insgesamt also 10 logische und 5 Flipflop-Schaltzeiten. Der Zeitbedarf dürfte etwa insgesamt derselbe sein.

Natürlich lassen sich die angegebenen Verfahren verbessern. Eine Möglichkeit für eine derartige Carry-by-pass-Technik soll folgendes Beispiel zeigen:

	00LL	0L0L	0LL0	0L0L
+	00L0	L0L0	L00L	LL00
=	0L0L	LLLL	LLLL	000L
			L	

Schon bevor der Übertrag „von unten", also von den weiter rechts stehenden Vierergruppen, eingetroffen ist, kann jede der Vierergruppen feststellen, ob sie

1. einen Übertrag „erzeugt", wenn nämlich wie bei der rechten Gruppe die Summe größer als LLLL ist.

2. einen eventuell von unten kommenden Übertrag „weiterleitet", wenn wie bei den beiden mittleren Gruppen die Teilsumme gleich LLLL ist, oder

3. ob sie einen eventuell ankommenden Übertrag „auffängt" und nicht weiterleitet, wenn wie in der linken Vierergruppe die Teilsumme kleiner als LLLL ist.

Ein übergeordnetes Netzwerk, das von allen Gruppen diese Mitteilungen bekommt, kann dann die höheren Gruppen schon „im voraus benachrichtigen", ob sie einen Übertrag von unten zu erwarten haben oder nicht.

Wegen der Übersichtlichkeit wollen wir jedoch im folgenden vorzugsweise nur ein Paralleladdierwerk nach Bild 4.14 betrachten.

Drei-Operanden-Rechenwerk

Ganz anders kann man den Rechengang bei der Addition beschleunigen, wenn eine größere Anzahl von Summanden addiert werden soll. Natürlich sind Addierwerke mit beliebig vielen Eingängen denkbar. Dieser Weg ist jedoch in der Praxis nicht brauchbar, weil der Aufwand zu groß ist.

Eine größere Zahl von Summanden tritt insbesondere bei der Multiplikation auf, wo u.U. für jede Stelle des Multiplikators eine Addition durchzuführen ist.

Eine wesentliche Zeitersparnis bringen in einem solchen Fall bereits Addierwerke, die das Verarbeiten von 3 Summanden vornehmen. Das Entscheidende ist dabei nicht, daß zu Beginn der Operation schon drei Operanden zugeführt werden können. Wesentlicher ist, daß nach Beginn des ersten Schrittes nur noch zwei Operanden vorliegen (nämlich Ergebnis und Überträge des ersten Schrittes) und daß daher o h n e Aufarbeiten der vorhergehenden Überträge schon ein weiterer echter Summand zugeführt werden kann.

Die Zeitabschätzung für sechs 24-stellige Summanden sieht dann unter den oben genannten Voraussetzungen so aus: Fünf „erste" Schritte (bei denen jeweils die vorhergehenden Überträge mit verarbeitet werden), dann einmalig weiter wie oben im Mittel 5 Schritte für das Aufarbeiten der letzten Überträge. (Bei diesen abschließenden Schritten wird kein dritter Operand zugeführt, wir haben also nur eine Addition von 2 Operanden vor uns, für die die Abschätzung zu Bild 4.14 gültig ist.)

Bild 4.19 zeigt eine derartige Kettenoperation für sechs Glieder, nämlich die Berechnung von

$$85 + 67 + 31 + 17 + 25 + 7 = 232$$

Unser früher betrachtetes Zwei-Komponenten-Addierwerk hätte für diese Aufgabe statt 8 insgesamt 17 Schritte benötigt.

Die Schaltung soll hier nicht wiedergegeben werden; sie ist eine einfache Anwendung der Drei-Operanden-Addition von Bild 4.3.

85	=	0	L	0	L	0	L	0	L	
U	=	0	0	0	0	0	0	0	0	
67	=	0	L	0	0	0	0	L	L	
										1. Schritt
R	=	0	0	0	L	0	L	L	0	
U	=	L	0	0	0	0	0	L	0	
31	=	0	0	0	L	L	L	L	L	
										2. Schritt
R	=	L	0	0	0	L	0	L	L	
U	=	0	0	L	0	L	L	0	0	
17	=	0	0	0	L	0	0	0	L	
										3. Schritt
R	=	L	0	L	L	0	L	L	0	
U	=	0	0	0	L	0	0	L	0	
25	=	0	0	0	L	L	0	0	L	
										4. Schritt
R	=	L	0	L	L	L	L	0	L	
U	=	0	0	L	0	0	L	0	0	
7	=	0	0	0	0	0	L	L	L	
										5. Schritt
R	=	L	0	0	L	L	L	L	0	
U	=	0	L	0	0	L	0	L	0	
	=	0	0	0	0	0	0	0	0	
										6. Schritt
R	=	L	L	0	L	0	L	0	0	
U	=	0	0	0	L	0	L	0	0	
	=	0	0	0	0	0	0	0	0	
										7. Schritt
R	=	L	L	0	0	0	0	0	0	
U	=	0	0	L	0	L	0	0	0	
	=	0	0	0	0	0	0	0	0	
										8. Schritt
R	=	L	L	L	0	L	0	0	0	
U	=	0	0	0	0	0	0	0	0	
	=	0	0	0	0	0	0	0	0	

4.19   Kettenaddition in einem Drei-Operanden-Addierwerk: Sechs Zahlen werden addiert, wobei der Übertrag nur einmal aufgearbeitet wird

Dezimale Rechenwerke

Bei einer dezimalen Anlage müssen Netzwerke in jedem Fall für vier Dualstellen ausgelegt werden, wenn das Rechenwerk direkt dezimal arbeiten soll. Zur Darstellung einer Dezimalziffer benötigen wir mindestens 4 Bits.

Die Auslegung des Addierwerkes hängt wesentlich vom benutzten Code ab. Beliebt sind insbesondere der BCD- und der 3-Exzeß-Code (s. Bild 1.2). Zur Veranschaulichung des Verfahrens beschreiben wir eine Schaltung für den BCD-Code. Sein Vorteil ist, daß wir an unsere obigen

Betrachtungen anknüpfen können, da jede einzelne Dezimalziffer in diesem Code als eine Dualzahl angesehen werden kann.

Neu ist, daß ein Übertrag auf die nächste Vierergruppe nicht erst bei Überschreiten des Ergebnisses LLLL (= 15), sondern schon nach 9 = LOOL erfolgen muß. Beim Zählen werden die folgenden Kombinationen „übersprungen", da ihnen ein Wert größer 9 entsprechen würde, der bei
Dezimalziffern nicht existiert. Wenn also ein Ergebnis auftritt, das größer als LOOL ist, haben
wir einen dezimalen Übertrag zu setzen und außerdem, um die sechs nicht vorhandenen Werte
auszulassen, eine 6 (= 0LL0) zu addieren.

Ein Beispiel: 9 + 5 = 14 würde lauten: LOOL
                                                   + LOL
                                                 ─────────
                                                 = LLOL

Da dies größer als LOOL (= 9) ist, muß LL0 (= 6) hinzugefügt werden: |LOOL
                                                                      + .| LOL
                                                                      + | LL0
                                                                      ──────────
                                                                      L|0L00

Das Ergebnis ist 0L00 (= 4); das L in der fünften Stelle kommt als Übertrag in die nächste Vierergruppe.

Die in Bild 4.20 wiedergegebene Schaltung entspricht dieser Konzeption: Der dezimale Übertrag wird wieder beschleunigt berechnet nach einem Verfahren, das dem unseres vorletzten
Problems entspricht. Falls dieser Übertrag vorliegt, muß durch ein nachgeschaltetes zweites
Addierwerk 6 = 0LL0 hinzugefügt werden. Dies geschieht durch die zweite Zeile von Kästchen,
die im Bild zu sehen sind.

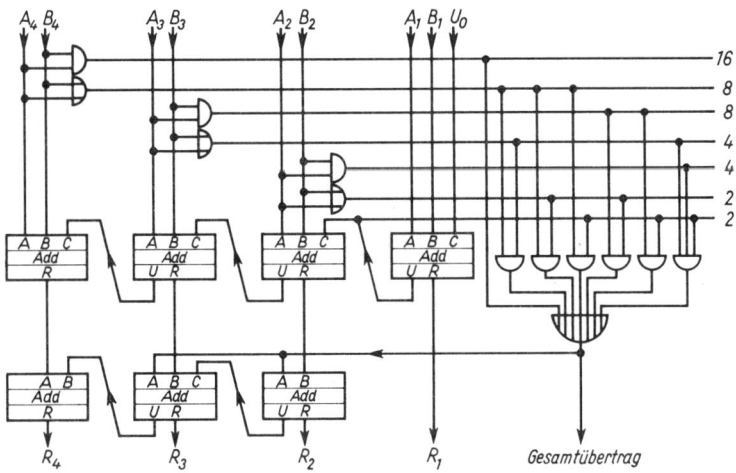

4.20 Addierwerk für eine Dezimalstelle (Bezeichnungen wie in Bild 4.18)

Zur Nachprüfung des Gesamtübertrages haben wir wieder am rechten Bildrand die „Wertigkeit"
der waagerechten Leitungen angegeben. Sie stimmt mit der in Bild 4.18 überein.

Ein Gesamtübertrag erfolgt bei einer Summe von wenigstens 10. Die möglichen Zerlegungen solcher Summen müssen mindestens enthalten:

a) 16   oder b) 8 + 4   oder c) 8 + 2   oder d) 4 + 4 + 2

Dabei sind alle vorkommenden Kombinationen der Leitungen zu berücksichtigen.

Abzählen ergibt innerhalb der Vierergruppe etwa 10 logische Stufen für den längsten Weg (jedes der Addierwerke ist bis auf eventuelle Inverter zweistufig). Der Gesamtübertrag durchläuft einen verkürzten Weg von nur vier Stufen.

Selbstverständlich gilt auch hier, daß das Ergebnis ebenso wie insbesondere der Gesamtübertrag schon nach zwei Stufen durch eine disjunktive Minimalform erreichbar ist. Ob der dafür benötigte Aufwand vertretbar ist, muß im Einzelfall entschieden werden. Es lassen sich allerdings auch bei den hier wiedergegebenen Schaltungen noch Einsparungen einführen, die ohne Zeitverlust möglich sind, wegen des besseren Überblicks jedoch fortgelassen wurden.

Interessant ist die Beobachtung, daß wir durch zwei hintereinandergeschaltete Stufen von Addiernetzwerken bereits einen Ablauf vor uns haben, der schrittweise vor sich geht. Dies deutet auf die Möglichkeit hin, dezimale Additionen in einem einfacheren Addierwerk mit Hilfe einer Ablaufsteuerung zu erreichen.

Andere Verfahren

Insbesondere die Kompliziertheit eines dezimalen Addierwerks hat dazu geführt, andere Verfahren anzuwenden.

Technisch verwendet wird die Methode, die Additionstabelle nicht als logisches Netzwerk zu verdrahten, sondern sie im Speicher der Anlage unterzubringen. Im Prinzip wird aus den beiden betrachteten Stellen der beiden Operanden eine Speicheradresse gebildet und unter dieser Adresse dann das vorher dort für immer abgelegte Ergebnis aufgesucht.

Für die Addition 7 + 6 wird somit zuerst die Adresse 76 gebildet; Speicher Nr. 76 enthält das Ergebnis, hier also die Zahl 13. Dabei ist eine spezielle Verschlüsselung dieser Zahl sinnvoll, denn sie kann nicht als ganzes verarbeitet, sondern muß in die Ziffer 3 und den Übertrag für die nächste Stelle zerlegt werden, der erst verarbeitet werden kann, wenn in einem nächsten Schritt die nächste Stelle an der Reihe ist.

Schließlich muß auch noch auf die Möglichkeit hingewiesen werden, die dezimale Addition auf eine Folge von dualen Rechenoperationen zurückzuführen. Man kann auch für einen reinen Dualrechner Unterprogramme so anfertigen, daß eine (scheinbar) dezimale Addition möglich ist. Ein Verfahren hierzu soll hier nicht angegeben werden. Es kann sich dabei um ein Basisprogramm oder auch um ein Bibliotheksprogramm handeln.

4.4. Andere Rechenoperationen

Bisher haben wir uns mit dem Aufbau von Addier- und Subtrahierwerken beschäftigt. Wir wollen jedoch auch Gleitkommaoperationen oder Multiplikationen, Divisionen usw. durchführen. Diese sind erheblich komplizierter und sollen nicht als Ganzes in das Rechenwerk eingebaut werden. Wir können sie jedoch in einzelne Schritte zerlegen, und diese muß das Rechenwerk bewältigen können.

Wir werden eine dieser Operationen zerlegen, um zu sehen, welche Einzelschritte benötigt werden. Repräsentativ ist die Gleitkommaaddition, die uns jetzt beschäftigen soll. Den zeitlich koordinierten Ablauf wird eine Ablaufsteuerung, ein Mikroprogramm oder ein Basisprogramm übernehmen, die an anderen Stellen betrachtet werden.

Wir nehmen als Beispiel die Summation der folgenden beiden Zahlen:

$$22,5 + 7,125$$

Natürlich soll sie im dualen Gleitkommasystem stattfinden. Die Zahlen sind erst einmal in Gleitkommazahlen umzuwandeln. Hierzu muß die Aufgliederung eines Wortes in Mantisse, Exponent und die beiden Vorzeichen von Mantisse und Exponent vorgegeben sein. In unserem Fall wollen wir ein Bit für das Vorzeichen reservieren, anschließend 7 Dualstellen für die Mantisse, dann wieder ein Bit für das Vorzeichen des Exponenten und anschließend für einen (sehr kleinen) Exponenten drei Stellen. Es ergeben sich insgesamt 12 Bits als Wortlänge. In der Praxis würde dies für Gleitkommarechnung nicht ganz ausreichen, in unserem Beispiel wollen wir uns der Übersichtlichkeit halber hiermit begnügen.

Wir wandeln die erste der beiden Zahlen folgendermaßen um:

16	8	4	2	1	$\frac{1}{2}$

$$22,5 = L \quad 0 \quad L \quad L \quad 0 \ , \ L$$
$$= 0 \ , \ L \quad 0 \quad L \quad L \quad 0 \quad L \ \cdot \ 2^5$$

$$\boxed{421}$$
$$L0L$$

$$= 0 \ , \ L \quad 0 \quad L \quad L \quad 0 \quad L \ \cdot \ 2$$

+	$\frac{1}{2}$	$\frac{1}{4}$	$\frac{1}{8}$	$\frac{1}{16}$	$\frac{1}{32}$	$\frac{1}{64}$	$\frac{1}{128}$	2^{+421}
–								

$$= 0 \quad L \quad 0 \quad L \quad L \quad 0 \quad L \quad 0 \qquad 0L0L$$

Über die Darstellung der Vorzeichen wollen wir hier nicht sprechen. Wir nehmen der Einfachheit halber an, daß das Plusvorzeichen durch ein 0 gekennzeichnet ist. Dasselbe gilt für den Exponenten.

Die zweite der beiden Zahlen wird ebenfalls umgewandelt:

4	2	1	$\frac{1}{2}$	$\frac{1}{4}$	$\frac{1}{8}$

$$7,125 = L \quad L \quad L \ , \ 0 \quad 0 \quad L$$
$$= 0 \ , \ L \quad L \quad L \quad 0 \quad 0 \quad L \ \cdot \ 2^3$$

$$\boxed{21}$$
$$LL$$

$$= 0 \ , \ L \quad L \quad L \quad 0 \quad 0 \quad L \ \cdot \ 2$$

+	$\frac{1}{2}$	$\frac{1}{4}$	$\frac{1}{8}$	$\frac{1}{16}$	$\frac{1}{32}$	$\frac{1}{64}$	$\frac{1}{128}$	2^{+421}
–								

$$= 0 \quad L \quad L \quad L \quad 0 \quad 0 \quad L \quad 0 \qquad 0 0LL$$

In dieser Form werden die beiden Zahlen im Speicher aufbewahrt.

Nun zur Durchführung der Addition. Ein einfaches Zusammenzählen ist nicht möglich, weil das Komma in beiden Zahlen an verschiedenen Stellen steht. Die Exponenten besagen gerade, daß wir bei der ersten der beiden Zahlen das Komma um fünf Stellen und bei der zweiten um drei Stellen verschieben müssen. Bevor man zwei Zahlen addiert, müssen sie stellenrichtig untereinanderstehen (Komma unter Komma).

Um nun die Exponenten untersuchen zu können, müssen wir beide Zahlen in Mantisse und Exponent zerlegen. Es muß also eine Rechenoperation für das Zerlegen existieren. Wir illustrieren das so:

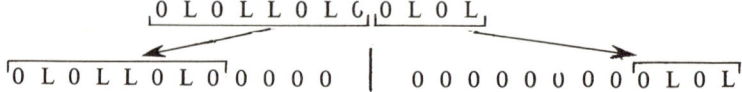

Aus unserer Gleitkommazahl wurde eine Festkommazahl dadurch gebildet, daß wir die Stellen des Exponenten auf 0 gesetzt haben, denn diese gehören nicht mit zur Mantisse. Wir haben eine zweite Zahl gebildet, indem wir den Exponenten isoliert und dabei natürlich um der Wortlänge willen mit 0 aufgefüllt haben. Das Rechenwerk muß auf die Verarbeitung einheitlicher zwölfstelliger Zahlen zugeschnitten sein.

Auch die zweite Zahl ist in Mantisse und Exponent zu zerlegen. Anschließend sollen die beiden Mantissen stellenrichtig (kommarichtig) untereinandergeschrieben werden. Wo stehen die Kommas? In der ersten Mantisse hatten wir eine Vorzeichenstelle, und der Exponent besagt, daß das Komma, das hinter dieser stand, jetzt um fünf Stellen verschoben werden soll. Bei der zweiten Zahl wird es laut Exponent um drei Stellen verschoben. Soll nun Komma unter Komma stehen, so muß die kleinere Zahl um zwei Stellen nach rechts geschoben werden. Diese „Zwei" ist die Differenz der beiden Exponenten: $5 - 3 = 2$

Der zweite Schritt unserer Rechenoperation besteht also darin, daß wir die beiden Exponenten voneinander abziehen, um die Differenz zu erhalten.

Der dritte Schritt schließt sich sofort an. Die kleinere der beiden Zahlen muß nun um dieses Ergebnis, also um zwei Stellen, nach rechts verschoben werden. Die beiden entstehenden Mantissen sind im folgenden stellenrichtig untereinandergeschrieben. Erst dann kann die Addition durchgeführt werden. Sie sieht folgendermaßen aus:

16	8	4	2	1	$\frac{1}{2}$	$\frac{1}{4}$	$\frac{1}{8}$	$\frac{1}{16}$	$\frac{1}{32}$	$\frac{1}{64}$
0	L	0	L	L	0	L	0	0	0	0
0	0	0	L	L	L	0	0	L	0	0
0	L	L	L	0	L	L	0	L	0	0

Wir haben wieder die Wertigkeit der einzelnen Stellen angetragen. Man beachte aber, daß diese „Beschriftung" nicht fest angebracht werden kann, denn sie hängt vom Exponenten der größeren Zahl ab. Wäre dieser nicht 5, so würde die Bewertung seitlich verschoben sein. Während des Rechenvorganges brauchen wir sie in der Tat auch gar nicht zu kennen. Wichtig ist die Anzahl der Verschiebungen, also die Differenz der Exponenten.

Das Ergebnis soll natürlich als Gleitkommazahl wieder einen Exponenten erhalten, und dieser hat denselben Wert wie bei der unverschobenen, also der größeren der beiden Zahlen. Wir müssen die Mantisse mit dem Exponenten zusammenfügen. Dabei ist zu beachten, daß wir in den Stellen, in denen der Exponent untergebracht werden soll, durch die Addition ein L hereinbekommen haben. Diese Exponentenstellen müssen also vorher auf Null gesetzt werden. Der nächste (fünfte) Schritt, der durch unser Rechenwerk durchgeführt werden muß, ist somit ein Abschneiden der letzten Stellen und eine Rundung.

Es folgt der sechste Schritt. Er besteht darin, daß wir nun den Exponenten wieder hinzufügen und dadurch das Endergebnis erhalten:

$$O\ L\ L\ L\ O\ L\ L\ O\ O\ L\ O\ L$$

Wir verwandeln es zurück in eine Dezimalzahl, um eine Kontrolle zu ermöglichen:

$$O\ L\ L\ L\ O\ L\ L\ O\ O\ L\ O\ L$$

$$=\quad 0{.}L\ L\ L\ O\ L\ L\ O\cdot 2^{LOL}$$

$$=\quad 0{,}L\ L\ L\ O\ L\ L\ O\cdot 2^{5}$$

16	8	4	2	1	$\frac{1}{2}$	$\frac{1}{4}$

$$=\quad L\ L\ L\ O\ L{,}L\ O$$

$$=\quad 29{,}5$$

Bis auf den Abrundungseffekt, der bei einer so kurzen Wortlänge natürlich stark ins Gewicht fällt, stimmt das Ergebnis mit dem richtigen überein.

Auf diese Weise wurde unsere Gleitkommaaddition in eine Reihe von Einzelschritten zerlegt, zu denen das Rechenwerk befähigt sein muß. Die wichtigsten sind eine Addition der beiden Mantissen und eine Subtraktion der beiden Exponenten. Zu diesen beiden würde unser Rechenwerk nach den bisherigen Konstruktionsprinzipien schon in der Lage sein. Aber es kommen einige weitere Operationen hinzu, die wir zu bedenken haben, in erster Linie das Zerschneiden der Zahl in zwei verschiedene Teile und das seitliche Verschieben um eine bestimmte Anzahl von Stellen. Diese beiden Schritte müssen unbedingt als Rechenoperationen eingebaut werden.

Wir werden über das Beispiel insofern hinausgehen, als wir auch eine Verschiebung nach links vorsehen. Im Einzelschritt genügt es dabei, je Takt um eine Stelle zu schieben, denn die Verschiebung kann ja mehrere Takte andauern. Dieser Zeitverlust ist tragbar.

Intersektion

Von prinzipieller Bedeutung ist die Möglichkeit, eine Zahl in einzelne Stücke zu zerschneiden. Hierzu benutzt man eine Rechenoperation, die üblicherweise als „Intersektion" bezeichnet und an vielen anderen Stellen ebenfalls benötigt wird. Ihre Aufgabe besteht darin, einige Stellen der vorhandenen Zahl stehenzulassen und andere dadurch abzuschneiden, daß man sie auf 0 setzt. Da nun von vornherein nicht feststeht, wieviele Stellen abgeschnitten werden sollen, muß diese Information durch ein zweites Wort gegeben werden. Dieses würde bei Gleitkommarechnungen immer denselben Wert erhalten. Die Intersektion wird damit zu einer Operation zur Verarbeitung zweier Operanden. Sie wird üblicherweise in der folgenden Form durchgeführt:

$$\text{Intersektion}\quad\begin{cases}O\ L\ O\ L\ L\ O\ L\ O\ \ O\ L\ O\ L = 1.\ \text{Operand}\\ L\ L\ L\ L\ L\ L\ L\ L\ 0\ 0\ 0\ 0 = 2.\ \text{Operand}\end{cases}$$

$$O\ L\ O\ L\ L\ O\ L\ O\ \ 0\ 0\ 0\ 0 = \text{Ergebnis}$$

Hier wollen wir aus der Gleitkommadarstellung von 22,5 die Mantisse herausschneiden. Der zweite Operand muß vorher bereitgestellt sein. Er hat bei allen Gleitkommaadditionen dieselbe Gestalt; er kennzeichnet die Stellen, die wir übrigbehalten wollen, durch L, und diejenigen, die abgeschnitten werden sollen, durch 0. Wir behalten im Ergebnis L, wenn der erste Operand – also unsere Gleitkommazahl – ein L hatte und wenn außerdem der zweite Operand angibt, daß dieses L erhalten bleiben soll. In allen übrigen Fällen bekommen wir im Ergebnis ein 0. – Wir haben hier lediglich in allen 12 Stellen getrennt eine Konjunktion gebildet, man könnte also in gewissem Sinne die Intersektion als Konjunktion bezeichnen. Dieser Ausdruck darf natürlich nicht verwirren: Alle Stellen werden einzeln bearbeitet, keine der Stellen unserer Zahl ist mit der anderen gekoppelt.

Wenn wir aus unserer Gleitkommazahl, die wir als Beispiel benutzen, nun den Exponenten herausschneiden wollen, so müssen wir sie wieder als Operanden verwenden, und nur der zweite Operand, unser „Intersektionsmuster", wird geändert. Dieser spielt die Rolle einer Schablone, nach der aus der ersten Zahl etwas „herausgestanzt" wird. Er muß nunmehr in den Stellen der Mantisse 0 haben und in den Exponentenstellen L sein. Die Operation selbst sieht dann so aus:

$$
\text{Intersektion} \quad
\begin{cases}
0\ L\ 0\ L\ L\ 0\ L\ 0\ \ 0\ L\ 0\ L = 1.\ \text{Operand} \\
0\ 0\ 0\ 0\ 0\ 0\ 0\ 0\ \ L\ L\ L\ L = 2.\ \text{Operand}
\end{cases}
$$

$$
0\ 0\ 0\ 0\ 0\ 0\ 0\ 0\ \ 0\ L\ 0\ L = \text{Ergebnis}
$$

Die Intersektion zerlegt Zahlen in Einzelteile. Dies setzt natürlich voraus, daß diese eine selbständige Bedeutung haben, wie es bei Mantisse und Exponent der Fall ist. Man nennt dies das „Splitten" eines Speicherplatzes. Wenn von „gesplitteten" Worten die Rede ist, so sind mehrere getrennte Zahlen oder sonstige Informationen im selben Speicherplatz untergebracht worden.

Logische Operationen

Die Intersektion hat noch eine zweite Anwendung. Sie ist nichts anderes als eine stellenweise Konjunktion. Da wir in Rechenmaschinenprogrammen nicht nur mit Zahlen, sondern auch mit logischen Größen arbeiten, benötigen wir auch die logischen Rechenoperationen, also Konjunktion (gleich Intersektion) und Disjunktion. Es wäre naheliegend, nun auch die Disjunktion und die bitweise Negation als Einzeloperationen in die Rechenanlage einzubauen. In vielen Fällen geschieht dies auch, wir wollen darauf verzichten.

Wir können nämlich die Negation auch darstellen mit Hilfe negativer Zahlen. Diese wurden gerade dadurch definiert, daß man das Komplement herstellt und dann eine 1 addiert. Man hat daher auch umgekehrt die Möglichkeit, das Komplement in jeder einzelnen Stelle, also die Negation, aus der Subtraktion zu bilden.

Ein Beispiel: Das Komplement (die bitweise Negation) zu 0LL 0L0 sei gesucht. Man subtahiere sie mit dem Rechenwerk von 000 000:

$$
\begin{array}{r}
000\ 000 \\
-\quad ,0LL\ 0L0 \\
\hline
=\quad ,L00\ LL0
\end{array}
$$

und subtrahiere nun 1 = 000 00L:

$$
\begin{array}{r}
L00\ LL0 \\
-\quad 000\ 00L \\
\hline
L00\ L0L
\end{array}
$$

Aus Konjunktion und Negation läßt sich in jedem Fall mit Hilfe der de-Morganschen Regeln die Disjunktion herstellen.

Theoretisch brauchte man in eine Rechenmaschine überhaupt nur die logischen Operationen Konjunktion, Disjunktion und Negation in das Rechenwerk einzufügen. Das wäre aber unpraktisch, denn viel öfter als diese Einzeloperationen werden Addition und Subtraktion benötigt. Es ist eine Frage der Rechengeschwindigkeit, daß man diese vorzieht. Wir haben aber die Möglichkeit, alle übrigen Rechenoperationen in Addition, Subtraktion und Intersektion zu zerlegen. Es ist wichtig, daß diese prinzipielle Möglichkeit besteht.

In unserem Beispiel der Gleitkommaaddition traten keine prinzipiell anderen Schritte mehr auf. Wir hatten als fünften Schritt das Abschneiden des letzten Teiles der Mantisse und die Rundung vorgesehen; aber auch diese lassen sich mit den eben beschriebenen Maßnahmen erreichen. Das Abschneiden ist natürlich wieder eine Intersektion. Die Rundung wird in der Form durchgeführt, daß man in der höchsten Stelle, die beim Abschneiden verlorengeht, noch ein L hinzuaddiert und dann erst das Abschneiden vornimmt. Man addiert auf diese Weise eine halbe Einheit der letzten noch erhaltenen Stelle, und wenn dort schon vorher mindestens eine halbe Einheit vorhanden war, so erhalten wir in der Tat eine ganze Einheit, also eine Aufrundung (nach oben), im anderen Fall eine Abrundung (nach unten). Beides entspricht den Rundungsregeln. Zwei dezimale Zahlenbeispiele: Die Zahl 2,73 sollte bei Rundung (auf ganze Zahlen) 3, die Zahl 2,23 hingegen 2 ergeben. Wir zählen in beiden Fällen für die technische Durchführung 0,5 hinzu und schneiden dann ersatzlos die Stellen nach dem Komma ab:

	2,73			2,23
+	0,5		+	0,5
=	3,23		=	2,73
Ergebnis:	3	Ergebnis:		2

Fassen wir zusammen: Unser Rechenwerk muß außer den Additionen und Subtraktionen noch mindestens die Intersektion sowie eine Links- und eine Rechtsverschiebung (um jeweils eine Stelle) erhalten.

4.5. Ein vollständiges Rechenwerk

Beim Aufbau eines Rechenwerkes, das die bisher formulierten Wünsche erfüllt, sind jetzt mehrere Dinge zu beachten. Das erste ist, daß zwei „Register" vorzusehen sind, in denen die beiden zu verarbeitenden Zahlen, die beiden Operanden, untergebracht werden müssen. Zwischen ihnen sollen die Rechenoperationen durchgeführt und das Ergebnis wieder in einem der Register abgelegt werden, um weitere Rechenoperationen anschließen zu können.

Wir benötigen für ein paralleles Rechenwerk wie beim einfachen Addierwerk 24 vollkommen gleiche kleine Rechenwerke für jeweils eine Stelle, wenn wir mit 24-Bit-Wortlänge arbeiten. Jedes dieser kleinen Rechenwerke muß von einer Rechenoperation auf eine andere umgeschaltet werden können. Wir werden also z.B. eine Leitung benötigen, die jede dieser Stellen erreicht und dann, wenn an ihr ein L anliegt, die Addition auslöst. Wir werden eine zweite Leitung für die Subtraktion haben, eine dritte für die Intersektion, eine vierte für die Linksverschiebung usw.

In Bild 4.21 ist ein derartiges Rechenwerk wiedergegeben. Es handelt sich dabei natürlich nur um eine einzige Dualstelle. Man kann sich vierundzwanzig der hier angegebenen Schaltungen über der Zeichnung in Schichten angeordnet denken. In der derzeitigen Praxis wird eine derartige Schaltung auf einer geätzten Karte untergebracht, die etwa sechs integrierte Bausteine mit ihren Anschlüssen enthält. Die 24 so entstehenden Karten werden dann mit ihren Nachbarn verbunden sein, da wir ja insbesondere bei der Links- und Rechtsverschiebung von einer Karte auf die nächste übergehen müssen. Diese Anschlüsse sind in unserer Zeichnung bezeichnet mit U_{+1} bzw. R_{+1} (nächsthöhere Stelle) und U_{-1} bzw. R_{-1} (nächstniedrigere Stelle).

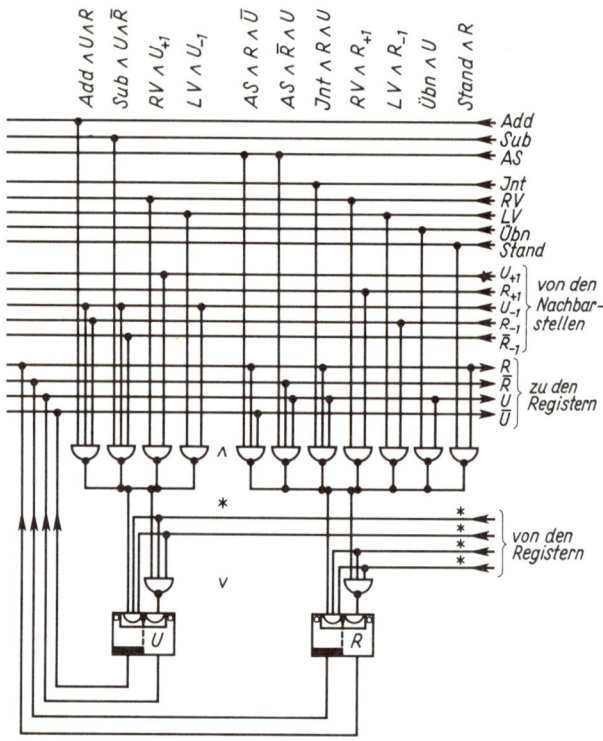

4.21 Eine Stelle eines Rechenwerkes. Oben die logische Bedeutung der Konjunktionen, rechts die Anschlüsse zu den Nachbarstellen, Ansteuerungen und Registern

Außerdem müssen wir die ersten Zahlen, zwischen denen die Operationen stattfinden sollen, in die Schaltung hineinbringen und das Ergebnis wieder hinausführen können. Hierzu dienen die weiteren Anschlüsse, die zu den sog. Registern (= Zwischenspeichern) führen.

Wir haben die Schaltung um der Praxisnähe willen mit Nands bestückt (vgl. Bild 3.10 und 4.14). Zwischen den beiden Nandstufen liegt „negative Logik" vor (durch den Stern * angedeutet), so daß die oberen Nands als Konjunktionen und die unteren (gemeinsam mit dem „wired and") als Disjunktionen angesehen werden können.

Sehen wir uns die Schaltung jetzt näher an, und zwar zuerst die Funktionsweise bei der Addition. Man muß dann an die Anschlüsse „Add" und „AS" eine Spannung L legen. Diese Einteilung wurde unternommen, weil ja ein Teil des Addierwerks auch für die Subtraktion benutzt wird. Wir haben ein Addier- und Subtrahierwerk derselben Form vor uns, wie wir es früher betrachtet haben für zwei einstellige Zahlen. Die Addition muß abschaltbar sein. Wir müssen also in der Lage sein, durch ein 0 an den eben genannten Anschlüssen diese Konjunktionen zu blockieren, wenn wir z.B. eine Intersektion durchführen wollen. Umgekehrt müssen alle andere Rechenoperationen auslösenden Klemmen an 0 liegen und damit wirkungslos sein, wenn addiert wird.

Für die Subtraktion werden wir wieder zurückgeführt auf die früher betrachtete Subtraktionsschaltung. Jetzt sollen die beiden Klemmen „Sub" und wieder „AS" an L liegen. Wir erkennen, daß in diesem Fall genau dieselben Konjunktionen geschaltet sind, wie sie früher beim Subtrahierwerk vorlagen. Die Addition, Intersektion usw. sind jetzt durch 0 an den betreffenden Anschlüssen außer Kraft gesetzt.

Betrachten wir als dritte Rechenoperation die Intersektion. Ihre Durchführung bestand aus einem logischen „Und" zwischen R und U. Dieses ist hier durch eine einfache Konjunktion herbeigeführt, in die als dritte Bedingung der Anschluß „Int" eingeht. Solange er an L liegt, wird Intersektion durchgeführt.

Die Linksverschiebung wird gekennzeichnet durch „LV". Sobald hier L anliegt, wird über eine Konjunktion von dem Anschluß R_{-1} durchgeschaltet. Dieser kommt von der nächsten Karte und liefert die Information, die dort das R-Flipflop hat. Gleichzeitig wird aber noch eine zweite Konjunktion betätigt, die genau das entsprechende für das U-Flipflop durchführt. Das bedeutet, da wir ein Wort im R-Register und ein zweites im U-Register stehen haben, daß beide Worte getrennt je um eine Stelle nach links verschoben werden.

Bezüglich der Rechtsverschiebung gilt dasselbe für RV.

Noch eine weitere Auslösung ist vorgesehen, nämlich „Übn". Diese erzwingt die Übernahme einer Zahl vom U-Register in das R-Register. Liegt am Anschluß „Stand" ein L an, so bleibt beim nächsten Takt der Wert von R erhalten, während U auf 0 springt.

Damit ist unser Rechenwerk vollkommen beschrieben.

Zwei Bemerkungen müssen wir noch hinzufügen, die aber nicht die Rechenoperationen selbst betreffen.

An die Schaltung schließt sich, was aus der Zeichnung nicht zu ersehen ist, eine Disjunktion an, in der alle Ausgänge der 24 Stellen von U zusammengefaßt sind. Solange ein einziger dieser Ausgänge noch L ist, sind Addition bzw. Subtraktion noch nicht beendet, und der weitere Rechenprozeß muß warten. Erst wenn alle 0 sind, kann die nächste Rechenoperation folgen. Die Auswertung dieser Abfrage ist eine Aufgabe der Ablaufsteuerung, über die später gesprochen wird.

Ebenfalls nicht im Bild 4.21 enthalten ist eine Schaltung, die das Hinein- und Herausschleusen von Daten in das R- und U-Register bzw. von dort in den Speicher übernimmt. Das Prinzip dieser später zu besprechenden Teile ist aber einfach: Jede (negative) Spannung, die an einem der Anschlüsse anliegt, die „von den Registern" kommen, bewirkt ein (komplementiertes) Schalten des R- bzw. U-Flipflops, da diese Spannung durch die als Disjunktion wirkenden Nands weitergeleitet wird.

Wir wollen noch einmal darauf hinweisen, daß die von uns angegebene Rechenschaltung universell ist. Prinzipiell alle Rechenoperationen lassen sich in Einzelschritte zerlegen, die mit dieser Schaltung durchgeführt werden können. Am schnellsten ist sie natürlich für Addition und Subtraktion, während andere Operationen in einer etwas langwierigeren Folge programmiert und durch eine Ablaufsteuerung ausgeführt werden müssen; prinzipiell sind sie aber alle möglich.

Einige lassen sich sogar recht bequem erreichen. Durch den Anschluß „AS" allein können wir z.B. bitweise das „exklusive Oder" auslösen. Werden die Kontakte „Stand" und „Übn" an L gelegt, so haben wir bitweise die normale „Oder"-Verknüpfung. Weitere „Tricks" sind möglich.

Die Entwicklung der Bausteintechnik führt dahin, Rechenwerke für z. B. vier Stellen in einem einzigen integrierten Baustein unterzubringen. Die verwendeten Schaltungen sind oft unübersichtlicher, weil z.b. zum Einsparen von Elementen mehrstufige Schaltungen oder zur Beschleunigung ein "Carry-by-pass" verwendet werden.

5.   Register und Puffer

Der Aufbau und insbesondere die Technik der Datenübernahme bei Registern wird in Abschn. 5.1 betrachtet. In den weiteren Abschn. 5.2 bis 5.4 werden die verschiedenen Aufgaben beschrieben, für die Register nötig sind.

5.1.   Der Aufbau von Registern

In Abschn. 1.3 haben wir darauf hingewiesen, daß unter den Baugruppen eines Rechners drei wesentliche Teile zu unterscheiden sind, welche Information a) umwandeln, b) speichern, c) weiterleiten. Wir hatten gesagt, daß für diese Zwecke einerseits „logisch aktive Elemente", andererseits „Speicher" und als drittes „Schnittstellen" (oder Verbindungen oder Kanäle) notwendig sind und daß diese Dreiteilung auf allen Ebenen eines Rechners sinnvoll ist. Im Kleinen haben wir sie kennengelernt in Gestalt einer Unterteilung in a) logische Elemente, also Konjunktionen, Disjunktionen, Nands usw., b) speichernde Elemente, nämlich Flipflops und c) Schnittstellen (Kontakte), mit denen diese untereinander verbunden sind. Auf der nächsten Ebene haben wir dann im vorigen Abschnitt die „umwandelnde" Baugruppe kennengelernt in Form des Rechenwerkes. Die anderen beiden großen Baugruppen sind die Speicher und die Schnittstellen, über die die Informationen weitergegeben werden. Es wird sich zeigen, daß zwischen beiden kein technisch so wesentlicher Unterschied ist, so daß wir beide gemeinsam in diesem und den nächsten Abschnitten behandeln können.

Wenden wir uns den Speichern zu. Es gibt die verschiedensten Ausführungsformen, deren Technik wir früher angedeutet haben. Zumindest einige Speicherplätze müssen in der Lage sein, in der Geschwindigkeit mit dem Rechenwerk Schritt zu halten, um dieses nicht über längere Zeit zu blockieren. Diese nennt man Register. Sie müssen schon wegen der Geschwindigkeit im wesentlichen aus den gleichen Bauteilen bestehen wie das Rechenwerk selbst. Wir werden also auch hier Nands oder andere logische Elemente vorfinden und als speichernde Teile Flipflops verwenden. Der vorliegende Abschnitt soll den technischen Aufbau einiger Register darstellen. In den nächsten Abschnitten werden wir die Frage beantworten, wieviele Register und für welche Zwecke sie benötigt werden. Diese Frage ist von Bedeutung, weil Register heute noch relativ teuer sind. Hier scheint sich allerdings ein Wandel abzuzeichnen, der durch „integrierte Speicherbausteine" zu einer wesentlichen Verbilligung führt.

Ein solches Register soll die Information, die bei einem Rechenprozeß als Ergebnis angefallen ist, vorübergehend aufnehmen, um das Rechenwerk für andere Operationen freizumachen. Das so gespeicherte Zwischenergebnis soll dann mit hoher Geschwindigkeit im Bedarfsfall wieder zurückgeliefert werden.

Wir haben im Rechenwerk schon Register eingebaut. In Bild 4.21 wurde gezeigt, daß zwei Flip-flops vorgesehen sind, die dort als R und U bezeichnet wurden. Die Schaltung bezog sich nur auf eine einzige Dualstelle und sollte für die übrigen Stellen in 24 Schichten angeordnet werden, um ein Rechenwerk für die volle Wortlänge zu ergeben.

Man kann nun auf weitere Register verzichten, wenn man im Rechenwerk die erforderlichen Zahlen so lange gespeichert läßt, bis sie wieder benötigt werden. Dies setzt aber voraus, daß andere Rechenprozesse, die inzwischen stattfinden, in einem anderen Rechenwerk ausgeführt werden, was natürlich aufwendig ist. Wir wollen hier daher nur ein einziges Rechenwerk für alle logischen Schritte zur Verfügung stellen und müssen dieses also „räumen". Die im Ergebnisregi-ster R abgelegte Information muß auf andere Flipflops übernommen werden.

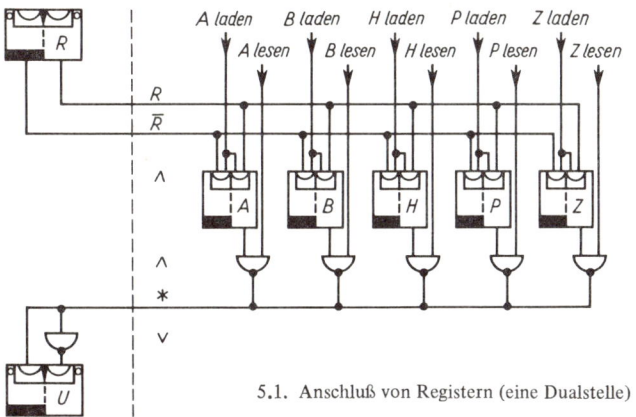

5.1. Anschluß von Registern (eine Dualstelle)

Eine Schaltung hierzu zeigt das Bild 5.1. In ihm sind auf der linken Seite noch einmal beide Flip-flops des Rechenwerkes dargestellt, nämlich das des R-Registers, in dem das Ergebnis der vorheri-gen Rechenoperation erscheint, und das des U-Registers, das die von den anderen Registern zu-rückzuliefernde Information zu einem späteren Zeitpunkt wieder aufnehmen soll. Wir haben nicht die vollständige Schaltung des Rechenwerkes wiedergegeben, sondern nur diese beiden Flip-flops herausgezeichnet. Die Ausgänge bzw. Eingänge, die die gestrichelte Trennlinie überschrei-ten, wurden auch in Bild 4.21 als seitliche Anschlüsse aus der Karte herausgeführt, so daß An-schlußmöglichkeit besteht.

Wie kann man nun die Werte aus dem R-Register in eines von den fünf anderen Registern über-nehmen? Wir müssen uns auch diese Abbildung wieder in Schichten übereinander angeordnet denken, um ganze Worte unterzubringen. Dabei gehören die 24 Flipflops zusammen, von denen wir eines mit A bezeichnet haben, ebenso diejenigen, die wir uns über B gezeichnet denken, usw. Wir haben insgesamt fünf Register vor uns, die je eine Zahl oder ein Wort aufnehmen können.

Die Übernahme vom R-Register in z. B. das A-Register ist einfach zu sehen. Die beiden Ausgänge von R sind mit den Eingängen von A verbunden. In gewissem Sinne haben wir hier ein Schiebe-register vor uns, das aus den beiden Flipflops R und A besteht. Normalerweise würde das A-Flipflop immer einen Takt später in die Stellung umschalten, die das R-Flipflop unmittelbar vorher hatte. Nun soll das Flipflop A die in ihm gespeicherte Information für eine längere Zeit behalten. Während dieser Zeit muß es blockiert werden und darf keine neue Information aufnehmen. Wenn wir andere Kontakte der beiden Eingangs-Konjunktionen an eine Spannung Low legen, so sind beide Eingänge blockiert, und das Flipflop kann seine Stellung nicht mehr verändern. In der Zeichnung haben wir hierführ von oben einen Anschluß herangeführt mit der Bezeichnung „A laden".

Zu einer Benutzung dieser Schaltung haben wir jedes der 24 A-Flipflops mit den Ausgängen des zugehörigen R-Flipflops zu verbinden und außerdem an alle 24 Kontakte, die mit „A laden" bezeichnet wurden, über eine Ansteuerung eine gemeinsame Spannung von H oder Low anzulegen. Das Anlegen dieser Spannung im richtigen Augenblick ist eine Aufgabe der Ablaufsteuerung.

Die Bezeichnung der Flipflops in Bild 5.1 mit den Buchstaben A, B, H, P und Z ist willkürlich, sie wurde gewählt im Hinblick auf die spätere Verwendung.

Nun besteht natürlich auch die umgekehrte Aufgabe, die Information später einmal in das Rechenwerk zurückzuführen. Dabei müssen wir an den Ausgang des Flipflops eine Konjunktion legen, denn wir müssen den Ausgang während der übrigen Zeit blockieren. Diese Aufgabe übernimmt ein Zweifachnand. Wir erinnern an das frühere Bild 3.10, wo von zwei hintereinandergeschalteten Nands das erste als Konjunktion (mit positiver Logik am Eingang und negativer am Ausgang) und das zweite dann als Disjunktion wirkt (mit negativer Logik am Eingang und positiver am Ausgang).

In Bild 5.1 haben wir das wieder angedeutet durch ein „Und-Häkchen" und einen Stern an der Leitung, die von rechts nach links führt: Negative Logik. Im Grunde haben wir hier die gleiche Schaltung einer disjunktiven Minimalform wie auch im Rechenwerk vor uns.

Der zweite Eingang der Konjunktion wurde bezeichnet mit „A lesen". Wenn eine Spannung Low anliegt, wird die Konjunktion gesperrt; ihr Ausgang (negative Logik) liefert eine Spannung H, die an sich das U-Flipflop nach links kippen würde. Dabei ist jedoch aus der früheren Rechenwerkschaltung zu entnehmen, daß an dem Eingang des U-Flipflops noch eine Reihe von anderen Anschlüssen vorliegt, die in diesem Fall die zukünftige Stellung von U bestimmen. Die Stellung von A ist also wirkungslos, der „Inhalt von A" wird nicht weitergegeben.

Dieses Anschlußschema finden wir für alle fünf Register wieder. Insgesamt erhalten wir zehn Ansteuerungsleitungen, fünf für das Laden und fünf für das Herauslesen.

Für die spätere Betrachtung der Ablaufsteuerung können wir vormerken, daß durchaus ein gleichzeitiger Transport vom R-Register in eines oder mehrere der fünf anderen Register und ein zweiter Transport von einem — evtl. demselben — der fünf Register in das Rechenwerk, also in das U-Register, stattfinden kann. Gleichzeitig ist noch ein dritter Schritt möglich, nämlich ein Rechenvorgang, der im Rechenwerk selbst vor sich geht. Wir ermöglichen also einen „Simultanbetrieb", der zu einer wesentlichen Zeitersparnis führen kann.

Schaltungstechnisch ist zu beachten, daß das R-Flipflop durch die angeschlossenen Flipflopeingänge nicht zu stark strommäßig belastet wird. Notfalls muß man Verstärker zwischenschalten.

Pufferregister

Register werden nicht nur für das Speichern, sondern auch für das Weiterleiten von Information benötigt. Informationen, die z.B. in einen größeren Speicher der Maschine oder an anzuschließende Geräte (Drucker oder Lochkartenstanzer) weitergegeben werden sollen, müssen im allgemeinen eine gewisse Zeit aufbewahrt werden. Die meisten anzuschließenden Geräte, auch der Kernspeicher der Maschine, sind sehr viel langsamer als das Rechenwerk. Da dies nicht so lange warten kann, bis das betreffende Gerät die Information übernommen hat, wird die Warte-Aufgabe von einem sog. „Pufferregister" übernommen. Dieses soll die Information schnell aufnehmen können, um das Rechenwerk nicht aufzuhalten, es soll sie aber über eine längere Zeit an das angeschlossene Gerät weitergeben, um dort langsamere Bauteile zum Schalten zu befähigen. Ein Pufferregister ist daher nichts wesentlich anderes als die von uns betrachteten Speicher-Register. Der einzige Unterschied besteht in Anschlüssen, die die gespeicherte Information nach außen weiterliefern. Wir würden ein derartiges Pufferregister vor uns haben, wenn wir vom A-Flipflop die beiden Ausgänge aus der Schaltung herausführen würden, um ein Gerät anzuschließen.

Dies gilt in erster Linie für „Ausgabepuffer". In umgekehrter Richtung tritt ein entsprechendes Problem auf. In diesem Fall haben wir ein relativ langsames Gerät, welches die Information zu einem nicht genau erklärten Zeitpunkt oder über einen längeren Zeitraum hinweg anbietet. Diese Information soll exakt in einem einzigen Takt in das Rechenwerk übernommen werden. Auch hier ist ein Puffer nötig, um die Information aufnehmen und später schlagartig wieder abgeben zu können. Einige Möglichkeiten für Pufferregister sind in Bild 5.2 wiedergegeben.

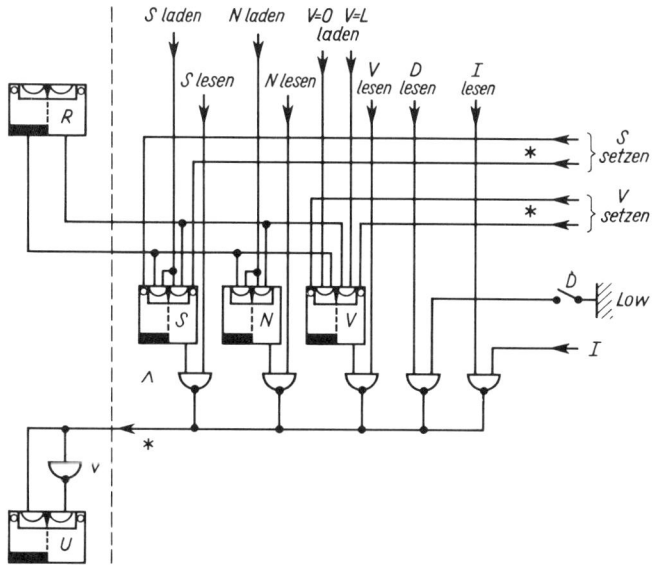

5.2   Verschiedene Möglichkeiten für Pufferregister und Gatter (eine Dualstelle).
       Rechts bei D eine Drucktaste je Dualstelle, deren Stellung vom Programm durch
       einen Befehl nach U übernommen werden kann. (Drücken der Taste bedeutet
       physikalisch Low und logisch 0, ein geöffneter Schalter wird vom Nand wie eine
       Spannung H interpretiert, vgl. Abschn. 3.3)

Der Unterschied gegenüber anderen Registern ist nicht groß. Betrachten wir als erstes das mit S bezeichnete Flipflop, das am weitesten links gezeichnet ist. Wir werden ein Register aus 24 dieser Flipflops dazu benutzen, die Informationen aus dem Kernspeicher der Maschine aufzunehmen bzw. nach dort zurückzuliefern. Letzteres ist nicht schwierig. Die beiden Ausgänge dieses S-Flipflops müssen, wie eben beschrieben, herausgeführt werden.

Etwas komplizierter ist die Frage, wie dieses Flipflop nun umgekehrt von außen in eine bestimmte Stellung gesetzt werden kann. Es ist zu bedenken, daß es für unsere Zwecke wahlweise auch vom Rechenwerk geladen werden soll. Eine solche Schaltung würde eine Disjunktion am Eingang erfordern. Im vorliegenden Fall wurde die von außen kommende Information an die zusätzlichen beiden Setzeingänge des Flipflops geführt. In Abschn. 3.3 haben wir darauf hingewiesen, daß an Flipflops „ungetaktete" Eingänge existieren, die sie unabhängig vom Augenblick des Taktimpulses vorrangig zum Schalten bringen können. Diese beiden Eingänge wurden damals in den Ecken der Eingangsseite eingezeichnet und sie wurden mit kleinen Kreisen versehen, ein Hinweis auf Anschluß mit negativer Logik. Im vorliegenden Fall gestatten sie, daß zu einem beliebigen Zeitpunkt ein Impuls kommen kann, der das Flipflop betätigt. Es muß natürlich Sorge getragen werden, daß normalerweise eine Spannung H (= 5 V) anliegt und daß das Stellen durch eine Null-Volt-Spannung erfolgt.

Durch die beiden Eingänge haben wir die Möglichkeit, von außen wahlweise dieses Flipflop nach rechts oder nach links zu schalten. Über eine Ansteuerungsleitung sollen z.B. alle 24 S-Flipflops nach links in die Ruhestellung gebracht werden. Wir müssen dann die linken Setzeingänge aller 24 Stellen verbinden, um durch die Ablaufsteuerung im gewünschten Augenblick eine Spannung Low anzulegen. Man kann dann über den verbleibenden rechten Setzeingang die aus dem Speicher kommende Information zu einem beliebigen späteren Zeitpunkt eingeben und damit diejenigen der 24 S-Flipflops wieder nach rechts zurückschalten, bei denen dieses der Speicher-Information entspricht. Damit ist die Möglichkeit geschaffen, wahlweise das S-Flipflop entweder vom R-Flipflop oder von außen her zu setzen. Das Setzen von außen ist vorrangig, während das Setzen durch das R-Flipflop normalerweise blockiert ist durch den Anschluß „S laden". Dieser kann aber jederzeit freigegeben werden, sofern über die anderen Eingänge nichts hereinkommt, und kann dann die Übernahme vom R-Register in das S-Register ebenfalls ermöglichen.

Das Lesen des S-Flipflops in das Rechenwerk geschieht in derselben Form, wie wir es oben bei den anderen Registern besprochen haben: Am Ausgang des S-Registers liegt wieder ein Nand, das als Konjunktion wirkt und die Information in das Rechenwerk an das U-Flipflop zurückgibt.

Neben dem S-Register wurde in Bild 5.2 ein weiteres mit V bezeichnet. Bei ihm sind gleiche Anschlußmöglichkeiten vorhanden. Eine zusätzliche Besonderheit: Dieses Register kann durch die beiden Ansteuerungen „V = L laden" und „V = O laden" zum Laden freigegeben werden. Es kann jedoch auch, wenn nur eine der Leitungen ein L erhält, Informationen aufnehmen nach den Gleichungen

$$V := V \lor R \quad \text{bzw.} \quad V := V \land R$$

Die Nachprüfung soll dem Leser überlassen bleiben. Eine derartige logische Funktion der Register ist also möglich und wird in diesem Fall („Vorrangregister" vgl. Abschn. 8.3) benötigt.

Die eben beschriebenen Puffer-Register gestatten einen Informationstransport in beiden Richtungen. Bei ausschließlicher Eingabe brauchen wir keinen Weg vom R-Register in den Puffer vorzusehen. In diesen Fällen ist es meistens praktisch, das Puffer-Register an einer räumlich anderen Stelle unterzubringen, z.B. innerhalb des angeschlossenen Gerätes. Es könnte sich hierbei etwa um einen Lochstreifenleser handeln oder auch um Tasten, deren eingestellte Information in das Rechenwerk übernommen werden soll. In diesen Fällen haben wir an dieser Stelle nur noch für die Verbindungsleitungen zu sorgen und dafür, daß diese im richtigen Augenblick an- und abgeschaltet werden können. Man wird — wie in dem rechten Teil des Bildes 5.2 wiedergegeben — nur Konjunktionen vorsehen, die ihre Information von außen erhalten. Von rechts kommend ist ein Pfeil eingezeichnet, der ein Wort an das hier gegebene Tor (als Konjunktion wirkendes Nand) weiterleitet. Es besteht also die Möglichkeit, Information von 24 Bits hineinzuleiten. Die Anschlüsse „D lesen" und „I lesen" sind normalerweise wieder an 0 zu halten. Auch bei ihnen sind die 24 übereinanderliegenden Kontakte miteinander verbunden.

Da die betrachteten Flipflops keinerlei logische Funktionen auszuführen haben, sondern nur passiv Informationen aufnehmen sollen, und da eine große Zahl von Registern der beschriebenen Art sehr zweckmäßig ist, besteht die Frage, ob man auch einfachere und billigere Flipflops für den beschriebenen Zweck verwenden kann. Voraussetzung ist natürlich, daß sie in ihrer Schaltgeschwindigkeit mit dem Rechenwerk schritthalten können. Einsparungen sind in der Tat möglich. Es ist nicht nötig, daß wir mehrere Eingänge haben, die in einer Konjunktion zusammengefaßt sind. Ein Eingang für die Verbindung mit dem R-Register des Rechenwerks würde genügen. Natürlich brauchen wir eine Ansteuerungsleitung, welche das Flipflop blockiert oder freigibt.

Diese Ansteuerung ist aber auf eine andere Art und Weise ebenso einfach zu erreichen. Die Flipflops übernehmen im Augenblick des Taktes die Information. Wir können sie dadurch blockieren, daß wir ihnen eine Zeitlang den Taktimpuls vorenthalten. Dann würden die Taktimpulse ebenfalls eine logische Funktion übernehmen und in Abhängigkeit von den Anweisungen der Ablaufsteuerung an- und abgeschaltet werden müssen. Auf diese Weise erzielt man u.U. wesentliche Ersparnisse. Es ist dann möglich, Bausteine zu verwenden, die mehrere Flipflops enthalten. Üblich sind sog. Auffangregister mit vier und mehr Flipflops.

Wegen der großen Bedeutung der Register besteht die Tendenz, noch mehr Information in einem einzigen integrierten Baustein unterzubringen. Eine Schwierigkeit bedeutet dabei die Zahl der Ansteuerungsleitungen. Wir haben für jedes Flipflop zwei Leitungen gebraucht: Eine für das Laden und eine für das Herauslesen. Würde man z. B. 16 Flipflops in einem Baustein unterbringen, so bedeutet dies schon 32 Kontakte. Zu diesen tritt natürlich noch eine Reihe weiterer zur Verbindung mit dem Rechenwerk oder als Ausgänge der Flipflops, die als Puffer dienen sollen. Diese Kontaktzahl ist zu groß. Man wird das gewünschte Flipflop codiert anwählen. Theoretisch würden bei 16 Flipflops hierzu vier Leitungen genügen ($2^4 = 16$). An sie würde man als Dualzahl die Nummer des gewünschten Flipflops legen, und innerhalb des Bausteins müßte eine Decodierlogik dafür sorgen, daß das geeignete Flipflop angewählt wird. Eine Decodierschaltung haben wir bereits in Bild 3.25 wiedergegeben. Da nun eine derartige Schaltung aufwendig ist, verwendet man ebenfalls sehr gern eine matrixförmige (quadratische) Anordnung der Flipflops mit Ansteuerungsleitungen, die eine „Koordinatenanwahl" vornehmen und von den vier Zeilen und den vier Spalten jeweils eine auswählen. Im Bild 5.3 ist ein solches Anschlußschema im Prinzip wiedergegeben.

Wird an eine einzige der senkrechten „Spalten-Leitungen eine Spannung H gelegt und ebenfalls eine einzige Zeile angewählt, so erhalten die Eingangskonjunktionen des Flipflops nur dann zwei L und befähigen es somit zum Schalten, wenn es sich am Kreuzungspunkt der beiden betrachteten Leitungen befindet. Für die Auswahl unter 16 Flipflops sind im vorliegenden Falle 8 Ansteuerungsleitungen nötig. Zu diesen treten wieder die üblichen Verbindungen, Stromversorgung usw., und insbesondere eine weitere Leitung, die angibt, ob das Register geladen oder gelesen werden soll.

Unsere Schaltungen sind durchweg bitweise aufgebaut. Das Rechenwerk bezog sich auf eine einzige Dualstelle, die vorliegenden Registerschaltungen ebenfalls. Für manche Zwecke mag es gut sein, mehrere Stellen bautechnisch zu einer Einheit zusammenzufassen. Schon bei den Addierwerken haben wir darüber gesprochen, daß vier Dualstellen zusammen gewisse technische Vorteile bieten. So ist es auch üblich, bei den Flipflop-Registern mehrere Bits in einem Baustein zu kombinieren. Interessant mag die Feststellung sein, daß finanziell beim Aufbau von Registern (und auch Rechenwerken) mehr und mehr nicht die Bausteine selbst, sondern die Zahl der durchzuführenden Anschlüsse maßgebend ist. Besonders hierin liegt der Vorteil hochintegrierter Bausteine.

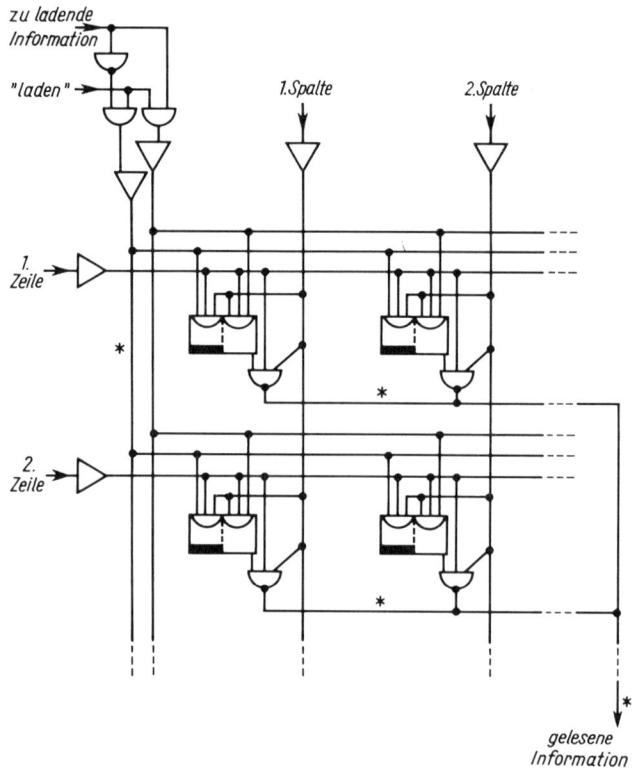

5.3   Integrierter Speicher (eine Dualstelle). Das Flipflop am Kreuzungspunkt der angesteuerten Spalte und Zeile wird gelesen und evtl. gesetzt

Über die Aufgaben der verschiedenen Register werden wir in den nächsten Abschnitten sprechen. In Vorwegnahme einiger dortiger Betrachtungen zeigt Bild 5.4 einen globalen Überblick über die vorgesehenen Datenwege. Dabei sind alle Wege, insbesondere vom und zum Rechenwerk, als parallele Übertragungen ausgelegt.

Es gibt Konstruktionen, in denen (anders als hier) alle Wege über dieselbe „Sammelschine" laufen. Diese wird im Amerikanischen gern als „Bus" bezeichnet. Sie erlaubt dann natürlich

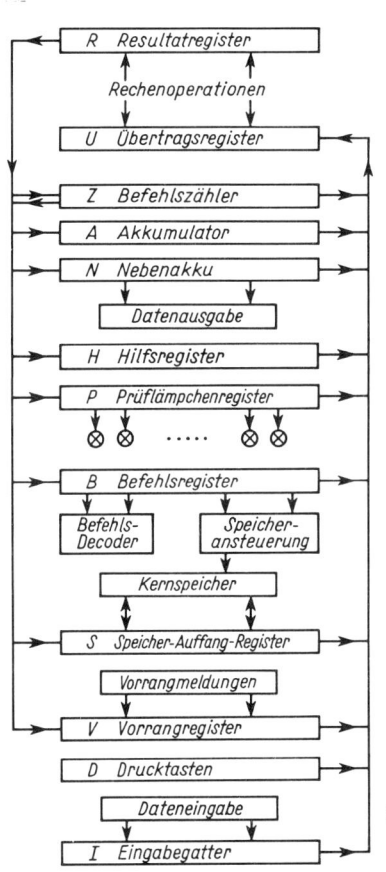

immer nur einen einzigen Datentransport zur selben Zeit, also nur entweder das Laden oder das Lesen eines Registers (dies aber wieder parallel für alle Stellen).

5.4 Wege für den Datentransport (Prinzip-Schaltung für die in Wirklichkeit parallelen Verbindungen)

5.2. Rechenregister

Die technische Ausführung von Registern haben wir im vorigen Abschnitt besprochen. Es bleibt die Frage, wieviele von diesen Registern benötigt werden und welchen Zwecken sie dienen sollen. Dies soll bezüglich der Rechenoperationen in dem vorliegenden und bezüglich der übrigen Verwendung von Registern (z.B. für Puffer und für Organisationszwecke) in den nächsten beiden Abschnitten beantwortet werden.

Wenden wir uns den Rechenoperationen zu.

Der heute meistens übliche Rechenmaschinentyp ist die sog. „Ein-Adreß-Maschine". Ihre „Rechenbefehle" enthalten neben der Kennzeichnung der durchzuführenden Rechenoperation nur die Adresse eines einzelnen Speicherplatzes. Wir bekommen also im allgemeinen aus dem Speicher der Rechenanlage zu jedem Rechenvorgang eine einzige Zahl geliefert. Da die meisten Rechenoperationen sich auf zwei Operanden beziehen und eine Ergebniszahl liefern, wird man daher den zweiten Operanden und das Ergebnis normalerweise nicht im Speicher unterbringen, weil hierzu keine weiteren Adressenangaben gemacht werden können. Es ist üblich, den zweiten Operanden und meist auch das Ergebnis auf einem festen Platz abzulegen, meistens in einem Register, das in der Rechenmaschinentechnik üblicherweise „Akkumulator" (kurz „Akku") genannt wird. Diese Bezeichnung hat ihren Ursprung in der Technik der mechanischen Rechenmaschinen, in denen dieses Register wirklich zum „Sammeln" der Ergebnisse diente.

Es wäre naheliegend, das von uns als R bezeichnete Register für die Funktion dieses Akkumulators vorzusehen. Der Operand würde dann bereits an der richtigen Stelle für die nächste Verarbeitung zur Verfügung stehen. Dies ist nur duchführbar, wenn noch weitere Rechenwerke, Zähler o. ä. existieren. Es ergibt sich nämlich neben den vom Programmierer vorgesehenen Rechenschritten noch eine Reihe von Operationen, die wir später betrachten werden und die der Organisation des Rechenablaufs dienen. Da in unserer einfachen Konstruktion auch diese im normalen Rechenwerk ablaufen müssen, muß dieses „geräumt" werden. Wir sind also gezwungen, ein getrenntes Register als Akkumulator vorzusehen (oben mit A bezeichnet).

Bei vielen Rechenmaschinentypen nimmt der Akkumulator technisch eine Ausnahmerolle ein, weil er seine Information sehr häufig mit dem Rechenwerk austauschen muß. Bei uns ist eine Sonderrolle dieser Art weder nötig noch zweckmäßig. Der Akkumulator ist bei uns also in Abweichung von anderen Konstruktionen ein Register unter vielen anderen.

Kommen wir nun auch bei komplizierteren Rechenoperationen mit einem einzigen Akkumulator aus? Im Prinzip muß dies möglich sein, denn wir können immer wieder Zahlen in einen Speicher zurücktransportieren bzw. von dort holen. Es ist aber praktisch, wenn man zumindest bei den häufig vorkommenden Operationen, wie z.B. Multiplikation und Division, alle Operanden in Registern unterbringen kann.

Die Multiplikation

Bei der Multiplikation hat man es mit drei Zahlen zu tun. Es handelt sich hierbei um die beiden Faktoren und um das Ergebnis. Im Gegensatz zur Addition benötigen wir wirklich während des Rechnens für alle drei eine Unterbringungsmöglichkeit, denn das Ergebnis muß schrittweise durch einzelne Additionen aufgebaut werden. Solange dieser Aufbauprozeß andauert, benötigen wir noch beide Operanden, diese können also nicht gelöscht werden, um Platz für das Ergebnis zu schaffen. Dies ist ein wesentlicher Unterschied gegenüber der Addition. Es sind also mindestens drei Register nötig. Wegen der Bedeutung der Multiplikation wird es u.U. günstig sein, die verwendeten Register technisch für ihren Zweck speziell auszurüsten. Um die hierfür gewünschten Besonderheiten näher studieren zu können, haben wir in Bild 5.5 noch einmal die Multiplikation wiedergegeben, wie sie früher in Abschn. 2.1 als Beispiel für das Rechnen mit Dualzahlen angegeben wurde.

```
O L O L O L   x   O O L O L L
                  O L O L O L
                O L O L O L
              O O O O O O
            O L O L O L
          O O O O O O
        O O O O O O

        O O O O L L L O O L L L    5.5 Multiplikation
```

Beim Ergebnis kommen wir mit 6 Stellen nicht aus. Man erhält bei ganzen Zahlen als Stellenzahl die Summe der beiden Stellenzahlen der Faktoren oder evtl. eine Stelle weniger. Das Ergebnis wird also oft zu seiner vollständigen Unterbringung zwei Register benötigen.

Soll man so große Ergebnisse, die den Zahlenbereich der Rechenmaschine überschreiten, wirklich zulassen, oder sollte es verboten sein, „übergroße" Produkte zu bilden? Das letztere ist naheliegend, da ohnehin alle Zahlen einer Größenbeschränkung unterliegen müssen. Trotzdem wird man bei der Multiplikation eine Ausnahme zulassen. Es ist nämlich oft nötig, Zahlen zu multiplizieren, deren Stellen hinter dem Komma liegen. Man wird dann in Gedanken zu den Zahlen ein Komma noch vor die erste Stelle setzen. Wir stellen die Multiplikation ganzer Zahlen und derartiger gebrochener Zahlen einander gegenüber:

$$000\ 123\ \cdot\ 000\ 325\ =\ 000\ 000\ 039\ 975$$
$$,123\ 450\ \cdot ,325\ 760\ = ,040\ 215\ 072\ 000$$

Das Ergebnis wurde in beiden Fällen mit doppelter Stellenzahl wiedergegeben. Es soll nachher natürlich in beiden Fällen in einem einzigen Wort untergebracht werden, bei uns also sechsstellig sein.

Wir benötigen bei der Multiplikation einerseits, wenn wir wie bei unserem ersten Beispiel mit ganzen Zahlen rechnen, den rechten Teil des Ergebnisses und verbieten dann sogar ein Überlaufen in den linken Teil, andererseits benötigen wir aber bei Zahlen, die kleiner als 1 sind, gerade den linken Teil und lassen den rechten fort. Es ist zweckmäßig, in jedem Fall einheitlich dieselbe Multiplikation durchzuführen, beide Teile des Ergebnisses wirklich zu berechnen und vorübergehend aufzubewahren. Es bleibt dann im Einzelfall dem Benutzer bzw. der Ablaufsteuerung bzw. dem Basisprogramm überlassen, welchen der beiden Teile des Ergebnisses er bzw. es benutzen will, ob also das linke Wort (mit 6 Nullen) oder das rechte Wort (mit den unwichtigen Stellen nach Rundung) vernichtet (gelöscht) werden soll.

Wir haben jetzt den Eindruck, daß zur Multiplikation nicht nur drei Register, sondern sogar vier benötigt werden, nämlich außer den zwei für die beiden Operanden zwei weitere, um das Ergebnis in seiner vollen (doppelten) Länge aufbauen zu können.

Glücklicherweise ist das nicht so. Wir können durch einen kleinen Trick die Zahl der benötigten Register wieder auf drei reduzieren. Die Multiplikation müssen wir in einzelne Additionsschritte zerlegen. In dem Maße, in dem die Addition dabei ein immer mehrstelligeres Ergebnis liefert, werden einzelne Stellen des einen Faktors unwesentlich und können fortgelassen werden. Wir führen die Technik der Multiplikation in Bild 5.6 vor.

Sie hält sich im Rahmen des in nahezu allen Rechenmaschinen üblichen Verfahrens. Der Rechenablauf ist dadurch vorgezeichnet, daß wir in unserem Rechenwerk immer nur zwei Zahlen gleichzeitig addieren können. Wir werden daher fortlaufend immer zwei der beschriebenen Zeilen addieren, zum Ergebnis dann die nächste hinzufügen, zum Ergebnis wieder die nächste usw. Wir sehen in Bild 5.5, daß eine Addition nur dann stattfindet, wenn der rechte Faktor an der betreffenden Stelle ein L hat. Wir müssen eigentlich dieses L mit der links stehenden Zahl multiplizieren und dies dann unten zur Summe hinzufügen. Da nur die Ziffern L und 0 auftreten, haben wir allerdings keine Multiplikation vor uns, sondern nur eine Addition, wenn ein L vorliegt, und überhaupt keine Rechenoperation, wenn ein 0 vorliegt.

Wir haben die Multiplikation in Bild 5.5 in der etwas unüblichen Schreibweise dargestellt, indem wir rechts oben angefangen haben, so daß Übereinstimmung mit dem Ablauf innerhalb der

Maschine besteht. In Bild 5.6 sind drei Register wiedergegeben. Eines, das wir dort mit S bezeichnet haben, enthält als sechsstellige Zahl den linken der beiden Faktoren. Er bleibt unverändert während der ganzen Rechenzeit in diesem Register stehen. Der zweite Faktor ist in die rechte Hälfte des unteren Kästchens eingetragen. Dieses Register wird später mit H bezeichnet („Hilfsregister"). Für das Ergebnis nimmt man üblicherweise den Akkumulator, deshalb die Bezeichnung A.

	S			
	0 L 0 L 0 L			
	A		H	
1a	0 0 0 0 0 0		0 0 L 0 L L	Addition
1b	0 L 0 L 0 L		0 0 L 0 L L	Verschiebung
2a	0 0 L 0 L 0		L 0 0 L 0 L	Addition
2b	0 L L L L L		L 0 0 L 0 L	Verschiebung
3a	0 0 L L L L		L L 0 0 L 0	keine Addition
3b	0 0 L L L L		L L 0 0 L 0	Verschiebung
4a	0 0 0 L L L		L L L 0 0 L	Addition
4b	0 L L L 0 0		L L L 0 0 L	Verschiebung
5a	0 0 L L L 0		0 L L L 0 0	keine Addition
5b	0 0 L L L 0		0 L L L 0 0	Verschiebung
6a	0 0 0 L L L		0 0 L L L 0	keine Addition
6b	0 0 0 L L L		0 0 L L L 0	Verschiebung
7a	0 0 0 0 L L		L 0 0 L L L	

5.6   Technische Durchführung der Multiplikation. Eine eventuelle Addition und eine Verschiebung wechseln sich ab. Die Addition wird ausgelöst durch das L an der letzten Stelle

Beginnen wir nun mit dem Rechenvorgang. Da im H-Register an der am weitesten rechts stehenden Stelle ein L ist, müssen wir in Übereinstimmung mit Bild 5.5 jetzt eine Addition durchführen, denn der andere Faktor soll mit diesem L multipliziert werden. An die Stelle der Null tritt im Akku dann der Wert von S (Zeile 1b).

Wie sieht nun der nächste Schritt aus? Wir müssen im H-Register abfragen, welche Ziffer an der zweiten Stelle von rechts steht. Hier ist im vorliegenden Falle ein L, es wird also eine zweite Addition stattfinden müssen. Aus Bild 5.5 ersehen wir, daß diese Addition (dort in der zweiten Zeile stehend) um eine Stelle nach links versetzt stattfinden muß: Das jetzt betrachtete L bedeutet $L \cdot 2^1$. Wir müßten also den im S-Register stehenden Wert um eine Stelle nach links verschieben. Statt dessen verschiebt man üblicherweise den im Akku A stehenden Wert um eine Stelle nach rechts, was auf dasselbe hinausläuft. Dabei würde aber das im Akku am weitesten rechts stehende L verlorengehen. An dieser Stelle trifft es sich gut, daß der rechte Faktor um eine Stelle gekürzt werden kann. Die am weitesten rechts stehende Stelle ist abgearbeitet und kann vernichtet werden. Wir werden daher den Akkumulator A und das Hilfsregister H gemeinsam verschieben. Dadurch tritt sogar automatisch die jetzt abzufragende zweite Stelle in H nach rechts, die Abfrage auf L bzw. 0 kann also immer an demselben Flipflop erfolgen.

Damit ist der ganze Ablauf gegeben. Wenn wir jeweils in der letzten Stelle des H-Registers, d. h. in der entsprechenden Stelle unseres rechten Operanden, ein L haben, so findet zwischen den Zeilen 1a und 1b bzw. 2a und 2b usw. eine Addition statt. Steht dort ein 0, so findet keine Addition statt, sondern der Inhalt von A und H bleibt unverändert. Anschließend muß dann jeweils um eine Stelle nach rechts verschoben werden. Dies geschieht zwischen den Zeilen 1b und 2a, bzw. 2b und 3a usw. Zum Schluß erhalten wir in Zeile 7a das uns bekannte Ergebnis, das nunmehr in zwei Registern untergebracht ist, nämlich mit den niedrigeren Stellen im H-Register und mit den höheren in A.

Was bedeutet das eben beschriebene Verfahren nun technisch für unser Gerät und seine Register? Wir werden mit drei Registern auskommen. Welche wir wählen, ist dabei gleichgültig, denn technisch sind sie bisher gleichberechtigt. Eine Ausnahme erfordert die Abfrage der letzten Stelle im H-Register, die angibt, ob eine Addition stattzufinden hat oder nicht. Dies ist der erste Fall einer Abhängigkeit des Rechenganges von einem Zahlenwert, der sich innerhalb der Maschine befindet. Ähnliches wird uns in anderen Zusammenhängen später noch oft begegnen. Wie kann man eine derartige Steuerung erreichen? Die Antwort ist einfach. Die Einerstelle des H-Registers ist ein Flipflop. Wir brauchen in der Ablaufsteuerung nur dann eine Addition auszulösen, wenn dieses Flipflop nach rechts gestellt ist. Daher werden wir von der Ablaufsteuerung aus über eine Konjunktion die Addition auslösen. Der zweite Eingang dieser Konjunktion wird an das genannte H-Flipflop angeschlossen. Wenn die Ablaufsteuerung diese Konjunktion freigibt und wenn außerdem das H-Flipflop ebenfalls auf L steht, wird die Addition stattfinden.

Das H-Register sollte eigentlich auch als Schieberegister ausgebildet sein, um die Rechtsverschiebungen durchzuführen. Das allerdings ist nicht zwingend, denn wir können auf das Rechenwerk zurückgreifen, in dem eine Rechtsverschiebung möglich ist. Dabei wird nicht nur die eine Zahl, die in den 24 R-Flipflops aufbewahrt ist, um eine Stelle verschoben, sondern auch die Zahl, die sich in den U-Flipflops befindet. In Wirklichkeit werden also 48 Stellen verschoben. Wir haben nur durch eine äußere Verbindung dafür zu sorgen, daß der Wert der letzten Stelle, der aus dem einen Register herausgeschoben wird, in das andere eingeführt wird.

Der Ablauf wird also so erfolgen, daß wir die Zahl aus dem A-Register in das Rechenwerk überführen, daß wir dann bedingt die Addition durchführen und anschließend das Ergebnis der Addition im R-Register stehen haben. Übernehmen wir jetzt die zweite Zahl aus dem H-Register in das U-Register, so steht alles bereit, um die Rechtsverschiebung für beide gemeinsam durchzuführen. Anschließend wird man dann den Inhalt des U-Registers wieder in das H-Register zurücktransportieren. Eine Ablaufsteuerung hierfür werden wir explizit in Abschn. 7.2 angeben.

Unsere derzeitige Fragestellung bezieht sich auf Anzahl und Eigenschaften der benötigten Register. Wir erkennen, daß wir unbedingt außer dem Akku noch ein zweites Register, hier H genannt, und als drittes S benötigen. Dabei ist bei letzterem an das Speicher-Auffangregister gedacht, das während der eigentlichen Multiplikation bei unserer Konstruktion ohnehin den einen der beiden Faktoren enthält und zum betrachteten Zeitpunkt nicht anderweitig benötigt wird.

Es dürfte schwierig sein, auf das als H bezeichnete Register zu verzichten. Insbesondere kann es nicht durch einen normalen Speicherplatz im Kernspeicher ersetzt werden, da immer nur ein einziger Speicherplatz zur selben Zeit angesteuert werden kann, wir aber beide Faktoren benötigen.

Eine Beschleunigung der Multiplikation kann man durch ein umfangreicheres Addierwerk erreichen, wie es in Abschn. 4.3 betrachtet wurde. Außerdem kann man eine Zeitersparnis erreichen, wenn man das H-Register als Schieberegister ausbildet. Derartige Schieberegister sind als integrierte Bausteine heute billig erhältlich. Um der Übersichtlichkeit willen wollen wir hierauf verzichten und lieber eine etwas kompliziertere Ablaufsteuerung in Kauf nehmen. Die Transporte von einem Register in das Rechenwerk und zurück sind sehr schnell. Sie finden in nur einem Takt statt, während die Addition im allgemeinen wegen der Überträge mehrere Takte und daher mehr Zeit beansprucht.

Die von uns verwendeten Register werden in der Literatur und bei anderen Rechenanlagen sehr oft anders bezeichnet, insbesondere als MR- und MD-Register („Multiplikator" bzw. „Multiplikand" statt H bzw. S).

Die Division

In Bild 5.7 haben wir eine Division wiedergegeben. Es handelt sich übrigens um die Umkehrung der eben beschriebenen Multiplikation. Bild 5.8 zeigt, wie ein derartiger Ablauf innerhalb der Rechenmaschine schematisiert werden kann.

Zunächst Bild 5.7:

```
0 0 0 0 L L   L O O L L L   :   O L O L O L
    L 0   L O L                 = 0 0 L 0 L L
          L L L
          L O L O L
            L O L O
            L O L O L
                  0            5.7  Duale Division
```

In der klassischen Form wurden hier die Zahlen durcheinander geteilt. Man versucht, den Nenner des Bruches in einer so weit wie möglich links liegenden Stelle zu subtrahieren. Wenn dies gelingt, erscheint im Ergebnis ein L, wenn es nicht gelingt, ein 0, und wir müssen es um eine Stelle nach rechts verschoben wieder versuchen. Wir werden in Analogie zu der Multiplikation den Weg einschlagen, daß wir den Zähler des Bruches in den Registern A und H unterbringen. Er entspricht dem Ergebnis der Multiplikation, das ja auch eine doppelte Zahlenlänge hat, und wird bei ganzen Zahlen also in der rechten Hälfte, bei gebrochenen Zahlen (die kleiner als 1 sind) dagegen in der linken Hälfte des Doppelwortes seine signifikanten Stellen haben. Wir werden weiter diese doppelt lange Zahl jeweils um eine Stelle nach links verschieben müssen. Daher braucht der Nenner unseres Bruches nicht nach rechts verschoben zu werden, und wir erhalten außerdem im H-Register schrittweise Platz für eine weitere Stelle des Ergebnisses.

Vergleichen wir die Schritte in Bild 5.8: Von Zeile 1b zu 2a wurde um eine Stelle nach links verschoben. Zwischen den Zeilen 2a und 2b ist versucht worden, von dieser Zahl den Nenner, der im Register S steht, abzuziehen. Da dies im vorliegenden Fall mit positivem Ergebnis nicht möglich ist (wir haben zu weit links angefangen), ändert sich von 2a bis 2b nichts. Es folgen wieder eine Linksverschiebung von 2b bis 3a und wieder der erfolglose Versuch einer Subtraktion zwischen 3a und 3b. Nach der nächsten Linksverschiebung zwischen 3b und 4a ist jetzt aber die Subtraktion erfolgreich, sie liefert ein positives Ergebnis, und in 4b ist dieses wiedergegeben. Beim nächsten Schritt zwischen 4b und 5a wird wieder eine Stelle nach links verschoben. Gleichzeitig wird jedoch am rechten Ende (durch den Pfeil gekennzeichnet) ein L eingeschleust, das uns anzeigt, daß eine erfolgreiche Subtraktion stattgefunden hat. Dieses ist das erste L im Ergebnis und steht später an der Stelle mit der Wertigkeit 8. Der nächste Schritt ist wieder eine erfolglose Subtraktion zwischen Zeile 5a und 5b, dann wieder eine Linksverschiebung. Danach kann zwischen den Zeilen 6a und 6b eine Subtraktion mit Erfolg durchgeführt werden. Die nachfolgende Linksverschiebung erhält — durch den Pfeil angedeutet — ein L, das dieses Ergebnis festhält. So wird fortgefahren. Zum Schluß erhalten wir im A-Register nur Nullen, wenn die Division aufgegangen ist. Andernfalls würde dort der Rest der Division stehenbleiben und abgefragt werden können. Im H-Register erhalten wir das Ergebnis.

	A	H	
	L O L OS L L		
	O L O L O L		
1a	0 0 0 0 L L	L O O L L L	keine Subtraktion
1b	0 0 0 0 L L	L O O L L L	Verschiebung
2a	0 0 0 L L L	O O L L L O	keine Subtraktion
2b	0 0 0 L L L	O O L L L O	Verschiebung
3a	0 0 L L L O	O L L L O O	keine Subtraktion
3b	0 0 L L L O	O L L L O O	Verschiebung
4a	0 L L L 0 0	L L L 0 0 0	Subtraktion
4b	0 0 0 L L L	L L L 0 0 0	Verschiebung
5a	0 0 L L L L	L L 0 0 0 L	keine Subtraktion
5b	0 0 L L L L	L L 0 0 0 L	Verschiebung
6a	0 L L L L L	L 0 0 0 L 0	Subtraktion
6b	0 0 L 0 L 0	L 0 0 0 L 0	Verschiebung
7a	0 L 0 L 0 L	0 0 0 L 0 L	Subtraktion
7b	0 0 0 0 0 0	0 0 0 L 0 L	Verschiebung
8a	0 0 0 0 0 0	0 0 L 0 L L	

5.8   Technische Durchführung der Division. Wenn eine Subtraktion möglich war, wird an der durch Pfeile gekennzeichneten Stelle ein L eingefügt.

Je nach dem verwendeten Maschinentyp kann der Ablauf auch geringfügig anders aussehen.

Für die von uns gestellte Frage nach den Eigenschaften der benötigten Register ergibt sich, daß keine neuen Anforderungen auftreten. Ebenso wie bei der Multiplikation benötigen wir drei Register. Wir werden zweckmäßigerweise dieselben wie dort nehmen, und besondere Eigenschaften werden nicht benötigt. Linksverschiebung kann wieder in doppelter Länge im Rechenwerk selbst durchgeführt werden. Es muß die Übernahme der obersten Stelle der Zahl aus H in die unterste Stelle der Zahl in A möglich sein. Wir brauchen also auch hier eine Verbindung.

Das Aufbauen des Ergebnisses erfordert ein mehrfaches Einfügen des L in die letzte Stelle. Da die Zahl aus H um des Verschiebens willen in das Rechenwerk transportiert wird, kann dieses Anfügen des L dort vorgenommen werden. Es sind also keine technischen Sondermaßnahmen am Register nötig.

Wie bei der Multiplikation ist bei der Division noch eine Beschleunigung möglich, wenn man das Rechenwerk besser für diese Zwecke ausrüstet. Auch hierauf wollen wir keinen großen Wert legen. Divisionen sind weniger häufig als Multiplikationen, so daß man in erster Linie die letzteren optimieren wird.

Bedingungen

Rechenoperationen sollen gelegentlich nur unter gewissen Bedingungen durchgeführt werden. Ein Beispiel soll dies erläutern.

Bei kaufmännischen Buchungsprozessen ist es üblich, Sonderfälle durch eine Nummer zu kennzeichnen. So können z. B. Banküberweisungen von Postscheküberweisungen unterschieden werden. Auch die einzelnen Postscheckämter, Banken usw. werden durch eine Numerierung unterschieden. Soll nun eine Buchung vorgenommen werden, so muß diese auf verschiedene Art und Weise erfolgen, je nachdem welches der Institute beteiligt ist. Hierzu ist es nötig, diese Kennnummer abzufragen. Nur dann, wenn sie einen bestimmten Wert hat, ist eine Rechenoperation durchzuführen.

Die Abfrage einer solchen Bedingung erfolgt dabei in zwei Schritten. Als erstes muß man sich überzeugen, ob die vorgegebene Nummer vorhanden, und die Bedingung somit erfüllt ist. Oft wird man dies in Gestalt einer Subtraktion durchführen, man wird also die gewünschte Nummer von der vorhandenen abziehen, um danach festzustellen, ob das Ergebnis 0 ist. Dieses Verfahren wird gewählt, damit die elektronische Schaltung sich auf eine einzige, nämlich die Abfrage nach der Null, oder evtl. noch auf die Abfrage des Vorzeichens beschränken kann.

Für die so zu untersuchenden Zahlen muß man nun ein Register vorsehen. Oft ist dieses der Akkumulator, der dann speziell dazu ausgerüstet ist, daß man sein Vorzeichen und seinen Wert Null in Gestalt einer Spannung ablesen kann.

Das Vorzeichen ist sehr einfach festzustellen. Es handelt sich hierbei um die oberste Dualstelle (vgl. die Darstellung negativer Zahlen in Abschn. 2.1), und wir haben nichts weiter zu tun, als das entsprechende Flipflop des betreffenden Registers an seinen Ausgängen abzufragen, indem wir den rechten bzw. linken Ausgang dieses Flipflops auf eine Konjunktion geben, die die gewünschten Operationen auslöst.

Beim Programmieren zeigt es sich nun, daß eine solche Bedingungsabfrage im Akkumulator allein nicht immer zweckmäßig ist. Man will einerseits eine Bedingung abfragen, andererseits in Abhängigkeit davon eine Rechenoperation durchführen. Es wäre unpraktisch, für beides den Akkumulator zu benutzen. Sinnvoll ist es, wenn man für diese Zwecke ein zweites Register vorsieht. In vielen Rechenanlagen sind daher zwei Akkumulatoren eingebaut, zwischen denen man umschalten kann, die im übrigen aber bezüglich der stattfindenden Rechenoperationen und Bedingungsabfragen gleichberechtigt sind. Dies hat noch einen weiteren Vorteil. Oft muß mitten in einem Programmteil, welcher mehrere aufeinanderfolgende Schritte umfaßt, eine andere Zahl bearbeitet werden. Auch hierfür ist es zweckmäßig, wenn der Akkumulator in doppelter Ausführung vorhanden ist.

Oft spricht man in diesem Zusammenhang von einem „Rechts-Akku" und einem „Links-Akku". Ein weiterer Vorteil ist, daß beide zusammen außerdem eine Zahl von doppelter Zahlenlänge bearbeiten können, wie dies bei Multiplikation und Division notwendig ist. Bei uns werden „Akku" und „Nebenakku" nicht gemeinsam operieren können, sondern eine Umschaltung wird immer nur einen von beiden freigeben. Bild 5.9 zeigt eine Schaltung, bei der das oben eingezeichnete Umschaltflipflop bestimmt, welches der beiden Register A bzw. N benutzt wird. Sämtliche Rechenabläufe lassen sich dann wahlweise mit beiden durchführen.

Manche Rechenanlagen haben für Bedingungen noch ein technisch speziell ausgestattetes Register, ein sog. Merkregister. Dieses erfüllt seinen Zweck besonders dann, wenn man mehrere Bedingungen kombiniert abfragen will. Bedingungen sind mathematisch gesehen zweiwertige

Boolesche Größen, da sie erfüllt oder nicht erfüllt sein können. Oft soll ein Rechenvorgang nur stattfinden, wenn mehrere Bedingungen gleichzeitig erfüllt sind oder wenn mindestens eine von mehreren erfüllt ist. Wir haben dann logische Operationen auszuführen, z. B. Konjunktion oder Disjunktion oder auch kompliziertere logische Zusammenhänge. Das Abfragen von mehreren Bedingungen kann so umformuliert werden, daß man fragt, ob mehrere Bits innerhalb eines Registers den Wert L oder 0 haben. Es ist zweckmäßig, wenn man besondere Rechenoperationen vorsieht, die es gestatten, in diesem Register einzelne Bits auf den einen oder anderen Wert zu setzen, ohne andere Register oder den Akkumulator zu verändern. Daher können Register dieser Art oft besondere logische Rechenoperationen eingebaut erhalten.

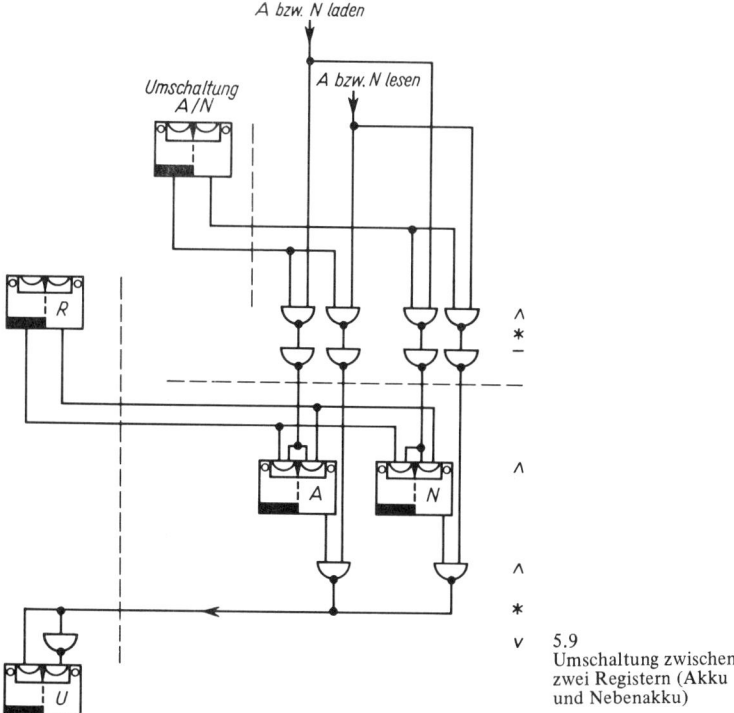

5.9
Umschaltung zwischen
zwei Registern (Akku
und Nebenakku)

5.3. Pufferregister

Pufferregister dienen dazu, Informationen aus dem Rechenwerk in ein äußeres Gerät oder in umgekehrter Richtung von diesem in das Rechenwerk durchzuschleusen und die verschiedenen Geschwindigkeiten der beteiligten Teile auszugleichen. Es soll vermieden werden, daß das Rechenwerk warten muß, bis die angeschlossenen Teile eine Information übernommen haben. Man muß hierbei unterscheiden zwischen Ausgaberegistern, die dem Transport vom Rechenwerk zum äußeren Gerät dienen, und Eingaberegistern für den umgekehrten Weg, wobei allerdings auch beide Funktionen demselben Register übertragen werden können.

Speicher-Auffang-Register

Die wichtigsten Pufferregister sollen die Zusammenarbeit mit dem Speicher organisieren. Dabei denken wir in erster Linie an den Arbeitsspeicher der Maschine, zur Zeit wird das meistens ein Ringkernspeicher sein. Ringkernspeicher haben Schaltzeiten, die zwischen Bruchteilen von Mikrosekunden und einigen Mikrosekunden liegen, während wir bei den Flipflops oft von 10 bis 100 Nanosekunden sprechen. Für die Ansteuerung derartiger Speicher ist also ein Pufferregister nötig. Neuere Speicher sind allerdings schon in der Entwicklung, bei denen dieses Problem nicht mehr auftauchen wird, weil sie erheblich schneller sind. Im vorliegenden Fall denken wir aber noch an einen Kernspeicher der bisher üblichen Konstruktion.

Wichtig für einen Puffer eines solchen Kernspeichers ist es, daß er zweckmäßigerweise in beiden Richtungen benutzt wird. Dies wäre technisch an sich nicht unbedingt bindend, aber aus Ersparnisgründen sinnvoll, weil immer nur einer von beiden Transporten zur selben Zeit stattfinden kann. Darüber hinaus hat es auch andere Vorteile. Die jetzt üblichen Kernspeicher sind meistens so aufgebaut, daß der Inhalt eines Speicherplatzes beim Herauslesen gelöscht wird. Kleine Magnetkerne, Ringe aus Ferritmaterial, werden in einer von zwei Richtungen magnetisiert. Man kann den Inhalt eines solchen Speichers nur dadurch lesen, daß man die Ringkerne in umgekehrter Richtung ummagnetisiert, um die dabei induzierten Spannungen zu entschlüsseln. Damit ist aber der alte Inhalt gelöscht. Alle Kerne sind jetzt in derselben Richtung magnetisiert, die keinerlei Informationen mehr enthält. Es besteht also die Notwendigkeit, nach dem Herauslesen einer Zahl oder eines anderen Wortes dieses in den Speicher wieder zurückzubringen. Wir werden darauf später ausführlicher zu sprechen kommen. Es ist günstig, wenn dasselbe Flipfloregister, in das wir aus dem Speicher heraus die Information übernommen haben, auch den umgekehrten Transport, nämlich das Regenerieren des Wortes im Speicher, wieder übernehmen kann. Sonst müßte dieses Wort erst in ein anderes Register überführt werden.

Wir werden dieses Register im folgenden mit S bezeichnen („Speicher-Auffang-Register"). An seine Ausgänge werden die sog. Schreibverstärker (besser: „Inhibitverstärker") des Kernspeichers angeschlossen sein, während umgekehrt die Leseverstärker des Speichers an die Eingänge der S-Flipflops angeschlossen werden. Hierzu genügt eine Konstruktion der oben beschriebenen Anordnung; im Bild 5.2 haben wir schon eines der Flipflops mit S bezeichnet.

Befehlsregister

Aus dem Obigen kann der Eindruck entstehen, daß ein Pufferregister für die Speicher genügt. Das stimmt aber nicht, denn wir müssen noch eine Steuermitteilung geben, die besagt, welcher der vielen Speicherplätze gelesen oder beschrieben werden soll. Diese sind mit Hilfe der Adressen durchnumeriert. Wir brauchen also während des ganzen Vorganges, der im Speicher abläuft, ein weiteres Pufferregister, das die Adresse aufnimmt.

Dieses Speicher-Adreß-Register muß ebenfalls als Flipflop-Register ausgeführt sein. Seine Ausgänge führen auf eine Decodierung, die im Prinzip wieder einer Decodierschaltung des Bildes 3.25 entspricht und die den gewünschten Speicherplatz ansteuert. Ein Speicher-Adreß-Register brauchte theoretisch nicht aus 24 Bits zu bestehen, da die Adressen ja kürzer sind. In der Praxis wird man es trotzdem auf die volle Wortlänge auffüllen und den scheinbar überflüssigen Teil für einen anderen Zweck verwenden: Man muß auch die übrigen Teile eines durchzuführenden Befehles aufbewahren, um zu analysieren, welcher Befehl vorliegt und welche Rechenoperationen daher durchgeführt werden sollen. Das Speicher-Adreß-Register führt in diesem Fall den Namen „Befehlsregister". Nur sein Adreßteil gibt Informationen an den Speicher weiter, während der Operationsteil den Programmlauf steuert, d.h. von der Ablaufsteuerung ausgewertet wird.

Dieses Befehlsregister braucht nicht vom Speicher aus unmittelbar geladen zu werden. Es werden zwar auch die Befehle im Speicher abgelegt und von dort geholt, sie müssen aber im allgemeinen vor ihrer Ausführung noch einmal modifiziert werden, und dies erfolgt zweckmäßigerweise im Rechenwerk.

Natürlich sind auch für andere Speichermedien (z. B. Bandspeicher, Plattenspeicher, Trommelspeicher) derartige Pufferregister und Adreßregister nötig. Die an sie angeschlossene Elektronik richtet sich nach den sehr speziellen Eigenschaften der Geräte und soll hier nicht betrachtet werden.

Ein- und Ausgabegeräte

Puffer treten auf im Verkehr mit allen übrigen langsamen Teilen, insbesondere also mit den verschiedenen Ein- und Ausgabegeräten, wie z.B. Lochstreifen- und Lochkartenlesern und -stanzern, Fernschreibern, Schreibmaschinen, Zeilendruckern u.a. Diese Puffer brauchen jedoch nicht in allen Fällen 24 Bits zu enthalten. So ist z.B. ein Zeichen auf einer Schreibmaschine schon im allgemeinen gekennzeichnet durch 6 Bits ($2^6 = 64$). Man wird entweder verkürzte Pufferregister einbauen oder aber mehrere dieser Geräte an verschiedene Dualstellen eines Puffers anschließen. Bei einer großen Zahl von Ein- und Ausgabegeräten brauchen nicht alle Puffer der Einzelgeräte unmittelbar an das Rechenwerk angeschlossen zu werden. Es ist ungünstig, zuviele Register unmittelbar an das R-Register anzuschließen, da dessen Belastbarkeit begrenzt ist. Man kann statt dessen natürlich eines der vorhandenen Register als Puffer verwenden, der noch vor die anderen Pufferregister vorgeschaltet ist, wenn die zugehörigen Ein- und Ausgabegeräte im Vergleich zur Rechengeschwindigkeit der Maschine relativ selten benutzt werden. Man muß dann aber ähnlich wie beim Speicher noch ein zweites Pufferregister vorsehen, das die „Adresse" enthält, an die die Information weitergegeben werden soll, das also angibt, an welches der angeschlossenen weiteren Pufferregister und dessen Gerät die Weitergabe erfolgen soll.

Wichtig für Funktionskontrollen und angenehm für den Programmierer ist ein (möglichst auf volle Wortlänge ausgebautes) Register, dessen Inhalt durch Glühbirnchen angezeigt wird. Hierzu kann ein normales Flipflopregister verwendet werden, an dessen Ausgangskontakte geeignete Verstärker angeschlossen sind, die Lämpchen zum Aufleuchten bringen. Für eine stehende Anzeige muß ein solches Register allerdings ausschließlich für diesen Zweck reserviert sein. Wir sehen das in Bild 5.1 mit „P" (Prüflämpchen) bezeichnete Register hierfür vor.

Wichtig für alle Pufferregister ist, daß die Ausgänge aller Flipflops getrennt herausgeführt sind, damit sie ununterbrochen zugänglich sind. Integrierte Speicherbausteine sind daher nicht immer verwendbar.

Oft wird man Puffern weitere Aufgaben übertragen, so zum Beispiel die Parallel-Serien-Umsetzung, wenn das angeschlossene Gerät die Information seriell benötigt. Hierfür sind parallel ladbare Schieberegister als Bausteine erhältlich.

Bei Großanlagen treten umfangreiche Ansteuerungsaufgaben hinzu, so daß man dort an Stelle eines Puffers oft selbstständige Kleinrechner verwendet, die die Steuerung von Ein- und Ausgabeprozessen übernehmen. Man nennt derartige Geräte „Kanäle".

Entsprechendes wie für die Ausgabe gilt auch für die Eingabe von Daten von peripheren Geräten. Meistens ist ein Pufferregister an diesen Geräten oder den angeschlossenen Umcodier-Elektroniken vorhanden, so daß man auf einfache Nand-Gatter zurückgreifen kann, die nur die Verbindung herstellen bzw. trennen.

Das gilt auch für einfache Schalter oder Taster, die zur Bedienung des Gerätes verwendet werden. Ein Satz von 24 Tastern ist bei Geräten mit der Wortlänge 24 Bits üblich, um den Benutzer zu befähigen, Befehle, Zahlen usw. direkt durch Eintasten der Dualstellen in die Maschine einzugeben. Man kann einen der oben angegebenen Sätze von Nands ganz einfach mit einem Satz von Druckschaltern verbinden, wie es in Bild 5.2 schon eingezeichnet wurde.

5.4. Register für die Programm-Organisation

In den letzten beiden Abschnitten haben wir Verwendungszwecke von Registern kennengelernt, die dem Außenstehenden als erste einleuchten. Diese dienen einerseits dem Aufnehmen von Zwischenergebnissen, andererseits dem Verkehr mit außenstehenden Teilen der Rechenanlage. Dabei ist aber nicht zu vergessen, daß noch ein dritter Verwendungszweck existiert: Es gibt reine Auffangregister, in gewissem Sinne also Rechenregister, die auf den ersten Blick nicht oder sehr wenig in Erscheinung treten und dem Programmablauf dienen.

Befehlszähler

Als erstes betrachten wir den sog. Befehlszähler. Zuvor einige Worte zum Programmablauf. Das Programm wird festgelegt durch eine Folge von einzelnen Befehlen, die der Programmierer zusammenstellt und in die Maschine eingibt. Dieses Programm wird dann im Speicher der Rechenanlage aufbewahrt, und zwar in genau derselben Form wie auch die Zahlen, welche als Zwischenergebnisse, Ausgangsdaten oder Endergebnisse der Rechnung auftreten. Wenn nun ein solches Programm durchgerechnet wird, so ist normalerweise die Reihenfolge, in der die Befehle im Speicher stehen, auch für die Ausführung maßgebend. Sie werden also der Reihe nach aus fortlaufend durchnumerierten Speicherzellen geholt und einer nach dem anderen ausgeführt. Natürlich gibt es Möglichkeiten, diese Reihenfolge zu durchbrechen, im Regelfall wird sie aber eingehalten. Es ist eine Möglichkeit vorzusehen, der Reihe nach die Adresse anzugeben, unter der der nächste Befehl im Speicher zu finden ist. Diese Adresse wird nach der Ausführung jedes Befehls normalerweise um eins weitergezählt, um die Adresse des nächsten Befehls zu erhalten. Im Grunde hat ein Register, in dem diese Adresse aufbewahrt wird, also die Funktion eines Zählers, daher auch sein Name „Befehlszähler".

Soll ein solches Register wirklich als Zähler ausgeführt werden? Natürlich muß es vom Rechenwerk aus gefüllt werden können, denn in einigen Fällen will man von der fortlaufenden Reihenfolge abweichen und eine neue Zahl in den Befehlszähler bringen. Andererseits muß in manchen Fällen dieser Befehlszähler auch wieder seinen Inhalt an das Rechenwerk abgeben können, wenn man feststellen will, an welcher Stelle sich das Programm gerade befindet. Wir werden später Beispiele hierzu kennenlernen. Der Zähler muß daher wie ein Register der von uns beschriebenen Arten angeschlossen sein. Die Frage, ob er wirklich selbst zählen soll, ist dann von sekundärer Bedeutung. Sie muß beantwortet werden unter Berücksichtigung der Geschwindigkeit der Rechenanlage. Wenn sowieso wegen anderweitiger Vorgänge mit Wartezeiten zu rechnen ist, besteht die Möglichkeit, den Inhalt dieses Befehlszählers in das Rechenwerk zu überführen, dort eine „Eins" zu addieren und das Ergebnis dann in den Befehlszähler zurückzutransportieren. Hiervon wollen wir Gebrauch machen.

Oft wird man dieses Register wirklich als Zähler aufbauen, wie er bereits in Abschn. 3.4 beschrieben wurde. Derartige Zähler sind in einem einzigen integrierten Baustein für etwa vier Dualstellen sehr bequem und billig einzubauen.

Wenn der Befehl aus dem Speicher geholt werden soll, so muß der entsprechende Speicherplatz angesteuert werden. Der Inhalt des Befehlszählregisters muß dann in das Befehlsregister gebracht werden, weil an einen Teil dieses Befehlsregisters die Speicheradreßauswahl angeschlossen wurde. Es ist daher zweckmäßig, vom Befehlszähler eine kurze, umweglose Direktverbindung zum Befehlsregister herzustellen. Bild 5.10 zeigt eine mögliche Schaltung. Natürlich ist dies nicht unbedingt nötig, da wir den Inhalt des Befehlszählers ins Rechenwerk transportieren können und von dort ein Weg in das Befehlsregister führt.

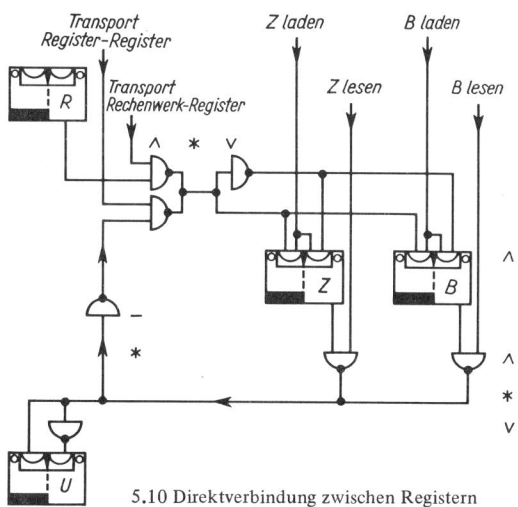

5.10 Direktverbindung zwischen Registern

Indexregister

In der Praxis tritt häufig die Notwendigkeit auf, die Adresse eines Befehls noch nicht in der endgültigen Form hinzuschreiben, sondern sie später abzuändern. Derartige „Befehlsmodifikationen" können zu verschiedenen Zeitpunkten ausgeführt werden.

Die ersten Fälle treten auf beim Einlesen des Programms in die Maschine und seiner Umwandlung. Jeder Befehl und jede Zahl, die normalerweise in einem Buchstabencode oder mit Ziffern geschrieben werden, müssen in die interne Schreibweise mit 24 Dualstellen umgewandelt werden. Oft ist vorher der Adreßteil umzurechnen, wenn z.B. das Programm in andere Speicherplätze gelangt, als es ursprünglich geplant war. Dann werden sich viele Adressen innerhalb des Programms ändern: Eine Adreßmodifikation wird nötig sein. Dies ist ein ganz normaler Rechenprozeß, der meistens auf eine Addition hinausläuft (zu der Adresse wird eine andere Zahl hinzugezählt) und der daher für uns im Augenblick keine große Bedeutung hat.

Einen zweiten Zeitpunkt der Adreßmodifikation gibt es unmittelbar vor der Ausführung des Befehls. In vielen Fällen will man einen Befehl oder eine Reihe von Befehlen bei der Aufarbeitung eines großen Zahlenmaterials bald auf die eine, bald auf die andere Zahl anwenden. Da diese verschiedenen Zahlen in verschiedenen Speicherplätzen untergebracht sind, wird sich der Adreßteil der betreffenden Befehle dabei ändern.

Neben der Umrechnung durch Benutzer- oder Basisprogramme interessiert uns besonders die durch die Ablaufsteuerung.

Eine sehr bequeme Möglichkeit hierzu bieten die sog. Indexregister, die heute in nahezu allen Rechenanlagen vorhanden sind. Viele Anlagen haben eine große Anzahl von ihnen. Wie sieht ihre Anwendung aus? Im allgemeinen wird das Indexregister durch einen besonderen Befehl geladen, d. h., man holt aus einem der Kernspeicherplätze eine dort befindliche Zahl und transportiert sie in das Indexregister. Entweder sofort danach oder auf ein gesondertes Zeichen hin wird diese Zahl zu dem dann gerade aktuellen Befehl hinzugezählt und erst diese Summe als Befehl ausgeführt. Da dies ein Bestandteil des normalen Rechenablaufes ist, wird zweckmäßigerweise für den Index ein Flipf|opregister vorgesehen, dem wir wie den anderen Registern einen Zugang vom und zum Rechenwerk verschaffen. Im Bedarfsfall wird der Befehl, wenn er aus dem Speicher kommt, in das Rechenwerk überführt, der Inhalt des Indexregisters wird ebenfalls in das Rechenwerk transportiert, und je nach Wunsch kann dann eine Addition oder Subtraktion stattfinden. Das Ergebnis wäre der endgültig auszuführende Befehl, der in das Befehlsregister transportert wird.

An zwei Beispielen soll erläutert werden, wann unter anderem die Anwendung eines solchen Indexregisters zweckmäßig bzw. notwendig ist. Betrachten wir das Verbuchen eines Betrages auf ein Bankkonto: Außer dem Betrag muß noch eine zweite Zahl bekannt sein, nämlich die Kontonummer. Diese Zahl wird ebenso wie andere Zahlen von einem Datenstreifen, einer Lochkarte oder einem anderen Speicher der Maschine übernommen. Sie ist aber ihrer Bedeutung nach eine Adresse. Jedem Konto entspricht (mindestens) ein Speicherplatz. Die Kontonummer gibt also an, welcher Speicher den betreffenden Kontenstand enthält. Wenn nun der alte Kontenstand dieses betreffenden Kunden oder Teilnehmers ermittelt werden soll, so muß man aus dem entsprechenden Speicher den Inhalt herauslesen. Der Befehl dazu muß daher implizit diese Kontonummer enthalten. Da sie beim Programmieren noch nicht bekannt ist, kann diese Befehlsumrechnung erst unmittelbar vor seiner Ausführung erfolgen. Es handelt sich also um eine Indexoperation, die Kontonummer würde in das Indexregister überführt und dann ein Befehl ausgeführt, der mit Hilfe des Indexregisters seine endgültige Adresse erhält und aus diesem Speicherplatz das Rechenwerk lädt. Entsprechendes gilt auf dem umgekehrten Wege, wenn der nach der Buchung entstehende neue Kontenstand wieder in den entsprechenden Speicherplatz zurück soll.

Ein mehr technisch orientiertes Beispiel: Man muß oft von einem Code in einen anderen Informationen umsetzen. Wir haben in Abschn. 1.2 die verschiedenen Codes für die Darstellung der zehn Ziffern angegeben (s. Bild 1.2). Wenn eine Information z. B. von einer Lochkarte, einem Lochstreifen oder über eine Fernleitung in einem dieser Codes angeliefert wird und dann in einem anderen Code an ein anderes Gerät weitergeliefert werden soll, so kann dies auch durchgeführt werden mit Hilfe eines speziellen Netzwerkes wie in Bild 3.25. Man wird aber nicht für jede Umcodieraufgabe ein Netzwerk vorsehen, sondern derartige Aufgaben billiger durch ein Programm innerhalb der Maschine lösen. Wie kann dieses nun am einfachsten durchgeführt werden? Wir betrachten als Beispiel die „Zuordnung" vom BCD-Code, in dem die Ziffer dual dargestellt ist, in den Fernschreibcode. Der BCD-Code gibt — als Dualzahl betrachtet — unmittelbar den Wert einer Ziffer wieder. Man wird nun in zehn aufeinanderfolgende Speicherzellen die entsprechende Darstellung im Fernschreibcode einbringen. Den Anfang wird derjenige Speicherplatz machen, den wir der Ziffer Null zuordnen. In ihm würde das Bitmuster (die „Dualzahl") 0···0L0LL0 untergebracht werden, dessen letzte fünf Stellen das Fernschreibzeichen der Ziffer 0 darstellen. Es folgt im nächsten Speicherplatz die Darstellung der Ziffer 1, nämlich 0···0L0LLL. So fahren wir fort und erhalten eine Tabelle der Fernschreibzeichen.

In Bild 5.11 haben wir die Inhalte der zehn Speicher- plätze wiedergegeben, für die wir die Plätze ab Nr. 2000 gewählt haben. Wenn jetzt als Ergebnis eines Rechen- vorganges z.b. das Ergebnis vier (im BCD-Code = L00) ermittelt wurde und die Ziffer 4 auf dem Fernschrei- ber erscheinen soll, so müssen wir L00 umwandeln, indem wir aus dem der Vier zugeordneten Speicher- platz 2004 das Fernschreibzeichen holen und an das äußere Gerät weitergeben. Da wir nicht vorher wissen, daß an dieser Stelle eine Vier als Ergebnis auftritt, sondern das Ergebnis, hier als X bezeichnet, eine be- liebige Ziffer sein kann, müssen wir im Speicherplatz Nr. (2000 + X) nachschlagen. Wir brauchen für die- sen Zweck einen Befehl, der den Inhalt dieses Spei- chers in den Akkumulator bringt. Er wird so ausge-

Sp. Nr.	Inhalt
2000	0 ··· 0 L 0 L L 0
2001	0 ··· 0 L 0 L L L
2002	0 ··· 0 L 0 0 L L
2003	0 ··· 0 0 0 0 0 L
2004	0 ··· 0 0 L 0 L 0
2005	0 ··· 0 L 0 0 0 0
2006	0 ··· 0 L 0 L 0 L
2007	0 ··· 0 0 0 L L L
2008	0 ··· 0 0 0 L L 0
2009	0 ··· 0 L L 0 0 0

5.11 Gespeicherte Tabelle für Umcodie- ren in Fernschreibcode

führt, daß man die Anweisung gibt, aus Speicher 2000 eine „Zahl" zu holen, vorher aber veran- laßt, zu dieser Adresse 2000 den jeweils aktuellen Wert von X zu addieren: Auch dies ist wieder eine typische Anwendung eines Indexregisters.

Bei uns soll es sich bei dem Indexregister um eines der betrachteten Auffangregister handeln – wir haben es in Abschn. 5.1 mit H bezeichnet. Es brauchte nur eine Adresse zu beinhalten, könnte also eine verkürzte Länge von z. B. 16 Bits haben. Die Addition für die Umrechnung des Befehls wird im Rechenwerk der Maschine stattfinden. Bei großen und sehr schnellen Rechen- maschinen ist dieser Weg zu umständlich, zumal er gleichzeitig mit anderen Rechenvorgängen ablaufen kann, da er einen selbständigen Schritt darstellt. Man wird dann für Adressenumrechnun- gen ein selbständiges Addierwerk einbauen und das Indexregister in dieses mit einbeziehen. Da- durch ist simultan eine Bearbeitung der Befehle neben anderen Schritten möglich.

Genügt ein einziges Indexregister oder soll man mehrere in das Gerät einbauen? Bei kleineren Geräten wie dem unsrigen wollen wir mit einem einzigen vorliebnehmen. Bei größeren Geräten kann deren Zahl zwei, drei oder bis zu mehreren Hundert betragen. Der Vorteil liegt auf der Hand, denn Indexregister werden im praktischen Rechnen sehr viel verwendet. Bei zu kleiner Anzahl muß man diese wenigen Indexregister aus dem Speicher häufig neu laden. Dies ist zusätz- liche Arbeit, wenn wie in unserem obigen Beispiel eine Kontonummer mehrfach als Index benö- tigt wird, dort z.B. zum Holen und später zum Zurückbringen des Kontenstandes.

Wenn man nur ein einziges Indexregister vorsieht, das man aber auf eine hinreichend schnelle und bequeme Weise laden kann, wirkt sich das andererseits fast so aus, als ob man alle Speicher- plätze der Maschine als Indexregister verwenden kann, obwohl faktisch der Umweg über das ein- zige echte Indexregister führt.

Rücksprung-Adreß-Register

Der Benutzer fügt sein endgültiges Programm aus Bausteinen zusammen, die vorher erstellt und archiviert wurden. Die Auslösung derartiger Bausteine, also der Bibliotheksprogramme und der Programme der übrigen Stufen, erfolgt nun durch einen sog. „Sprungbefehl", der den Inhalt des Befehlszählers verändert.

Wenn man nämlich innerhalb eines Rechenvorganges dasselbe Bibliotheksprogramm oder Basisprogramm öfter benutzt, so wird man es im Speicher der Maschine nur ein einziges Mal unterbringen wollen. Man muß im Benutzerprogramm immer dann, wenn die gewünschte Rechenoperation ausgelöst werden soll, den Rechenablauf unterbrechen und dieses Programmstück ein-
schieben. Dazu muß die fortlaufende Zählung der Befehle unterbrochen werden; es sind jetzt
also Befehle einzufügen, die eine andere Adresse haben als die bisher durchgeführten. Diese
Auslösung nennt man einen „Sprungbefehl". Seine Ausführung besteht darin, daß der oben
beschriebene Befehlszähler auf einen neuen Stand gebracht wird, der der Unterbringung des
Unterprogramms entspricht. Damit fährt die Maschine mit der Durchrechnung automatisch an
der Stelle fort, die dem neuen Stand des Befehlszählers entspricht.

Dabei besteht jedoch eine Schwierigkeit. Das vorher durchgeführte Programm soll nur vorübergehend unterbrochen, um eine Zwischenrechnung durchzuführen, und später an der alten
Stelle wieder fortgeführt werden. Die Maschine muß zu diesem Zweck registrieren, in welcher
Stellung sich der Befehlszähler vorher befunden hat. Es muß daher die Möglichkeit bestehen,
den Inhalt des Befehlszählers an eine andere Stelle zu transportieren, wo er vorübergehend aufbewahrt werden kann. Im allgemeinen verwendet man für diesen Zweck einen Speicherplatz im
Kernspeicher.

Dies ist besonders dann zweckmäßig, wenn mehrere derartige Unterbrechungen ineinander-
geschachtelt werden können. Man kann von einem Benutzerprogramm in ein Unterprogramm
springen, dann dieses Unterprogramm wieder verlassen, um ein noch weiter untergeordnetes
Programm zu erreichen, usf. Auf dem Rückweg muß die Maschine dann jeweils in der nächsthöheren Stufe das unterbrochene Programm fortsetzen, und wenn dieses beendet ist, wieder in
der nächsten Stufe die Unterbrechung rückgängig machen. Währenddessen ist oft eine größere
Zahl von Unterbrechungsadressen aufzubewahren.

Unabhängig von der Unterbringungsmöglichkeit im Kernspeicher ist es aber zweckmäßig, für die
soeben verlassene Adresse mindestens ein Register vorrätig zu haben, das sehr schnell und ohne
Komplikationen zugriffsfähig ist: Das Rücksprung-Adreß-Register. Im Falle eines derartigen
Sprunges muß nämlich die Maschine zwei Operationen gleichzeitig durchführen: Einerseits den
alten Stand des Befehlszählers sicherstellen, andererseits aber auch im selben Augenblick eine
neue Adresse in den Befehlszähler bringen. Da bedeutet es eine wesentliche Vereinfachung und
Beschleunigung, wenn kein langwieriger Zugriff zum Kernspeicher der Maschine nötig ist. Das
Rücksprungregister hat die betreffende Adresse nur für eine Weile aufzunehmen und nach den
Anweisungen des Programmierers weiterzugeben. Es braucht also nur ein normales Auffangregister der von uns beschriebenen Art zu sein. Wir werden das von uns in Abschn. 5.1 mit H
bezeichnete Register für diesen Zweck mit verwenden.

Vorrangregister

Alle Ein- und Ausgabegeräte sind im Verhältnis zur Rechengeschwindigkeit langsam. Wenn nun
ein Ausgabeprozeß stattfindet, z. B. eine Zahl auf Papier ausgedruckt werden soll, so dauert
dieser Druckvorgang so lange, daß es nicht rentabel ist, wenn die Maschine sein Ende abwartet.
In der Zwischenzeit sollten andere Rechenvorgänge ausgelöst werden. Durch ein Signal vom
Drucker wird dem Rechnerkern später mitgeteilt, daß das angeschlossene langsamere Gerät
seine Arbeit beendet hat und daß die Maschine den ursprünglichen Rechengang fortsetzen kann,
also z. B. weitere Zahlen an das angeschlossene Gerät herausgeben kann. In diesem Fall ist es
nötig, daß die Maschine den zweiten Rechenvorgang unterbricht, um ihn erst später fortzuführen.
Diese Vorgänge können nicht vom Programmierer eingeplant werden, denn er weiß nicht, wann

die Unterbrechung erfolgt. Daher ist eine automatische Unterbrechung eines Rechenvorganges einzuplanen. Man nennt derartige Vorgänge „Programmunterbrechungen", „Vorrangmeldungen" oder „Interrupts".

Im Grunde handelt es sich bei der Ausführung um kaum anderes als eine Unterprogrammtechnik, wie wir sie im vorigen Absatz beschrieben haben. Wir müssen einen Sprungbefehl auslösen und gleichzeitig ein Rücksprung-Adreß-Register füllen, damit die Maschine später an der Unterbrechungsstelle fortfahren kann. Neu ist, daß dies automatisch zu geschehen hat.

Man kann für das benötigte Rücksprungregister ein spezielles Register reservieren, welches ausschließlich hierfür zur Verfügung steht. Eine solche Unterbrechung kann kollidieren mit einem Unterprogrammsprung, der kurz vorher ausgeführt wurde und schon das eigentliche Rücksprungregister benutzt. Ebensogut kann man aber auch einen Unterprogrammsprung verwenden, der die Rücksprungadresse gleich in den Speicher der Maschine überführt. Die Auslösung dieser Vorgänge wird in Abschn. 8.3 besprochen.

Meistens sind mehrere Geräte an eine Rechenanlage angeschlossen, und man wird anstreben, sie gleichzeitig laufen zu lassen und durch den Rechner zu bedienen. Dann werden mehrere Vorrangmeldungen kommen können, die meist zu verschiedenen Zeitpunkten erfolgen, gelegentlich aber auch kurz hintereinander eintreffen. Es muß der Maschine dann mitgeteilt werden, welche der verschiedenen Unterbrechungen gerade ausgelöst wird. Üblicherweise setzt jedes angeschlossene Gerät im Falle einer derartigen Meldung ein Flipflop um, das die Meldung weitergibt. Die Maschine muß sehr bequem feststellen können, welches oder welche dieser Flipflops nun gerade eine Vorrangmeldung signalisieren. Der Inhalt dieser Meldeflipflops wird daher in das Rechenwerk überführt werden müssen und dort analysiert werden. Es ist daher zweckmäßig, diese ebenfalls in Gestalt eines Registers anzubringen. Man wird eine volle Wortlänge derartiger Flipflops (z.B. 24 Stück) anschließen und diese rechentechnisch wie ein einziges Wort aus 24 Bits behandeln. Daß die einzelnen Stellen vollkommen getrennte Bedeutung haben und eigentlich keine Dualzahl darstellen, ist von untergeordneter Bedeutung. Mit Hilfe der Intersektion und anderer Operationen können wir die einzelnen Stellen herausgreifen und feststellen, welches der Meldeflipflops welche Stellung eingenommen hat.

Ein Register der beschriebenen Art nennt man ein Vorrangregister oder Interruptregister. Es erfordert natürlich einen Anschluß an das Rechenwerk, denn dieses muß die Stellung der Flipflops auswerten und später verändern können, wenn die betreffende Vorrangmeldung abgearbeitet ist. Es muß daher wie ein normales von uns beschriebenes Register an das Rechenwerk angeschlossen werden.

Andererseits erhält es aber Meldungen von außen, die über zusätzliche Eingänge an die Flipflops herangeführt werden müssen. In Bild 5.2 ist ein Register dieser Art wiedergegeben und dort mit V bezeichnet. Die beiden Setzeingänge, die dieses Flipflop vorrangig betätigen, sind herausgeführt und können an die entsprechenden peripheren Geräte angeschlossen werden. Die Ablaufsteuerung beginnt die Bearbeitung einer Vorrangmeldung durch einen Unterprogrammsprung, sobald eines der Flipflops in die signalisierende Stellung, in unserem Bild also nach rechts, gestellt worden ist. Die zugehörige Schaltung wird in Abschn. 8.3 besprochen.

Erschwerend besteht die Möglichkeit, daß unmittelbar nach dem Eintreffen einer derartigen Vorrangmeldung eine zweite erfolgt. Die eben begonnene Abarbeitung des ersten Interrupts würde dann gestört durch den zweiten. Man muß also zusätzlich eine Vorrangsperre einrichten, die das Eintreffen einer zweiten Meldung vorübergehend wirkungslos macht. Für diesen Zweck wird man ein weiteres Flipflop vorsehen, das teils automatisch gestellt, teils vom Programm wieder zurückgestellt werden kann und dessen Stellung angibt, ob Vorrangmeldungen momentan bearbeitet werden können oder nicht.

Dies ist zu zeitraubend, wenn man es mit Vorrangmeldungen zu tun hat, die äußerst dringend sind, und mit anderen, die eine gewisse Wartezeit gestatten. Dann will man nur diejenigen Vorrangmeldungen sperren, die eine geringere Dringlichkeitsstufe besitzen. Man führt deshalb keine generelle Vorrangsperre ein, sondern ordnet jedem Vorrangmeldeflipflop ein zweites Flipflop zu, das vom Programm gesetzt werden kann und das eine Vorrangmeldung vorübergehend unwirksam macht. Man wird also zu dem auf volle Wortlänge ausgebauten Vorrangregister ein zweites hinzufügen und eine Vorrangmeldung nur dann gestatten, wenn dieses zweite Register das entsprechende Vorrangflipflop in Wirksamkeit gesetzt hat. Letzteres nennt man ein „Maskenregister"; es legt gewissermaßen auf das Vorrangregister eine Schablone („Maske"), die einige der Vorrangflipflops „verdeckt". Dabei ist natürlich zu beachten, daß die Vorrangflipflops bei einer eintreffenden Meldung in jedem Fall gestellt werden müssen, auch dann, wenn diese Vorrangmeldung nicht sofort ausgeführt werden kann. Die Meldung muß in jedem Fall abgearbeitet werden – wenn nicht sofort, dann unbedingt zu einem späteren Zeitpunkt. Daß dieser immer noch rechtzeitig kommen muß, ist bei der Programmierung der Vorrangbearbeitung zu berücksichtigen.

Die technische Schaltung einer Interruptsperre erfolgt so, daß man an die Ausgänge jedes Flipflops eine Konjunktion legt. Die Ausgänge dieser Konjunktionen werden dann in einer Disjunktion zusammengefaßt, deren Ausgang den Ablauf der Vorrangmeldung auslöst. Bild 5.12 stellt dies dar.

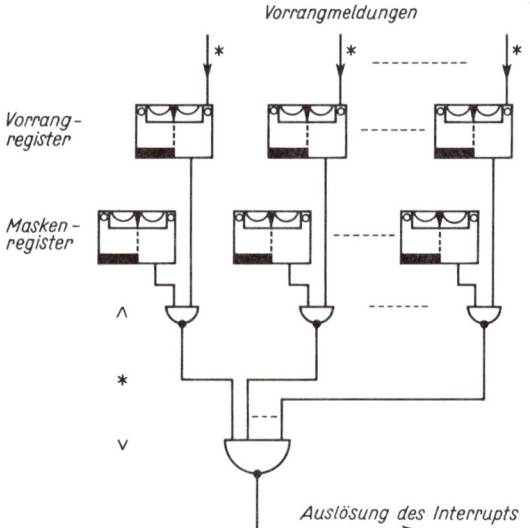

5.12 Auslösung des Interrupts durch Vorrang- und Maskenregister. Von außen wird jeweils ein Vorrangflipflop nach rechts gesetzt. Das Maskenregister wird nur durch das Programm geladen

Sonstige Register

In manchen Rechenanlagen existiert noch eine Anzahl von Sonderregistern für Spezialzwecke. Es sollen nur Zähler erwähnt werden, die wie Register geladen und gelesen werden, aber selbständig zählen können. Sie spielen insbesondere eine Rolle für das Zählen von Rechts- oder Linksverschiebungen, aber auch für Steuerung anderer Abläufe.

6. Ablaufsteuerung

Der Abschn. 6.1 schildert, welche Schritte eine Ablaufsteuerung im Normalfall eines Befehlsablaufs auslösen muß. Die folgenden Abschnitte behandeln Techniken der Ablaufsteuerung. Dabei werden sich die weiteren Kapitel besonders auf die in den Abschn. 6.3 und 6.5 wiedergegebenen Schaltungen stützen.

6.1. Speicherzyklus und Befehlsablauf

Wir sind immer wieder auf das Problem gestoßen, verschiedene Schritte, die zu einem Rechenvorgang gehören, in einer bestimmten Reihenfolge nacheinander durchzuführen, also durch ein „Programm" zu steuern. Es wurde darauf hingewiesen, daß es verschiedene Stufen der Programmierung gibt, die in Gestalt einer Hierarchie angeordnet ist. Die untersten für den Benutzer zugänglichen Anweisungen sind die „Maschinenbefehle". Diese geben in ihrem Operationsteil an, welche Rechenoperation durchzuführen ist, und in ihrem Adreßteil, welcher Speicherplatz hierbei einen Operanden liefern bzw. das Ergebnis aufnehmen soll.

Nun muß aber unterhalb dieser letzten Stufe, die der Programmierer zur Kenntnis nimmt, noch eine Ablaufsteuerung existieren, die das Gerät in die Lage versetzt, kompliziertere Befehle in einzelnen Schritten auszuführen. Je nach dem Aufbau der Ablaufsteuerung können hierzu bis zu 20 oder mehr Schritte nötig sein, bei deren jedem simultan wieder verschiedene Vorgänge ablaufen können. Wir fragen jetzt im Detail nach den Aufgaben einer solchen Ablaufsteuerung und ihrem Aufbau.

Welche Schritte müssen nacheinander ausgelöst werden, um einen Maschinenbefehl auszuführen? Diese Schritte differieren ein wenig je nach der Rechenoperation, die der Programmierer an der betreffenden Stelle wünscht. Weite Teile stimmen jedoch für alle Rechenoperationen überein, und insbesondere auf diese wollen wir in diesem Abschnitt unser Augenmerk richten.

In diesem Zusammenhang ist die Arbeitsweise des Speichers wichtig. Die heute verwendeten Magnetkernspeicher sind in dieser Beziehung etwas kompliziert. Soll ein Inhalt eines Speicherplatzes in das Rechenwerk überführt werden, so muß die Maschine erst einmal seine Adresse ermitteln und an das Speicher-Adreß-Register bzw. Befehlsregister (s. Abschn. 5.4) weiterleiten. Anschließend muß der Speicherinhalt herausgelesen werden. Das Rechenwerk kann während dieser Zeit andere Arbeiten vornehmen. Hat nun der Speicher die gewünschte Information herausgelesen, so muß eine Meldung an die Ablaufsteuerung erfolgen, da diese u. U. diesen Zeitpunkt abwarten und bis zu ihm andere Rechenabläufe vorübergehend anhalten muß, die die soeben gelesene Zahl benötigen. Damit ist aber die Zusammenarbeit zwischen Ablaufsteuerung und Speicher noch nicht beendet, denn der Speicherinhalt wird beim Herauslesen gelöscht. Das gelesene Wort ist also wieder in den Speicher zurückzutransportieren. Das gilt jedoch nicht immer; in manchen Fällen will man auch den Inhalt des Speichers abändern. Unsere Ablaufsteuerung muß daher den im Speicher-Auffang-Register befindlichen Inhalt evtl. durch einen anderen ersetzen, in jedem Fall aber den zweiten Speicherschritt auslösen, nämlich das Regenerieren des Speicherinhaltes.

Damit ist aber die Ausführung eines Befehls normalerweise noch nicht beendet. Man erhält den eben beschriebenen Ablauf für eine Zahl, die aus dem Speicher geholt und bearbeitet werden soll. Dabei darf man jedoch nicht vergessen, daß meistens auch der Befehl selbst innerhalb des Speichers aufbewahrt wird. Dadurch ergibt sich ein übergeordneter Zyklus, der das eben Gesagte zweimal enthält. Als erstes muß die Adresse des nächsten Befehls ermittelt werden, dann ist nach dem eben beschriebenen Verfahren der Befehl aus dem Speicher zu holen und zu regenerieren, damit letzterer für eine spätere Verwendung wieder zur Verfügung steht. Anschließend ist dieser Befehl abzuändern, falls eine Indexregisteranweisung vorliegt.

Dann erst soll die eigentliche Rechenoperation ablaufen, aber diese setzt im allgemeinen voraus, daß der Operand, welcher durch die Adresse des Befehls gegeben ist, aus dem Speicher zu holen ist. Wir haben hier wieder einen Doppelschritt des Speichers vor uns, nachdem die Adresse des Operanden, also der Adreßteil des Befehls, in das Speicher-Adreß-Register überführt wurde. Nun erst ist der ganze Zyklus beendet.

Möglichst gleichzeitig mit den beschriebenen Speicherzyklen sollen die Rechenoperationen ablaufen, die durch den Befehl bedingt ausgelöst werden. Außerdem muß der Befehlszähler weitergeschaltet werden, um für den nächsten Zyklus die Adresse des nächsten Befehls zu liefern.

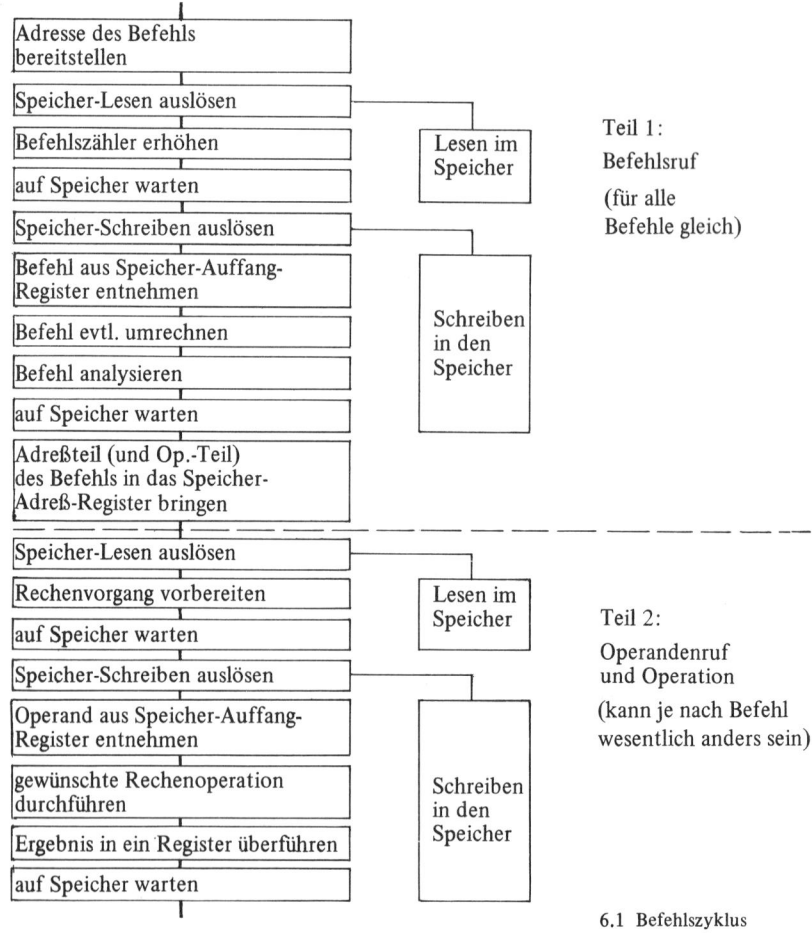

6.1 Befehlszyklus

Der geschilderte Befehlsablauf wird in einer Reihe von Fällen abgeändert, z. B. dann, wenn für eine spezielle Rechenoperation kein Operand aus dem Speicher geholt zu werden braucht.

Betrachten wir aber vorläufig den Normalfall. In Bild 6.1 haben wir ihn zusammengestellt. Am rechten Rand wurden die vier Speicheraktivitäten angedeutet. Gleichzeitig werden die verschiedenen Schritte angegeben, die zweckmäßigerweise während dieser Zeit das Rechenwerk und die übrigen Teile der Anlage beschäftigen.

Das angeführte Schema ist umfangreich und zeitraubend, und es besteht Grund zur Frage, ob man nicht in einigen Teilen eine Beschleunigung erreichen kann. Wesentlich ist das Geschwindigkeitsverhältnis zwischen Rechenwerk und Speicher. Bei vielen heutigen Maschinen ist der Speicher der langsamste Teil. Dann hat es wenig Sinn, die Rechenabläufe zu beschleunigen oder gar mehrere parallel in verschiedenen Werken laufen zu lassen. Auch wäre es nur begrenzt sinnvoll, das Weiterzählen im Befehlszähler einem besonderen Addierwerk, also einem Zähler, zu überlassen, denn während dieser Zeit ist ja für das Rechenwerk wegen des Wartens auf den Speicher ohnehin keine andere Operation möglich. Auch für die Befehlsmodifikation durch das Indexregister ist Zeit genug vorhanden, wenn der Speicher langsam ist. Dagegen sollte man alle zwischen den Speicherabläufen liegenden Operationen möglichst verkürzen. Der Transport der Adresse vom Befehlszähler in das Befehlsregister bzw. Speicher-Adreß-Register sollte also mit allen zur Verfügung stehenden Mitteln beschleunigt werden. Ebenso sollte der umgerechnete Befehl, der sich z. B. im Rechenwerk befindet, dann, wenn der Speicher mit dem Regenerieren des Befehls fertig ist, möglichst schnell in das Speicher-Adreß-Register gelangen, damit sofort das Speicherlesen des Operanden ausgelöst werden kann.

Welche nicht-elektronischen Möglichkeiten hat man, um innerhalb des Speichers den Ablauf zu beschleunigen? Man kann den Speicher in mehrere Teile zerlegen und diese gleichzeitig arbeiten lassen. Es steht aber nicht von vornherein fest, in welchem Teil die Befehle und in welchem die Operanden sich befinden. Rechenoperationen, die Befehle umändern oder transportieren, kommen häufig vor und gestatten es nicht, eine generelle Zweiteilung in einen Befehlsspeicher und einen Operandenspeicher vorzunehmen. Auch weiß man nicht von vornherein, wieviele Speicherplätze für Befehle und wieviele für Zahlen benötigt werden. Die prozentuale Unterteilung in diesen beiden Gruppen variiert sehr stark.

In der Praxis wird oft der Speicher in vier Blöcke unterteilt und dann die Numerierung der Speicherplätze so gewählt, daß bei fortlaufender Zählung nacheinander je ein Speicher aus dem ersten, dem zweiten, dem dritten und dem vierten Block angewählt wird. Mindestens die Befehle kommen dann meistens aus verschiedenen Blöcken. Man braucht sehr oft mit der neuen Speicher-Leseanweisung nicht zu warten, bis das Regenerieren abgeschlossen ist, sondern kann in einem anderen Block den nächsten Leseschritt sofort auslösen.

Ist der Speicher schneller als das Rechenwerk, wird man versuchen, einige Rechenoperationen gleichzeitig in anderen Teilen ablaufen zu lassen. Insbesondere der Befehlszähler bietet sich hierzu an, wenn er so konstruiert ist, daß er selbständig zählen kann.

Darüber hinaus kann man ein getrenntes Addierwerk einbauen, das das Umrechnen der Befehle mit Hilfe der Indexregister übernimmt. Man kann dann sogar statt der Benutzung eines Akku-Registers, wie wir es eingeführt haben, das jeweilige vorhergehende Rechenergebnis unmittelbar im Rechenwerk stehenlassen und damit dieses zeitlich entlasten.

Ob die eben beschriebenen Maßnahmen erfolgversprechend sind, hängt von den Nebenbedingungen ab. Die Rechenoperation kann natürlich auf gar keinen Fall durchgeführt werden, bevor der Befehl umgerechnet und analysiert worden ist. Man kann auch vor dieser Befehlsanalyse auf keinen Fall den Operanden holen, da nicht feststeht, ob er wirklich benötigt wird.

Darüber hinaus kann man nur schlecht den nächsten Befehl aus dem Speicher holen, bevor die vorhergehende Rechenoperation beendet ist. Man muß zumindest vorher feststellen, ob der laufende Befehl Rückwirkungen auf den nächsten hat. Dies ist z. B. dann möglich, wenn ein Sprungbefehl vorliegt, wenn also der nächste Befehl an einer anderen Stelle des Speichers steht. Ähnliche Wechselwirkungen zwischen zwei Befehlen liegen dann vor, wenn das Ergebnis des vorhergehenden Befehls eine Bedingung für die Ausführung des nächsten darstellt. Will man die Geschwindigkeit um jeden Preis erhöhen, so ist ein komplizierter Ablauf nötig, der in jedem Fall untersucht, ob der nächste Befehl schon in Angriff genommen werden kann, bevor der vorhergehende beendet ist. Dies findet sich in Großrechenanlagen, wo die Befehle in mehreren Schritten verarbeitet werden und nach einer Art Fließbandverfahren mehrere Befehle gleichzeitig in verschiedenen Stadien ihrer Ausführung sind. Besondere Bedeutung kommt diesen Beschleunigungsverfahren natürlich in dem Augenblick zu, wo schnellere Speicher zur Verfügung stehen. Diese sind in Gestalt von integrierten Speichern bereits heute in kleinerem Maße im Handel, und ihre allgemeine Anwendung ist in den nächsten Jahren zu erwarten.

Wichtig für die in den nächsten Abschnitten zu besprechenden technischen Ausführungsformen von Ablaufsteuerungen sind quantitative Angaben. Über die Anzahl der auszulösenden Schritte gibt Bild 6.1 einen ersten oberflächlichen Eindruck. Allerdings bezieht es sich nur auf die Ausführung eines einzigen Befehlstyps. Für eine vollständige Steuerung geben die Bilder 6.2 und 6.3 eine kleine Statistik wieder über die Anzahl der Stellen, von denen aus Mikrooperationen ausgelöst bzw. Bedingungen abgefragt werden (zu letzterem vgl. Abschn. 6.5).

Rechenwerk

Übernahme vom U- ins R-Register	15
Addition	9
Subtraktion	7
festen Zahlenwert übernehmen	7
Stillstand in R, Löschen in U	7
4 weitere Operationen	8

Registerwerk

Speicherauffangregister lesen	11
Akkumulator lesen	9
Befehlszähler laden	8
Akkumulator laden	7
Befehlszähler lesen	7
13 weitere Operationen	40

sonstige Ansteuerungen

Speicher-Schreiben auslösen	8
Speicher-Lesen auslösen	5
16 weitere Operationen	24
Summe für 45 Operationen	172

6.2 Anzahl der Stellen, an denen die Ablaufsteuerung die einzelnen Operationen auslöst

Warten auf Additionsende	7
Warten auf Speicher	14
Abfragen der Befehlsgruppe	9
Abfragen von Befehlsvarianten	66
20 andere Bedingungen	32
Summe der Bedingungsabfragen	128

6.3 Anzahl der Stellen, an denen die Ablaufsteuerung Bedingungen abfragt

Die Aussagekraft dieser Tabellen ist begrenzt, da die Zahlen sehr stark von der gewählten Konstruktion abhängen und außerdem nicht angeben, wie oft die betreffenden Stellen im Rechenbetrieb wirklich durchlaufen werden. Interessant ist aber doch die recht große Zahl von Mikrooperationen, die überhaupt nur an einer oder zwei Stellen aufgerufen werden. Entsprechendes gilt für die Bedingungen.

Daß übrigens bei der Addition die Zahl der Auslösungen und der Wartestellungen nicht übereinstimmt, liegt an der Verzweigungsstruktur der Ablaufsteuerung.

In Extremfällen kann man mit erheblich weniger Mikrooperationen auskommen, die dann auch weniger Auslöseleitungen erfordern. Eine zu große Sparsamkeit schränkt jedoch die Leistungsfähigkeit der Anlage stark ein.

6.2. Verminderung der Taktzahl

Wir werden uns im wesentlichen an dem Befehlsablauf orientieren, wie er im vorigen Abschnitt beschrieben wurde. Dabei sind sehr viele Schritte durchzuführen, die einzeln ausgelöst werden müssen und demzufolge eine komplizierte Ablaufsteuerung erfordern. Der Vorteil besteht darin, daß komplizierte Rechenoperationen durch einen einzigen Ablauf dargestellt werden können.

Kann man durch einfachere Schritte und durch Einsparen überflüssiger Zwischenschritte die Arbeit wesentlich beschleunigen? Der Zeitbedarf der von uns gegebenen Konstruktion ist im wesentlichen vorgeschrieben durch den des Speichers. Hier wird sich eine Besserung abzeichnen durch integrierte Speicher, die in genügender Größe mit sehr hoher Geschwindigkeit arbeiten können. Diese sind aus einer großen Zahl von Flipflops aufgebaut, ihre Schaltgeschwindigkeit ist der der übrigen integrierten Bauelemente vergleichbar. Außerdem wird beim Herauslesen nicht gelöscht, demzufolge braucht nicht regeneriert zu werden.

Gehen wir unter Verwendung dieser Speicher einmal einen anderen Weg als oben und reduzieren wir die Anzahl der auszuführenden Einzelschritte auf ein unbedingt notwendiges Minimum. Dabei verzichten wir z. B. darauf, für Überträge gesonderte Takte einzusetzen: Wir werden den Übertrag asynchron durchlaufen lassen. Die entstehende Problematik haben wir im Abschn. 4.3 bereits durchgesprochen.

Wieviele Takte haben wir zur Verarbeitung eines einzelnen Befehls nötig? Auf den ersten Blick zwei: Wir müssen zweimal aus dem Speicher Information holen, beim ersten Mal den Befehl, beim zweiten Mal die Zahl, welche im Rechenwerk verarbeitet werden soll. Den zweiten Operanden werden wir nicht aus dem Speicher der Maschine, sondern aus einem Register entnehmen. Diese können im übrigen auch sehr bequem durch integrierte Bausteine mit vielen Flipflops aufgebaut werden.

Integrierte Speicher enthalten aber im allgemeinen nur einfache (nicht Master-Slave-)Flipflops. Wir können also nicht im selben Takt in den Speicher eine Zahl einschreiben und gleichzeitig eine andere herausholen. Aus diesem Grunde werden wir im allgemeinen außer den beiden beschriebenen Takten noch einen dritten benötigen. Das Ergebnis des Rechenprozesses soll wieder in den Speicher oder zumindest in eines der Register zurück. Man könnte auf diesen dritten Takt verzichten, wenn man die Register mit Master-Slave-Flipflops bestückt, so daß wenigstens diese gleichzeitig gelesen und beschrieben werden können, und wenn man den Speicher bei jeder Maschinenoperation nur entweder liest oder beschreibt. Dies würde jedoch für die auszuführenden Operationen eine sehr starke Einschränkung bedeuten.

Wie müßte ein Befehlsablauf in drei Takten aussehen? Im ersten Takt würde der Befehl geholt werden. Wir würden aus dem Befehlszähler in das Befehlsregister die Adresse des Befehls transportieren müssen, den Befehl aus dem Speicher herauslesen, ihn evtl. umrechnen mit Hilfe eines Indexregisters und ihn dann ebenfalls in das Befehlsregister transportieren. Dies alles ist ohne weitere Synchronisation in einem einzigen Takt möglich, wenn die benötigten Verbindungswege im selben Augenblick freigegeben werden.

Wir müssen offensichtlich das Befehlsregister, das durch seinen Adreßteil den Speicher ansteuert, unbedingt als Master-Slave-Flipflop-Register ausbauen. Denn der auszuführende Befehl muß wegen seines Adreßteils in dieses Befehlsregister kommen, während dort noch die Adresse des Befehls steht.

Im zweiten, nun folgenden Takt wird die Rechenoperation ausgeführt. Hierzu wird der eine Operand aus dem Registerwerk, der andere aus dem Speicher geholt. Beide durchlaufen das Rechenwerk und liefern das Ergebnis. Da nun beide Speicher — sowohl das Registerwerk als auch der eigentliche Speicher — durch den Lesevorgang beschäftigt sind, kann das Ergebnis nicht sofort wieder zurücktransportiert werden. Wir müssen es in einem getrennten Register ablegen. Auch dies werden wir zweckmäßigerweise aus Master-Slave-Flipflops aufbauen, um mehrere Schritte gleichzeitig ablaufen lassen zu können.

Nun der dritte Takt: Das Ergebnis ist entweder in ein Register oder in den Speicher zurückzutransportieren. Damit wäre der Ablauf beendet. Gleichzeitig kann die Vorbereitung des nächsten Ablaufs beginnen, indem die Adresse des nächsten Befehls aus dem Befehlszähler Z in den Vorspeicher des Befehlsregisters B gebracht wird.

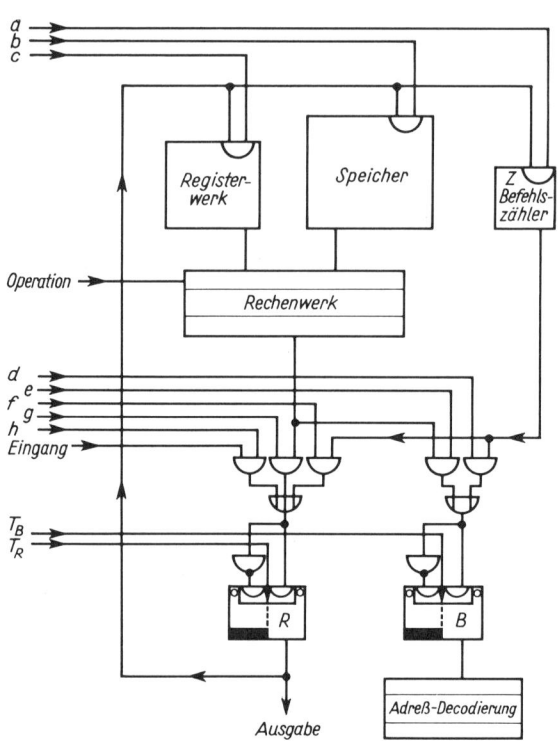

Die Schaltung ist in Bild 6.4 skizziert. Es handelt sich um ein Blockdiagramm, in dem manche Einzelheiten fehlen. Weitere Vereinfachungen sind andererseits möglich. Das Bild zeigt ein Registerwerk, in dem sich eine Anzahl von Registern befindet. Daneben ist als großer Block global der aus mehreren Tausend Worten bestehende Speicher skizziert. Auf derselben Ebene befindet sich das „Z-Register", der Befehlszähler. Wir werden diesen zweckmäßigerweise als einen selbständigen Zähler ausführen, der von außen zwar auf einen bestimmten Wert gesetzt werden kann, der aber normalerweise ohne Mitwirkung anderer Teile weiterzählt, wenn er durch eine spezielle Auslösung hierzu veranlaßt wird.

6.4 Befehlsverarbeitung in drei Takten (eine Dualstelle)

Die Ergebnisse der einzelnen Schritte werden unten in zwei Registern abgelegt, nämlich das Rechenergebnis in einem Register „R" und die Adresse des anzusteuernden Speichers bzw. der Befehl einschließlich des Adreßteils im Befehlsregister „B". An letzteres schließt sich die Befehls-decodierung an, die wir in einem der nächsten Abschnitte betrachten werden, und außerdem die Adreßdecodierung. Ihre näheren Einzelheiten entsprechen einer Decodierung bei Kernspeichern und werden später ausführlicher betrachtet.

Wie sieht nun die dazwischenliegende Schaltung aus? Hierzu benutzen wir ein Rechenwerk von ähnlicher Form, wie wir es früher betrachtet haben. Wir müssen beachten, daß es hier keine weiteren Flipflops enthält. Die Überträge, die von einer Stelle zur anderen insbesondere bei Addition und Subtraktion wandern, müssen direkt durchverbunden sein. Wir werden also asynchron arbeiten und den Takt so langsam wählen müssen, daß auch der ungünstigste Übertrag voll bis zur letzten Stelle durchlaufen kann. Das Prinzip dafür wurde bei Betrachtung der Rechenwerke in Bild 4.18 geschildert.

Gelegentlich soll nicht nur das Ergebnis des Rechenprozesses in den Speicher transportiert werden; es gibt auch Fälle, in denen andere Zahlen diesen Weg einschlagen müssen. Hierzu gehören in erster Linie Eingabedaten von externen Geräten. In Bild 6.4 haben wir dafür von links einen „Eingang" eingezeichnet, der über eine Konjunktion ebenfalls an „R" führt und freigegeben werden kann. Noch ein dritter Weg ist nötig: Beim Unterprogramm-Sprung ist die Adresse des gerade auszuführenden Befehls oder besser noch die des unmittelbar darauffolgenden in einen Speicher zu überführen. Dazu muß der Inhalt des Befehlszählregisters Z in die R-Flipflops überführt werden und von dort dann seinen Weg in den Speicher oder in ein anderes Register nehmen.

Das R-Register wird nicht in jedem der drei Takte benutzt. Wir haben von links also den Taktanschluß hereingeführt, der das Schalten dieses R-Registers hervorruft, und werden den Takt „T_R" über eine Konjunktion führen müssen, die ihn zeitweilig unterbinden kann. Im Gegensatz zu allen früher betrachteten Schaltungen benutzen wir keinen Dauertakt, sondern einen Takt, der zeitweilig aussetzt und von außen beeinflußt werden kann. Bleibt er aus, so bleibt das Flipflop in seiner bisherigen Stellung stehen und wird auf keinen Fall gelöscht oder nimmt eine neue unerwünschte Information an.

Wohin muß nun das im R-Register eingelaufene Rechenergebnis später gebracht werden? Drei Möglichkeiten sind unbedingt zu berücksichtigen. Als erstes muß es oft in einem der Register landen. Wir erinnern daran, daß bei Rechenprozessen das Ergebnis normalerweise im Akkumulator stehen soll; dieser würde bei uns als eines der Register im Registerwerk dargestellt.

Andererseits haben wir aber auch Rechenoperationen nötig, die Zwischenergebnisse in einen Speicherplatz zurücktransportieren. Also muß vom Ausgang des R-Registers ebenfalls eine Verbindung in das Speicherwerk führen.

Außerdem besteht noch eine dritte Notwendigkeit: Wir müssen den Befehlszähler gelegentlich auf einen neuen Stand bringen. Einzelheiten hierzu werden wir später unter dem Stichwort „Sprungbefehle" (Abschn. 7.3) betrachten. Eine Verbindung vom Ausgang des R-Registers in den Befehlszähler Z muß also auch vorhanden sein.

Natürlich müssen Tore, Konjunktionen, es verhindern, daß das Registerwerk oder der Speicher oder das Z-Register mit einem neuen Wert gefüllt werden, wenn dies nicht erwünscht ist. Derartige Tore sind im allgemeinen in den integrierten Bausteinen bereits vorhanden. Wir haben sie in Bild 6.4 symbolisch gekennzeichnet durch kleine, oben eingezeichnete Halbkreise, die natürlich keine wirklichen Konjunktionen sind. Bei integrierten Speichern existiert normalerweise ein Anschluß, der eine Spannung H erfordert, wenn in den Speicher eingeschrieben werden soll. Sonst wird nur ausgelesen. Bezüglich der im Handel befindlichen Zählerbausteine gilt ähnliches. Kontakte wie der bei uns an „a" angeschlossene führen dort die Bezeichnung „Preset": „Voreinstellung".

Nicht alle gezeichneten Teile werden zweckmäßigerweise in einzelne Bits untergliedert, wie es Bild 6.4 darstellt. Integrierte Bausteine, insbesondere Zähler der beschriebenen Art, enthalten meistens mehrere Dualstellen in einem einzigen Gehäuse. Dies ist nötig, um den internen Übertrag so weit wie möglich direkt zu verarbeiten. Ein solcher Baustein für „Z" würde also in unserem Bild z. B. vier übereinanderliegende Schichten umfassen. Ähnliches gilt für integrierte Rechenwerk-Bausteine.

Wir betrachteten den Weg der errechneten Information. Auf welchem Weg soll nun das B-Register, das zur Befehls- und Adressendecodierung führt, geladen werden? Hier muß einerseits die Adresse des nächsten Befehls aus dem Befehlszähler übernommen werden mit einer Verbindung, die von Z nach B führt. Sie wird durch die Konjunktion mit d freigegeben, die von der Ablaufsteuerung geschaltet wird. Wenn später der Befehl in das B-Register überführt werden muß, so wird eine Verbindung vom Speicher oder vom Registerwerk in das B-Register benötigt. Als zweckmäßig erweist es sich, diese hinter dem Rechenwerk abzweigen zu lassen, da wir den Befehl evtl. erst durch eine Indexoperation umzurechnen haben. Dazu ist eine Addition nötig zwischen dem Befehlsfragment, das aus dem Speicher kommt, und einer Zahl, die im Registerwerk steht.

Wir müssen gelegentlich Informationen an externe Geräte herausgeben, was einfach erreicht werden kann. Die Rechenergebnisse liegen immer im R-Register vor und können dort einen Takt lang abgelesen werden. Man wird am besten an dessen Ausgang die „Ausgabe" anschließen.

Stellen wir die Vor- und Nachteile dieser neuen Konstruktion gegenüber dem früher Betrachteten zusammen. Es genügen drei Takte. In Extremfällen würde man auch von diesen noch einen einsparen können. Dem steht der Nachteil gegenüber, daß die Takte relativ lang sein müssen, weil mehr als zwei oder drei logische Stufen hintereinandergeschaltet werden, die in einem Takt zu durchlaufen sind. Der entscheidende Punkt ist das Durchlaufen des Übertrages im Rechenwerk: So lange muß also in jedem Fall gewartet werden.

Der Befehlszähler zählt selbständig, und auch in ihm muß im ungünstigsten Fall ein Übertrag über eine Reihe von Dualstellen laufen. Dies muß ebenfalls für den „worst case" abgewartet werden. Bei asynchronen Schaltungen ist eine „Zwischenabfrage", ob eine Addition oder Zählung schon beendet ist, relativ schwierig.

Darüber hinaus muß innerhalb desselben Taktes vor dem Rechenprozeß die Adressendecodierung vor sich gehen. Innerhalb des Taktes wird die Information, welcher Speicher für die Rechenoperation benutzt werden soll, erst in das B-Register übernommen.

Im Prinzip haben wir hier im Grunde genommen genau soviele Stufen vor uns wie in dem früheren Ablaufschema. Eingespart sind die zwischengeschalteten Flipflops und ihre Schaltzeiten. Bei manchen Bausteinsystemen bedeutet das aber doch eine wesentliche Beschleunigung.

Als Nachteil fehlt die Möglichkeit, in einem einzigen Zyklus mehrere Schritte im Rechenwerk nacheinander durchzuführen, z.B. Verschiebungen um mehrere Stellen. Bei dem hier beschriebenen Zyklus muß das Ergebnis erst wieder in das Registerwerk zurückgeführt werden, bevor eine weitere einzelne Verschiebung ausgelöst werden kann.

Im übrigen werden die einzelnen Rechenprozesse wieder durch Auslöseleitungen gestartet, die sämtliche Dualstellen erreichen. In der Abbildung wird dies durch die Anschlüsse a bis h angedeutet, die die einzelnen Tore öffnen, sowie durch eine globale Verbindung „Operation", die die einzelnen Rechenoperationen im Rechenwerk auslöst. Das Grundproblem einer Ablaufsteuerung wird also nicht geändert. Auch hier haben wir etwa 20 Anschlüsse. Vorteilhaft ist, daß die Steuerung wegen der geringen Taktzahl einfacher wird.

Natürlich müssen auch hier wieder die meisten Schritte je nach dem vorliegenden Befehl verschieden ablaufen. Allen Befehlen gemeinsam ist nur der erste Schritt: das Holen des Befehls.

6.3. Ablaufsteuerung

In den vorigen Abschnitten haben wir die wichtigsten Schritte kennengelernt, die nacheinander auszuführen sind, um einen einzigen vom Programmierer festgelegten Befehl zu vollziehen. Nun soll uns eine technische Steuerung beschäftigen, die in der Lage ist, diese Schritte nacheinander auszulösen. Dazu ist es nötig, an bestimmte Steuerleitungen im richtigen Augenblick eine Spannung H (von z.B. 5 V) zu legen, während sie normalerweise die Spannung Low führen.

Die Ablaufsteuerung hat die Aufgabe, diese Spannungen der Reihe nach zu liefern. Ein Ablaufprogramm ist in gewissem Sinne zu vergleichen mit einer Maschinenschreiberin, die der Reihe nach eine Anzahl Tasten berührt und dadurch Kontakte schließt, um die entsprechenden Operationen auszulösen.

Bei der Durchführung dieser Aufgabe haben wir zwei Probleme zu meistern: Erstens müssen wir in mehr oder weniger regelmäßigen Abständen einen Impuls erzeugen und zweitens diesen dann an die richtige Auslöseleitung führen. Hier bietet sich der Vergleich mit Telefonschaltungen an: Ein Drehwähler berührt während seiner Drehbewegung der Reihe nach einen Kontakt nach dem anderen. Dadurch könnte man verschiedene Rechenoperationen auslösen. Die richtige Zuordnung der Rechenoperationen zu den einzelnen Schritten muß dadurch geschehen, daß man den Kontakt mit der entsprechenden Ansteuerungsleitung verbindet und auf diese Weise in Gestalt von Kreuz- und Querverbindungen das „Programm erstellt". Wir benutzen in diesem Zusammenhang bewußt das Wort „Programm", obwohl eine Vielzahl von Drahtverbindungen auf den ersten Blick kaum als ein „Programm" empfunden wird. Es hat aber die gleiche Funktion einer Ablaufsteuerung wie die Programme, welche später vom Benutzer geschrieben werden, und unterscheidet sich nur im technischen Aufbau von diesen.

Ein Drehwähler ist hier für die Praxis natürlich nicht mehr anwendbar, da er viel zu langsam und auch zu störanfällig ist. Wir benötigen ein elektronisches Ablaufsteuerwerk, das dieselbe Funktion übernimmt, aber aus den uns bekannten Bausteinen besteht. Das Weiterschalten dieses Steuerwerkes wird normalerweise mit den Taktimpulsen erfolgen, mit denen wir auch unsere übrigen Flipflops steuern. Wie können wir eine Anzahl von Kontakten der Reihe nach unter Spannung setzen?

Diese Aufgabe erinnert uns an ein Schieberegister, wie wir es in Bild 3.23 betrachtet haben. In einer Reihe von hintereinandergeschalteten Flipflops befand sich dort eine Information. Einige der Flipflops waren nach rechts (bzw. oben) gestellt (die zugehörige logische Größe hatte den Wert L), die übrigen nach links (bzw. unten) geschaltet (logischer Wert 0). „Nach rechts geschaltet" heißt bei uns, daß der im Bild rechts liegende Ausgang eine Spannung H enthält, der andere Low. Die Wirkungsweise des Schieberegisters bestand darin, daß bei jedem Takt diese Information um einen Schritt weiterrückte.

Wenn wir nun bei einem derartigen Schieberegister zu Anfang dafür sorgen, daß alle Flipflops mit Ausnahme des ersten nach links geschaltet sind und daß dies nach dem ersten Takt ebenfalls nach links geht, so werden wir nach jedem Takt feststellen, daß immer das nächste Flipflop als einziges rechts steht. Wenn wir weiter an die rechten Ausgänge der Flipflops Leitungen anschließen, so wird der Reihe nach die erste, dann die zweite, dann die dritte dieser Leitungen jeweils für einen Takt unter Spannung H stehen. In Bild 6.5 haben wir dies aufgetragen. Die herausführenden Leitungen sind beschriftet mit „1. Schritt", „2. Schritt", usw., um den Zeitpunkt anzugeben, wann sie unter Spannung H gesetzt sind. Der wesentliche Teil eines Programms für den von uns vorgesehenen Zweck besteht darin, daß wir diese Kontakte mit den Rechenoperationen verbinden, die zu dem jeweiligen Zeitpunkt ausgelöst werden sollen.

Gelegentlich werden wir die Stelle, an der gerade ein Flipflop nach rechts geschaltet ist, als das „umlaufende L" oder „umlaufende Bit" bezeichnen. Dem liegt die (eigentlich falsche) Veranschaulichung zugrunde, daß eine Information materiell von Stelle zu Stelle weitergereicht wird.

Natürlich ist die Verwendung eines Schieberegisters nicht der einzige gangbare Weg. Andere Möglichkeiten betrachten wir später.

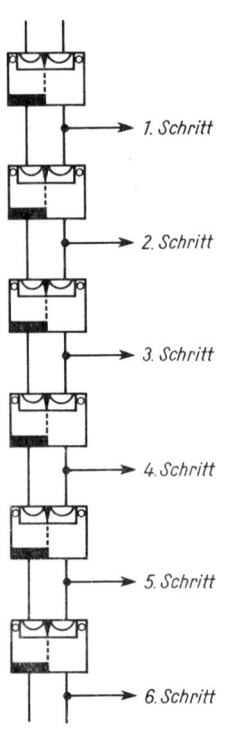

1. Schritt

2. Schritt

3. Schritt

4. Schritt

5. Schritt

6. Schritt   6.5 Schieberegister als Schrittsteuerung. Das oberste Flipflop darf nur einen Takt lang nach rechts gesetzt werden

Das gezeigte Schieberegister ist noch nicht vollständig. Wir müssen dafür sorgen, daß nach der Abarbeitung eines Befehls der ganze Zyklus wieder von vorn beginnt. Dazu wird man die Ausgänge des letzten Flipflops an die Eingänge des obersten zurückführen. Darüber hinaus muß eine Möglichkeit bestehen, den Zyklus zu Beginn in der richtigen Form zu starten. Wir müssen also in der Lage sein, durch zusätzliche Anschlüsse alle Flipflops nach links zu schalten mit Ausnahme des ersten. Wir erreichen dies z. B. durch die Setzeingänge (s. Bild 6.6).

Für einfache Arbeitsabläufe erfüllen wir damit voll den gewünschten Zweck. Für die Steuerung einer kompletten Rechenanlage sind derartige Ablaufsteuerungen jedoch noch zu einfach. Als erstes ist zu berücksichtigen, daß dieselben Rechenoperationen von verschiedenen Stellen unserer Ablaufsteuerung aus mehrfach ausgelöst werden müssen. In der Darstellung des Abschn. 6.2 wurde das Addierwerk benutzt, um den Befehlszähler weiterzusetzen und um die Rechenoperation mit Hilfe der Indexregister zu modifizieren; darüber hinaus kann es ein drittes Mal verwendet werden, wenn die durchzuführende Rechenoperation ebenfalls eine Addition ist. Man wird immer wieder dieselbe Auslöseleitung des Rechenwerkes ansteuern müssen und hierfür eine Disjunktion verwenden. Bild 6.7 zeigt das Prinzip: Hier sind zwei Operationen A und B wiedergegeben, wobei B von zwei Stellen her ausgelöst wird.

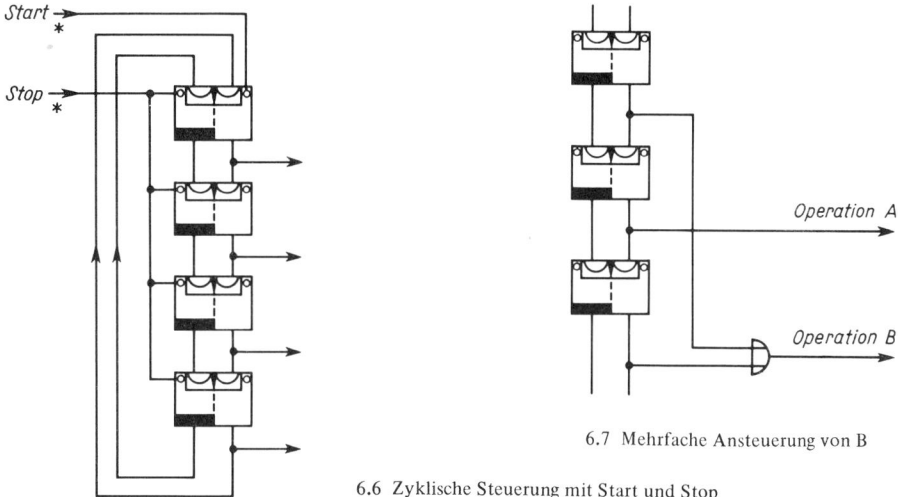

6.7 Mehrfache Ansteuerung von B

6.6 Zyklische Steuerung mit Start und Stop

Verzweigungen und Bedingungen

Die meisten Schritte eines Befehlsablaufes stimmen zwar bei allen Befehlen überein, aber die entscheidenden Teile sind natürlich verschieden, wenn wir durch dieselbe Ablaufsteuerung je nach der Bedeutung des einzelnen Befehls die verschiedensten Rechenoperationen (z.B. Addition, Subtraktion, Intersektion usw.) ausführen. Unsere Ablaufsteuerung muß daher über Verzweigungen verfügen. Wir werden z. B. von mehreren Schieberegistern immer nur eines ansteuern und die anderen parallel dazu liegenden vorübergehend außer Kraft setzen. Eine Möglichkeit zeigt Bild 6.8. Wenn das obere Flipflop von unserem „umlaufenden Bit" durchlaufen worden ist, so leitet durch eine „Weiche" das linke Schieberegister aus zwei Flipflops oder das rechte aus drei Flipflops das „umlaufende Bit" weiter. Nachher muß um des Kreislaufs willen in beiden Fällen das Bit wieder in ein gemeinsames Schieberegister einlaufen. Später ist der Kreis zu schließen: Die Ausgänge müssen nach eventuellen weiteren Verzweigungen und längeren Wegen wieder in den Anfang einmünden.

Zur „Weichenstellung" müssen wir beachten, daß unsere Flipflops an ihren Eingangsanschlüssen mehrere Kontakte besitzen, die konjunktiv zusammengefaßt sind. Wenn wir, wie in der Abbildung dargestellt, an die rechten Eingangskontakte weitere Anschlüsse legen, so haben wir die Möglichkeit, das betreffende Flipflop an der Aufnahme des „umlaufenden Bit" zu hindern. Es muß lediglich dafür gesorgt werden, daß nur jeweils ein einziger Zweig durch eine Spannung H freigegeben wird.

Wir haben den auszuführenden Befehl im Befehlsregister abgelegt und sind in der Lage, einzelne Bits des Operationsteils dadurch abzufragen, daß die beiden Bedingungsleitungen, die hier mit

„Zweig A" und „Zweig B" bezeichnet sind, an die beiden Ausgangskontakte eines dort befindlichen Flipflops führen. Dadurch erreichen wir, daß je nach der Art des Operationsteils der rechte
oder linke Zweig unseres Ablaufschemas durchlaufen wird.

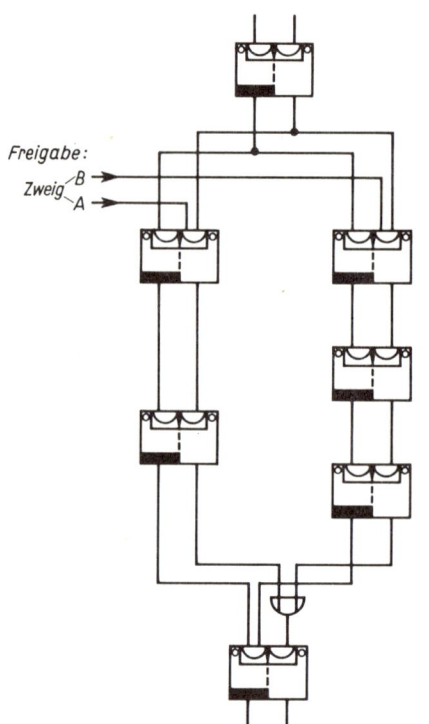

Da wir an die Flipflops des linken Zweiges andere Rechenoperationen mit ihren Auslöseleitungen anschließen als an den rechten Zweig, erreichen wir eine Variation des Rechenablaufs.
Auf dieselbe Art und Weise lassen sich mehrere
Verzweigungen erreichen. Man braucht nur
mehrere Schieberegister parallel zu legen und
die Bedingungen, die in die ersten Flipflops eingeführt sind, entsprechend zu schalten.

6.8 Verzweigung

Eine Rechenanlage hat heutzutage oft 50 bis mehrere Hundert Befehle. Es wäre sehr aufwendig,
würde man für jeden dieser Befehle einen Ast eines solchen verzweigten Schieberegisters vorsehen. Statt dessen ist es günstiger, nur eine begrenzte Zahl von Ästen einzuführen und zusätzlich die Möglichkeit zu haben, daß die einzelnen Flipflops eines solchen Astes nicht in jedem
Fall, sondern nur unter gewissen Bedingungen bestimmte Rechenoperationen auslösen.

Bild 6.9 zeigt eine Möglichkeit hierfür. Das erste Flipflop steuert drei Konjunktionen an, deren
jede weiter über eine Disjunktion auf eine auszulösende Rechenoperation führt. Nun können
wir von diesen Konjunktionen mehrere oder auch nur eine einzige an- bzw. abschalten, da von
links weitere Eingänge hereingeführt sind, die Bedingungen darstellen. Nur wenn eine Bedingung
„erfüllt ist", d.h. über die Zuleitung eine Spannung H kommt, kann die Operation ausgelöst werden.

Beim ersten Schritt wird also eine oder mehrere von den drei Operationen X, Y, Z ausgelöst.
Nach dem nächsten Takt schaltet das Schieberegister um eine Stelle weiter. Damit sind diese
drei Konjunktionen außer Kraft gesetzt. Dafür kann jetzt nach dem zweiten Flipflop eine

Konjunktion aktiv werden, jedoch nur unter der Voraussetzung, daß die Bedingung D im eben besprochenen Sinne erfüllt ist. Wir sind so ohne weiteres in der Lage, auch Mehrfachbedingungen abzufragen.

Wieder einen Takt später ist auch diese Konjunktion nicht mehr erfüllt, und in diesem Fall wird in unserem Bild die Rechenoperation Y nun unbedingt ausgelöst. Man hat auf diese Weise die Möglichkeit, beliebige Varianten in den Ablauf hineinzubringen.

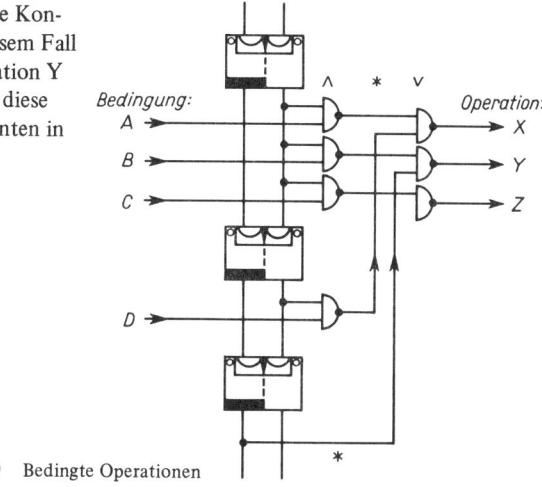

6.9   Bedingte Operationen

Wartestellungen

Es gibt eine Reihe von Operationen, die mehrere Takte benötigen und bei denen u.U. die Länge der Operationsdauer nicht von vornherein feststeht. Wir erinnern an die Addition, bei der Überträge aufgearbeitet werden müssen. Da nicht vorhersehbar ist, wieviele Überträge auftreten und durch wieviele Stellen sie weitergeleitet werden müssen, kann man nicht vorhersagen, wie lange eine Addition dauert. Es ist daher nötig, daß wir während des Additionsprozesses das Ablaufschieberegister „festhalten" und es dazu bringen, daß es „auf der Stelle tritt". Ein ähnlicher Fall ist das Warten auf die Fertigmeldung des Speichers.

Noch an einer dritten Stelle kann bei unserem Gerät dieses Problem auftauchen: Wenn mehrfache Links- oder Rechtsverschiebungen eines Wortes vorgenommen werden. Deren Anzahl ist nicht allgemein vorhersehbar, da sie vom Programmierer festgelegt wird. Auch hier wird man eine Steuerung vorsehen, die mehrere Takte hindurch die Schiebeoperation festhält und die Ablaufsteuerung erst danach weiterschalten läßt.

Wie kann eine Wartestellung unserer Ablaufsteuerung bewirkt werden? Die einfachste Methode besteht darin, daß man den Flipflops keinen Taktimpuls liefert. Man wird also die Taktanschlüsse der Flipflops der gesamten Ablaufsteuerung zu einer Leitung zusammenfassen und dieser eine Konjunktion vorschalten, die nur unter gewissen Umständen den Taktimpuls hindurchläßt.

Eine andere Möglichkeit soll ebenfalls beschrieben werden. Sie hat gegenüber dem eben beschriebenen Verfahren einen Vorteil: Manchmal existieren Wartestellungen, die nicht das ganze Schieberegister stillegen, sondern die erst an einer bestimmten Stelle den Ablauf anhalten sollen, bis eine Freigabe erfolgt. Ein typischer Fall ist das Warten auf den Speicher, das gleichzeitige Rechenabläufe erlaubt, bis die Information gebraucht wird, die aus dem Speicher kommt.

Wir können durch logische Schaltung eine Wartestellung erzwingen und benutzen dazu die Eingangskonjunktionen unserer Flipflops (Bild 6.10). Wird an die von links kommende Klemme eine Spannung Low gelegt, so kann das mittlere der drei Flipflops zwar nach rechts schalten, aber dann nicht mehr nach links zurück. Gleichzeitig kann das nächste Flipflop nicht nach rechts geschaltet werden. Hierdurch ist offenbar eine Haltestellung erreicht.

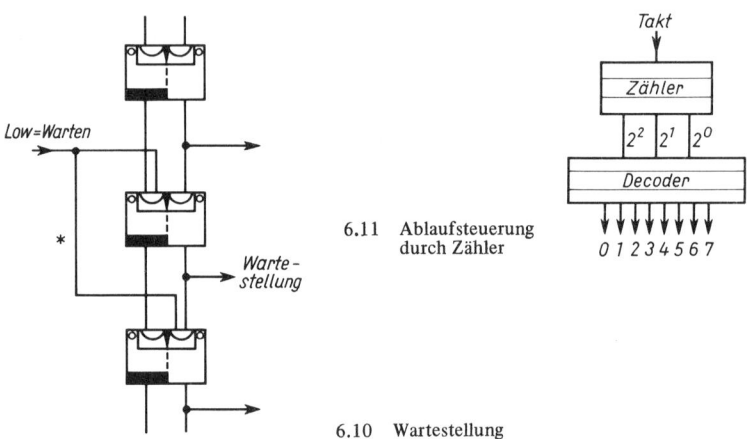

Low=Warten

*

Warte-
stellung

6.10   Wartestellung

6.11   Ablaufsteuerung
       durch Zähler

Takt

Zähler

2^2 2^1 2^0

Decoder

0 1 2 3 4 5 6 7

Ein anderer einleuchtender Weg für eine Ablaufsteuerung benutzt Zähler. Allerdings muß man, um einzelne Ansteuerleitungen anschließen zu können, vorher die im allgemeinen duale Zählerstellung decodieren. Das Prinzip zeigt Bild 6.11, wo die Auslöseleitungen an die unteren Anschlüsse 0 bis 7 gelegt werden. Nachteilig sind allerdings die schlechten Möglichkeiten für Varianten und Verzweigungen sowie der Zeitbedarf des Decoders für das Einstellen auf einen neuen Zählerstand.

6.4. Mikroprogrammtechnik

Neben einer Ablaufsteuerung nach dem eben beschriebenen Verfahren sollen jetzt andere Konstruktionen betrachtet werden. Eine Ablaufsteuerung stellt im Grunde ein Programm dar. Zur Unterscheidung von Benutzer-, Bibliotheks-, Basisprogrammen usw. hat sich in diesem Zusammenhang die Bezeichnung Mikroprogramm eingebürgert. Was darunter im engeren Sinne zu verstehen ist, soll im folgenden geschildert werden.

Das Zeitsignal, das wir u.a. in Bild 6.5 von einem Schieberegister abgenommen haben, läßt sich in der Praxis nur auf ähnliche Weise gewinnen. Natürlich kann man wie in Bild 6.11 einen Zähler verwenden und die von ihm gelieferte Zahl decodieren. Der Unterschied ist aber gering.

Das eigentliche Programm jedoch ist eine recht unübersichtliche Anzahl von Drahtverbindungen, die von den einzelnen Kontakten dieses „Schalters" an die Auslöseleitungen des Rechenwerks, der Register usw. führen. Wir hatten in Bild 6.2 und 6.3 dargelegt, daß die Anzahl der Anschlüsse in der Größenordnung zwischen 50 und 100 liegen kann. Bei Großanlagen ist sie entsprechend höher. Wie kann nun eine Vereinfachung der erforderlichen und sehr kostspieligen Verdrahtung erreicht werden?

Eine in der Elektrotechnik geläufige Konstruktion ist in Bild 6.12 skizziert: Ein „Kreuzschienen-verteiler". Hier führen von links die Leitungen herein, die von den Konjunktionen unseres Schie-beregisters kommen. Nach unten führen die Leitungen, die den einzelnen Mikrooperationen zu-geordnet sind. Man wird diese Leitungen kreuzförmig übereinander führen und an den gewünsch-ten Kreuzungspunkten eine Verbindung herstellen.

Diese ist aber nicht als einfache Lötstelle vorzusehen, denn das würde bedeuten, daß Ströme auch in ungewünschter Richtung verlaufen. In Bild 6.12 haben wir an den Kreuzungs-punkten Dioden eingezeichnet. Diese lassen den Strom nur in einer Richtung durch: Die kleine Pfeilspitze, als die man das Dreieck des Schaltzeichens deuten kann, gibt die Richtung an.

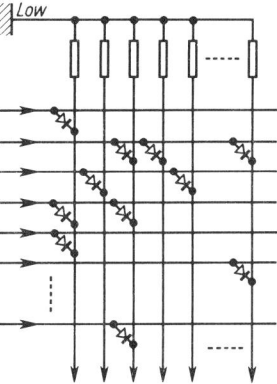

6.12   Diodenmatrix für das Auslösen von Operationen

Sobald die erste oder die vierte oder fünfte waagerechte Leitung von links eine positive Spannung „H" erhält, ist ein Stromfluß möglich, der von links über den oben eingezeichneten Widerstand nach „Low" geht. Wegen der Widerstandsverteilung, die einer Spannungsteilerschaltung entspricht, wird dabei die erste linke senkrechte Leitung eine Plusspannung erhalten. Somit sind die senk-rechten Leitungen je eine Disjunktion derjenigen Eingangsleitungen, an die Dioden angeschlos-sen sind. Wir erinnern uns, daß wir in Abschn. 3.1 im Bild 3.1 die logische Funktion einer Dis-junktion gerade mit Hilfe einer Diodenschaltung erläutert haben, die genau der hier gezeichne-ten entspricht.

Es lassen sich nun sehr bequem von den verschiedensten Stellen aus die Mikrooperationen aus-lösen. Man wird in der Praxis z. B. die waagerechten Leitungen auf die eine Seite einer Isolier-platte (durch Ätzen der Schaltung) aufbringen und die senkrechten auf die andere Seite, und man wird an den Punkten, an denen evtl. Dioden angebracht werden könnten, Bohrungen vor-sehen. Nun kann nachträglich an allen Stellen, an denen eine Verbindung aktuell ist, eine Dio-de eingefügt und verlötet werden. Im Falle von Irrtümern ist auch ein Herauslöten und Korri-gieren der Schaltung möglich.

Die beschriebene Konstruktion gestattet die Verbindung zwischen den Schieberegistern und den Mikrooperationen nach einem übersichtlichen und einheitlichen Schema. Sie hat aber vorläufig den Nachteil, daß in ihr nur Disjunktionen geschaltet werden können und die vorgeschalteten Konjunktionen außerhalb liegen müssen, so daß nur ein Teil der Querverbindungen eingespart werden kann, sofern man nicht auf bedingte Operationen vollständig verzichtet.

Will man Konjunktionen einführen, so läßt sich das Verfahren weiter fortführen wie in Bild 6.13. Hier finden wir wieder eine Kreuzschienen-ähnliche Anordnung. Oben sind vier waagerechte Leitungen A bis D als Eingänge gezeichnet, die Bedingungen beliebiger Art darstellen, wo-bei auch die Zeitsignale aus unserem Schieberegister als Bedingungen aufgefaßt werden. Die senkrechten Leitungen führen oben über einen Widerstand an Plusspannung und kreuzen unten waagerechte Leitungen. Letztere sind vier Mikrooperationen W, X, Y, Z zugeordnet. Die senkrechten Leitungen sind in gewissem Sinne „Konjunktionen" der jeweils angeschlossenen Eingänge. So kann z.B. an der ersten linken Senkrechten nur dann eine positive Spannung liegen, wenn weder A noch B (niederohmig) an Low liegt. Die waagerechten Ausgangsleitungen wiederum sind Disjunktionen der angeschlossenen Senkrechten: W hat eine (halbe) Plusspannung (gegen Masse), sobald mindestens eine der ersten beiden senkrechten Leitungen „H" hat. Damit gilt die Gleichung W : = A ∧ B ∨ C ∧ D. Bei genauerem Vergleich mit Bild 3.1 entpuppt sich die Schaltung in Bild 6.13 als eine Kombination der dortigen Diodenschaltungen für Konjunktion und Disjunktion.

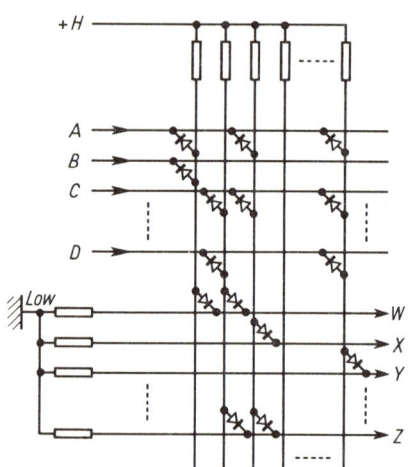

6.13   Diodenmatrix für die disjunktiven Normalformen
W : = A ∧ B ∨ C ∧ D
X : = A ∧ C
Y : = A ∧ C ∧ D
Z : = C ∧ D ∨ A ∧ C

Da jeder logische Zusammenhang sich als disjunktive Minimalform schreiben läßt, ist das beschriebene Verfahren universell. Nachteile sind einmal die räumliche Größe (bei einer großen Zahl von Leitungen) und zum anderen das Arbeiten mit verschiedenen Spannungen, die sich u. U. schlecht in das Schema der übrigen Bausteine einordnen.

Ist eine andere, ebenso schematische und flexible, aber geometrisch kleinere Darstellung von Mikroprogrammmen möglich? Diese Frage ist von prinzipieller Bedeutung, da wir auf disjunktive Minimalformen größeren Umfanges nicht nur bei der Ablaufsteuerung, sondern auch in den übrigen Teilen unseres Rechners immer wieder stoßen. Wegen der Vielzahl der herein- und hinausführenden Leitungen sind allerdings hier die Verhältnisse extrem.

Ein Blick auf Bild 6.12 zeigt, daß die Wirkungsweise der dort wiedergegebenen Schaltung im Grunde genommen nur die eines Speichers ist; allerdings eines sog. „Festwert-Speichers", dessen Inhalt nur „gelesen" wird. Die von links kommenden Anschlüsse würden den Ansteuerungen für die verschiedenen Adressen des Speichers entsprechen. Auch in einem Magnetkernspeicher gehört zu jedem Wort, also zu jeder Adresse des Speichers, eine Leitung, die im entscheidenden Augenblick Strom führt. Die senkrechten Leitungen in Bild 6.12 entsprechen dann den einzelnen Bits des Wortes, das aus dem Speicher herausgelesen werden soll. In der Tat lassen sich kleine Festspeicher mit Dioden dieser Art darstellen. Dann kann aber auch ein solcher Speicher durch andere Speichermedien ersetzt werden. Für einen Ringkernspeicher würde das im Prinzip dem Bild 6.14 entsprechen. Natürlich wäre ein Magnetkernspeicher für uns nur begrenzt nutzbar, da sein Inhalt beim Herauslesen gelöscht wird und regeneriert werden muß, für eine Ablaufsteuerung ein zu komplizierter Vorgang, der seinerseits wieder eine Ablaufsteuerung erfordern würde und auch zu langsam wäre.

Es ist aber möglich, Dioden in großer Zahl in integrierten Bausteinen unterzubringen, und es werden Festspeicher wie in Bild 6.12 hergestellt, die an allen Kreuzungspunkten Dioden oder entsprechende Bauelemente enthalten, die normalerweise nicht angeschlossen sind. Die Herstellerfirmen verbinden diese Dioden nach den Angaben des Kunden, so daß ein beliebiges Muster für eine beliebige logische Funktion hergestellt werden kann. Der Vorteil dieser Festspeicher liegt in ihrer Größe (sie messen nur wenige Quadratmillimeter) und in der billigen Serienfertigung bei größeren Stückzahlen. Weiterer Vorteil ist die Möglichkeit, mit Hilfe von Steckverbindungen integrierte Bausteine gegen andere auszuwechseln und damit durch andere Mikroprogramme gewissermaßen „einen neuen Rechner" zu erhalten, der über andere Maschinenbefehle verfügt.

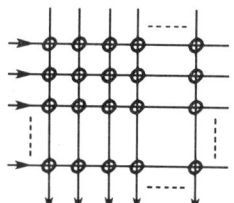

6.14   Vergleich eines Magnetkernspeichers mit der Diodenmatrix in Bild 6.12

Natürlich haben die aus Festspeichern aufgebauten Mikroprogramme auch Nachteile. Einerseits ist es nur bei Serienfertigung rationell, Festspeicher in integrierter Bauweise einzusetzen, Einzelfertigung wird oft zu teuer, andererseits können in eine Schaltung wie in Bild 6.12 keine Bedingungen eingeführt werden. Gerade hiervon werden wir im folgenden sehr wesentlich Gebrauch machen. Ein Ausweg aus diesem Dilemma besteht darin, daß man anstelle der Bedingungen Verzweigungen in die Mikroprogramme einführt, die der Ablaufverzweigung in Bild 6.8 entsprechen. Das bedeutet aber, daß eine noch größere Zahl von „waagerechten Leitungen" in Bild 6.12 vorgesehen werden muß und daß die Verzweigungen im Ablaufschema zu berücksichtigen sind.

Unbefriedigend ist auch, daß man eine sehr große Zahl von „senkrechten Leitungen" für die Mikrooperationen benötigt. Viele dieser Mikrooperationen — in unserem Beispiel nahezu die Hälfte — sind ausgesprochene „Ad-hoc-Operationen", die nur in sehr wenigen Fällen benötigt werden. Bei integrierten Bausteinen wird für jede Kreuzung einer waagerechten mit jeder senkrechten Leitung eine Diode vorgesehen, wobei nur die Kontakte noch nicht angeschlossen sind. Man muß so sehr viele überflüssige Dioden einbauen, die nachher nicht benutzt werden.

Auch das erwähnte Auswechseln von Festspeichern zum Umstellen auf andere Maschinenbefehle ist in der Praxis nicht immer so elegant und universell, wie es auf den ersten Blick erscheint. Tauscht man Mikroprogramme als Ganzes aus, so braucht man oft nunmehr einige Mikrooperationen, die bisher nicht aufgetreten waren und die man daher auch nicht vorgesehen hat. Dafür werden andere überflüssig. Bei einer verdrahteten Ablaufsteuerung würde man lediglich einige neue Verbindungen innerhalb des Gerätes herstellen müssen, die durch Löten zu bewältigen wären. Dies ist zwar umständlicher in der handwerklichen Ausführung, aber flexibler im logischen Aufbau, weil man sehr viel mehr Teile des Rechners erreichen kann.

Eine weitere kritische Stelle von integrierten Festwertspeichern kann u. U. die Geschwindigkeit sein. Heutige Speicher schalten allerdings sehr schnell. Sie enthalten im wesentlichen Dioden und Transistoren mit kurzen Schaltzeiten. Dafür muß aber von einem Schieberegister oder von einem Zähler eine Spannung an die Eingangsleitungen gegeben werden. Ebenso sind an die Auslöseleitungen, die den Mikrooperationen zugeordnet sind, Verstärker anzuschließen — auch diese benötigen Zeit.

Eine besondere Schwierigkeit eines schematisierten Verfahrens liegt oft darin, daß man zum selben Zeitpunkt eine Reihe von Operationen ausführen will, daß diese aber im allgemeinen unter verschiedenen Bedingungen stehen. Nun ist es nahezu unmöglich, aus einem Speicher einzelne

Impulse herauszuholen, die verschieden konditioniert sind. Dies würde das gleichzeitige Lesen mehrerer Worte erfordern.

Es hat sich in der Praxis gezeigt, daß bei manchen Maschinen, bei denen auf Zeitersparnis ganz besonderer Wert gelegt werden muß, Mikroprogramme sich noch nicht in ihrer vollen Allgemeinheit durchgesetzt haben. Bei ihnen verwendet man Ablaufsteuerungen allgemeinerer Art. Insbesondere hat man dann auch bessere Möglichkeiten, mehrere Rechenprozesse gleichzeitig ablaufen zu lassen.

Auf die Dauer werden sich wahrscheinlich die schematisierten Lösungen der Mikroprogramm-Festspeicher durchsetzen, die allerdings — wie jede schematische Lösung — einen gewissen Mehraufwand und einen Verzicht auf die Ausnutzung der letzten Reserven des Gerätes bedingen. Sie sind vorzugsweise dort angebracht, wo man sich eine gewisse Großzügigkeit in Aufwand und erreichter Leistung erlauben kann.

Von besonderer Bedeutung für den verstärkten Einsatz von Mikroprogrammen aus Festwertspeichern wird es sein, wenn man Verzweigungen besser realisieren kann. Bisher führt man bei Verzweigungen gewissermaßen „bedingte Sprungbefehle" ein. Man unterbricht den Ablauf innerhalb eines solchen Speichers, bei dem ein Befehl nach dem anderen in der Reihenfolge der Numerierung der Speicherplätze an die Reihe kommt, und beginnt bei einem Speicher mit einer anderen Adresse, wenn eine bestimmte Bedingung erfüllt ist. Die Abfrage, die zu einem solchen bedingten Sprung führt, und seine Durchführung bedeuten dabei oft einen Zeitverlust. Da wäre es günstiger, hätte man im Speicher eine Anzahl von Worten, die gleichzeitig angesprochen werden, von denen aber nur dasjenige herausgelesen wird, das jeweils vorliegende Bedingungen erfüllt.

Ein normaler Speicher gestattet nur eine disjunktive Verknüpfung der herausgelesenen Impulse. Es fehlt das Einführen von Bedingungen, die als Konjunktionen vor die Disjunktion hinzugefügt werden: Wir benötigen eine disjunktive Minimalform wie in Bild 6.13.

Nun sind seit längerer Zeit Speicher im Gespräch, die gerade dies bezwecken. Sie werden nicht dadurch angesteuert, daß man eine feste Adresse vorgibt, sondern sie erhalten ein Kennwort, auf das innerhalb des Speichers ein einziges Wort reagiert. Man kann also mit geringfügig veränderten Kennworten eine Reihe von verschiedenen Speicherplätzen ansteuern. Derartige Speicher heißen „Assoziativspeicher".

Ihre Benutzung für unseren Zweck würde als Kennwort folgende Informationen in den Speicherblock hineinführen. Die ersten Auslöseleitungen würden den Stand eines Zählers wiedergeben, der von Schritt zu Schritt weiterschaltet, um die Reihenfolge der Operationen festzulegen. Man würde weiterhin alle Veränderlichen hineinführen, die als Bedingungen für die Operation benötigt werden. Nun fühlt sich eines der Speicherworte innerhalb eines Assoziativspeichers nur dann „angesprochen", wenn alle erforderlichen Auslösebits die richtige Stellung haben, wenn also einerseits der Zähler den gewünschten Stand erreicht hat und wenn zweitens die Bedingungen den geforderten Wert haben. Man kann deshalb ohne explizite Verzweigungen dadurch Varianten einführen, daß ein Speicherwort auf den gegebenen Zählerstand und die Tatsache reagiert, daß die Bedingung den Wert L hat. Ein zweites Wort würde auf denselben Zählerstand und die Bedingung mit dem Wert 0 ansprechen. Selbstverständlich lassen sich auch mehrere Bedingungen kombinieren.

Natürlich würde es sich auch bei den Assoziativspeichern um Festspeicher handeln müssen, die ihren Wert nicht verändern.

Es soll hier ein Wunschzettel angegeben werden, der für einen Festwertspeicher zur Mikroprogrammsteuerung gilt:

1. Er soll schnell sein. Da er nämlich die übrigen Teile der Rechenanlage steuert, muß er mindestens deren Geschwindigkeit besitzen.

2. Er soll ein veränderbarer Festwertspeicher sein. Gemeint ist: Auch bei Abschalten der Maschine und bei einem Warten über längere Zeiträume hinweg sollte der Inhalt sich nicht ändern. Es wäre ein komplizierter Aufwand nötig, wollte man jedesmal nach dem Einschalten der Maschine den Speicher wieder laden. Andererseits sollten Änderungen aber doch möglich sein und nicht gar zu viele Schwierigkeiten bereiten. Es müssen immer Programmierfehler beseitigt werden, und die Wünsche an eine Rechenanlage ändern sich auch im Laufe der Zeit. Trotz des scheinbaren Widerspruchs in dieser Forderung ist zu vermuten, daß Speicher mit diesen Eigenschaften eines Tages erreichbar sein werden. Das Einschreiben kann z. B. durch Überspannungen erfolgen, die im normalen Betrieb nicht auftreten.

3. Der Mikroprogrammspeicher sollte eine genügend große Wortlänge haben bei einem vertretbaren Preis. Wir erwähnten, daß er 50 bis 100 Mikrooperationen auszulösen hat. Natürlich benötigt nicht jede ein getrenntes Bit, aber eine größere Zahl von ihnen wird oft gleichzeitig ablaufen, so daß man eine Codierung nur in Gruppen vornehmen kann. Alle Gruppen müssen gleichzeitig zugriffsfähig sein.

4. Ein Mikroprogrammspeicher muß Verzweigungen und Bedingungen gestatten, wobei Assoziativspeicher dieses Problem zum Teil lösen würden. Natürlich können auch in ihnen nicht die verschiedenen Rechenoperationen verschieden konditioniert sein.

5. Bei größeren Rechenanlagen ist es üblich, daß verschiedene Zweige des Rechners zur gleichen Zeit, aber mit verschiedenen Zeitabläufen verschiedene Rechenprozesse durchführen. Ein Mikroprogrammspeicher sollte daher in mehreren Ästen gleichzeitig arbeiten. Man wird dann mehrere Mikroprogrammspeicher für die einzelnen Teile der Anlage vorsehen und diese synchronisieren. Dazu sind Wartestellungen nötig.

6. Außerdem gelten für einen Mikroprogrammspeicher dieselben Wünsche wie für andere Bauteile innerhalb einer Rechenanlage. Sie sollen einfach im Entwurf, im Aufbau, in der Benutzung und weiterhin billig herstellbar sein. Insbesondere sollte auch der Kunde selbst in einen Festspeicher den von ihm gewünschten Inhalt eingeben können.

6.5. Befehlsdecodierung

Das in Abschn. 6.3 beschriebene Prinzip einer verdrahteten Ablaufsteuerung soll nun weiter ausgebaut werden. Wir hatten Bezug genommen auf den Befehlszyklus aus Abschn. 6.1, der aber nur den Ablauf eines einzigen Befehls wiedergibt. In Wirklichkeit ist der zweite Teil des dortigen Schemas nun zu variieren je nach der geforderten Rechenoperation.

Die Praxis zeigt — und wir wollen dies weiter unten verfolgen —, daß der Programmierer für ein gutes Arbeiten mit einer Rechenanlage mindestens etwa 50 verschiedene Rechenoperationen wünscht. Natürlich geht es auch mit sehr viel weniger. Man kennt aus der Theorie sog. Turing-Maschinen, die extrem wenige Rechenoperationen zu können brauchen. Sie besitzen aber trotz ihrer Universalität nur einen rein theoretischen Wert.

Bei 50 oder sogar einigen Hundert Varianten werden die oben beschriebenen Verfahren auf den ersten Blick außerordentlich schwierig. Wir müßten dann an einer Stelle unser Schieberegister in mehrere Zweige verästeln und würden für jeden Befehl scheinbar einen getrennten Ast benötigen.

Die andere in Abschn. 6.3 wiedergegebene Möglichkeit arbeitet mit einem einzigen Schieberegister, hält aber die einzelnen Varianten dadurch auseinander, daß die entsprechenden Rechenoperationen bedingt ausgeführt werden, daß also z. B. in einem Schritt 50 Bedingungen 50 verschiedene Operationen beeinflussen müßten, von denen immer nur eine in Kraft tritt. Dieser Aufwand wäre ebenfalls untragbar.

So werden wir zwischen beiden Wegen einen Kompromiß einschlagen. Wir werden eine Verzweigung in acht Schieberegister vorsehen und innerhalb jedes einzelnen durch Bedingungsabfragen acht Varianten unterscheiden. Dadurch können wir dem Programmierer 64 verschiedene Befehle zur Verfügung stellen.

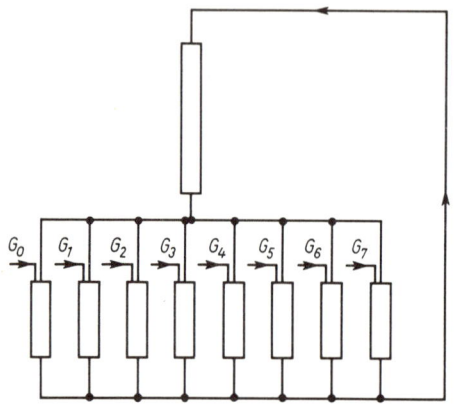

6.15   Achtfache Verzweigung einer Ablaufsteuerung. Die Anschlüsse $G_0 \cdots G_7$ führen an Eingangskonjunktionen der angedeuteten Schieberegister

Eine Skizze des Ablaufzyklus zeigt Bild 6.15. Darin sind symbolisch verschiedene Schieberegister durch längliche, aufrecht stehende Kästchen dargestellt, die in ihrem Innern eine Reihe von Flipflops sowie die an diese Flipflops angeschlossenen Auslöseanschlüsse enthalten. Ebenfalls haben wir die Bedingungen, die zu diesen Auslösungen führen, nicht mit eingezeichnet. Das obere Kästchen wird als Schieberegister von oben nach unten durchlaufen und enthält diejenigen Teile, die bei allen Befehlen in derselben Form durchzuführen sind. In Bild 6.1 hatten wir diese mit „Teil 1" bezeichnet. Erst nach diesen vorbereitenden Schritten tritt jetzt eine Verzweigung ein. Wir wollten die Befehle in acht Gruppen einteilen, also sind hier parallel acht Schieberegister einzusetzen, von denen im Ernstfall natürlich nur ein einziges jeweils freigegeben wird. In Bild 6.15 führen die Anschlüsse G_0, G_1 bis G_7 an die Eingangsleitungen der ersten Flipflops der Schieberegister. Wenn sie eine Spannung Low haben, so ist das betreffende Schieberegister blockiert und kann das „umlaufende Bit" nicht aufnehmen. Wir haben dafür zu sorgen, daß von diesen Anschlüssen immer nur ein einziger eine Spannung H enthält

Bei der Einteilung der von uns vorzusehenden Rechenoperationen haben wir darauf zu achten, daß innerhalb einer solchen Teilablaufsteuerung, also innerhalb eines Schieberegisters, nicht gar zu verschiedene Operationen durchgeführt werden. Sie stellen Varianten dar und sollten in möglichst wenigen Schritten verschieden ablaufen. Dies ist keine prinzipielle Einschränkung. Aus Rationalisierungsgründen wird man ihr aber besondere Aufmerksamkeit schenken.

Eine strengere Vorschrift ist, daß unbedingt alle Rechenabläufe, die durch dasselbe Schieberegister gesteuert werden, dieselbe Anzahl von Schritten enthalten. Hingegen können in verschiedenen Zweigen des in Bild 6.15 gezeigten Kreislaufes verschiedene Anzahlen von Flipflops sein.

Die in den Teilschieberegistern durchzuführenden Rechenoperationen sollen im nächsten Kapitel näher betrachtet werden. Es sei hier nur bemerkt, daß eine praktikable Lösung das gemeinsame Schieberegister, welches oben eingezeichnet ist, mit etwa 10 bis 15 Flipflops für ebenso viele vorbereitende Rechenschritte ausstattet, während die unten nebeneinanderliegenden Schieberegister sehr viel kleiner sein und zwischen 3 und vielleicht 10 Flipflops variieren können. Natürlich sind wesentlich andere Lösungen denkbar, wir wollen im folgenden jedoch diesen Weg betrachten.

Es bleiben zwei Fragen offen. Wie wollen wir in Abhängigkeit von dem gewünschten Befehl das richtige Schieberegister in Kraft setzen und die übrigen blockieren? Und wie wollen wir weiterhin, ebenfalls in Abhängigkeit von dem jeweils vorliegenden Befehl, die Varianten ansteuern,

d. h. die Bedingungen „elektrisch formulieren", die sich aus dem betreffenden Befehl ergeben? Wir erinnern uns zu diesem Zweck an Abschn. 6.1, wo wir den Ablauf eines Befehls skizziert haben. In dem Augenblick, in dem der Befehl ausgeführt werden soll, muß der Adreßteil des Befehls im Speicher-Adreß-Register untergebracht werden. Dieses nannten wir auch das Befehlsregister. An ihm ist an die 16 Adressenstellen die Ansteuerung des Speichers angeschlossen. Gleichzeitig befindet sich aber in den übrigen 8 Stellen dieses Registers der Operationsteil und kann dort abgefragt werden. Diese Abfrage ist nun näher zu betrachten.

Natürlich befindet sich im Befehlsregister nicht nur der Befehl, sondern in den vorhergehenden Schritten des Befehlszyklus z. B. die Adresse des Befehls, wie sie aus dem Befehlszählregister geliefert wurde. Das schadet nichts, da die Entschlüsselung des Befehls erst dann erfolgt, wenn er wirklich in dieses Register eingelaufen ist.

Wir haben für diesen Zweck das schon früher mit B bezeichnete Register vorgesehen. Dieses ist in Bild 6.16 oben symbolisch dargestellt. Die verschiedenen Dualstellen sind nebeneinander angeordnet. Dabei soll die „Einerstelle", die bei Zahlen den Wert 2^0 enthält, rechts liegen. Es ist üblich und zweckmäßig, den Adreßteil des Befehls in den „unteren" Stellen mit der kleineren Stellenwertigkeit unterzubringen. Der Grund ist die Bequemlichkeit beim Umrechnen von Befehlen, wo oft zur Adresse etwas addiert oder von ihr subtrahiert werden soll.

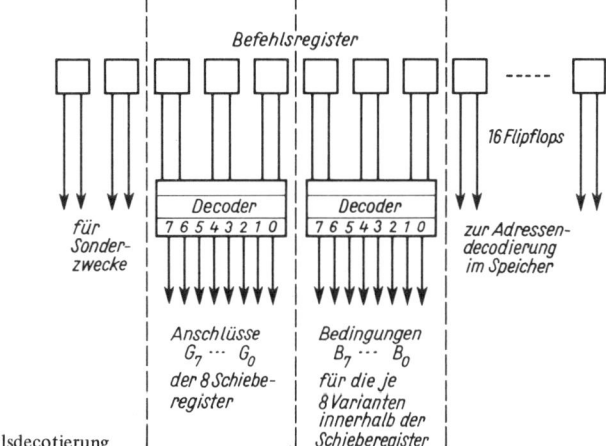

6.16   Befehlsdecotierung

Die 16 Flipflops, die der Adresse zugehören, sind nur angedeutet. Die von ihnen ausgehenden Leitungen führen zur Adressendecodierung. die den Speicherplatz ansteuert. Die linke Seite des Registers mit 8 Flipflops dient nun zur Charakterisierung des Befehls. Wir sprachen von 64 vorzusehenden Befehlen. Für diese würden wir 6 Flipflops benötigen ($2^6 = 64$), für die die weiter rechts gelegenen zwei Dreiergruppen vorgesehen sind. Die übrigen beiden Flipflops können dann für Sonderzwecke, nämlich für weitere Variationen der Befehle, verwendet werden. Wir werden auf sie später zu sprechen kommen.

Wenn wir nun 8 Befehlsgruppen zu je 8 Varianten haben wollen, so müssen wir 8 Anschlüsse vorsehen, die an die Äste unseres Schieberegisters führen und von denen jeweils 1 Anschluß einen Ast freigibt. Hierzu sind 3 Flipflops zur Steuerung nötig, denn 3 Bits gestatten 8 Kombinationen, die wir den 8 Befehlsgruppen zuordnen werden. Die linke der Dreiergruppen ist für diesen Zweck vorgesehen. Fassen wir die Stellung dieser 3 Flipflops als eine Dualzahl auf, so bestehen sämtliche Möglichkeiten von 000, 00L, 0L0 bis LLL. Wir werden diese als die Befehlsgruppen 0, 1, 2 bis 7 lesen. Wir müssen nun je nach der Stellung dieser 3 Flipflops einen von 8 Anschlüssen unter Spannung setzen und erinnern uns, daß dies die Aufgabe eines Decodierers ist, wie wir ihn als Schaltung in Bild 3.25 betrachtet haben. Dort wurde eine dreistellige Dualzahl aus dem BCD-Code in den „Eins-aus-Acht"-Code umgewandelt. Genau dies benötigen wir hier.

In Bild 6.16 haben wir an dieser Stelle nur ein Kästchen eingezeichnet, das mit „Decoder" beschriftet wurde und in seinem Inneren der Schaltung in Bild 3.25 entsprechen soll. Die herausführenden Anschlüsse müssen an die Eingänge der Teilschieberegister geleitet werden, so daß von diesen immer nur eines freigegeben wird.

Innerhalb der Schieberegister benötigen wir weiterhin 8 Bedingungen für die jeweils 8 Varianten. Diese müssen wir aus den nächsten 3 Bits unseres Operationsteils gewinnen. Es ist wieder ein Decoder anzuschließen, der den „Drei-Bit-Code" in den „Eins-aus-Acht-Code" übersetzt. Die herausführenden Leitungen können dann unmittelbar als Bedingungen in die Konjunktionen eingeführt werden, die wir in Abschn. 6.3 für diesen Zweck vorgesehen haben.

Zu den beiden für Sonderzwecke reservierten Flipflops in Bild 6.16 noch die folgende Bemerkung: Es ist sehr praktisch, den Akkumulator der Rechenanlage in zweifacher Ausfertigung zu haben, damit eine Zahl in einem der beiden stehen kann, während in dem zweiten ein anderer Rechenprozeß oder das Abfragen einer Bedingung vor sich geht. Wenn wir dies bei allen Befehlen ermöglichen wollen, so muß natürlich jeder Befehl ein zusätzliches Bit enthalten, dessen Stellung L oder 0 angibt, welcher der beiden Akkumulatoren benutzt werden soll. Wir werden eines der beiden freien Flipflops in Bild 6.16, und zwar das rechte, für diesen Zweck einsetzen. Es wird dann identisch sein mit dem oben in der Mitte gezeichneten Flipflop in Bild 5.9.

Natürlich gehen als Bedingungen in die an die Schieberegister angeschlossenen Konjunktionen nicht nur die Anschlüsse B_7 bis B_0 ein, die von dem Decoder geliefert werden. Diese gestatten nur eine Unterscheidung der verschiedenen vom Programmierer festgelegten Befehle. Darüber hinaus gibt es weitere Variationen, die aus den Rechenergebnissen folgen. Wir verweisen in diesem Zusammenhang insbesondere auf die „bedingten Operationen", die nur durchgeführt werden sollen, wenn das vorhergehende Rechenergebnis z. B. positiv oder negativ ist. In diesem Fall würde das Flipflop, welches das Vorzeichen des früheren Ergebnisses enthält, ebenfalls mit seinen Ausgängen an Bedingungskonjunktionen angeschlossen werden müssen. Es gibt eine Reihe weiterer Fälle, in denen wir Flipflopstellungen aus anderen Teilen des Rechners als Bedingungen heranführen müssen.

In dem als einheitlich gemeinsamen Teil der Ablaufsteuerung gekennzeichneten Kasten oben in Bild 6.15 können auch noch Variationsmöglichkeiten auftreten. Diese werden wir insbesondere kennenlernen bei Vorrangoperationen, die in Abschn. 8 betrachtet werden.

7. Befehlsliste

Die in Rechenanlagen üblichen Maschinenbefehle werden zusammengestellt und ihre Bedeutung und technische Durchführung betrachtet.

7.1. Transporte und Rechenoperationen

Das technische Prinzip einer Ablaufsteuerung wurde in den letzten Abschnitten dargestellt. Bevor wir uns Einzelheiten zuwenden, müssen wir zunächst klären, welche Rechenoperationen nun wirklich in das Gerät einzubauen sind. Überschlagsmäßig wird deren Zahl bei handelsüblichen Rechenanlagen meistens zwischen 50 und mehreren Hundert variieren. Diese Rechenoperationen zeigen gruppenweise sehr viel Ähnlichkeiten. Im folgenden sollen diese einzelnen Gruppen näher betrachtet werden.

Vorweg sei an die Stufeneinteilung der Programme erinnert. Die unterste Stufe, also die kleinsten Bausteine, sind die Mikrooperationen. Aus ihnen sind die Mikroprogramme bzw. die Zyklen der Ablaufsteuerung zusammengesetzt, über die wir hier sprechen. Als nächste Stufe stehen darüber die Basisprogramme, die Maschinenbefehle der hier beschriebenen Art zu größeren Operationen zusammenfassen, sich aber dauernd in der Maschine befinden. Bei kleineren Anlagen könnten z. B. die Gleitkommaoperationen in Gestalt von Basisprogrammen vorgesehen werden, während Festkommaoperationen als Mikroprogramme auftreten.

Ablaufsteuerungen sind verhältnismäßig kompliziert aufzubauen und auch aufwendig. Dafür sind sie sehr schnell, denn sie benötigen zur Durchführung ihrer Einzelschritte nicht den Speicher. Der zur Zeit noch relativ langsame Hauptspeicher der Maschine wird nur zweimal benötigt: erstens zum Holen des Befehls, welcher dann das richtige Mikroprogramm auslöst, zweitens zum Holen des Operanden.

Anders ist es, wenn man auf ein Mikroprogramm verzichtet und statt dessen aus anderen Maschinenbefehlen die gewünschte Operation zusammensetzt. Dann ergibt sich die Notwendigkeit, nicht nur einen Befehl, sondern alle diese Befehle aus dem Speicher zu holen. Dies bedeutet u.U. einen erheblichen Zeitaufwand: Es kann vorkommen, daß ein Basisprogramm fünf- bis zehnmal soviel Zeit für einen Rechenschritt braucht, den man auch durch eine Ablaufsteuerung oder durch ein Mikroprogramm erreichen könnte. Je nach dem Zweck und dem erlaubten finanziellen Aufwand wird man die Grenze zwischen den Programmteilen, die man als Basisprogramme darstellt, und den jetzt zu betrachtenden, die man als Mikroprogramme bzw. Ablaufsteuerungen einbaut, verschieden ziehen.

Laden und Speichern

Die einfachsten Operationen, zu denen eine Rechenanlage in der Lage sein muß, transportieren Zahlen entweder vom Speicher in eines der verschiedenen Register oder umgekehrt von einem Register in den Speicher. Außerdem sollte in begrenztem Rahmen die Möglichkeit eines Transportes von einem Register in ein anderes oder sogar von einem Speicher in einen anderen vorgesehen sein.

Ein Transport von einem Register in ein anderes kann natürlich auch auf dem Umweg über den Speicher geschehen, und ebenso kann der Transport von einem Speicherplatz in einen zweiten auf dem Umweg über ein Register erfolgen. Besonders von letzterem wird man Gebrauch machen. Wenn man von einem Speicher direkt in einen zweiten transportieren wollte, so müßte man beide Adressen der betreffenden Speicher angeben können. Da die von uns betrachteten Befehle aber nur „Ein-Adreß-Befehle" sind, kann dies im allgemeinen nicht gelingen.

Eine vorweg zu klärende Frage ist, ob wirklich jedes Register unmittelbar aus dem Speicher gefüllt bzw. nach dort entladen werden muß. Im allgemeinen ist der Umweg über den Akkumulator durchaus tragbar. In einem derartigen Fall würde man also eine Ladeoperation vom Akkumulator in ein beliebiges Register und eine weitere Operation vom Speicher in den Akkumulator vorsehen. Welcher der verschiedenen Möglichkeiten man im Einzelfall den Vorzug gibt, bleibt dahingestellt.

Beim Ablauf einer Ladeoperation aus dem Speicher in ein beliebiges Register ist die entsprechende Adresse des Speichers anzusteuern, und dieser muß veranlaßt werden, das betreffende Wort herauszulesen. Anschließend hat die Ablaufsteuerung zu warten, bis der Speicher „fertig" meldet. Dann kann sofort der Inhalt in den Speicher zurückgeschrieben (regeneriert) werden. Gleichzeitig kann aber auch der Inhalt, der nun im Speicher-Auffang-Register angekommen ist, von dort entweder auf direktem Wege oder über das Rechenwerk in das gewünschte Register transportiert werden.

Es ist möglich, in diesen Ablauf eine Variante einzubringen: Wenn z. B. der Adreßteil Null ist, könnte man, statt aus dem Speicher herauszulesen, den Inhalt des Akkumulators entnehmen und so einen Transport von Register zu Register ermöglichen. Wir werden dazu abfragen, ob sämtliche Dualstellen des Adreßteils den Wert 0 haben, und dies als Bedingung nehmen, unter der wir nicht das Lesen und Zurückschreiben des Speichers auslösen, sondern statt aus dem Speicher-Auffang-Register die gewünschte Zahl aus dem Akkumulator entnehmen. Alles dies ist im Ablaufdiagramm in Bild 7.1 zusammengestellt.

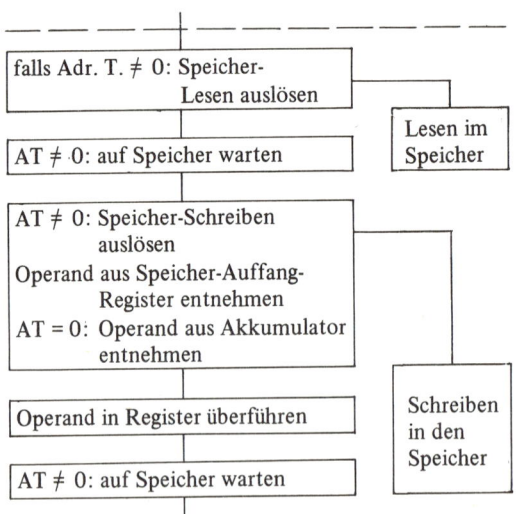

7.1   Laden von Registern (Teil 2 des Ablaufs)

Der erste Teil des Ablaufs wurde bereits in Bild 6.1 skizziert. Er enthält den „Befehlsruf" und ist für alle Befehle gleich, so daß wir hier nur den zweiten Teil betrachten.

Bild 7.2 zeigt eine mögliche technische Ausführung für sieben Varianten. Die Bezeichnung der Register stimmt mit den Bildern 5.1, 5.2 und 5.4 überein. Allerdings wurde zusätzlich eine Verbindungsmöglichkeit vom U-Register in die übrigen Register vorausgesetzt. Die Frage, welche Befehlsgruppe und welche Variante vorliegt, wird von den Decodern in Bild 6.16 beantwortet. Über die „Indexauslösung" wird in Abschn. 7.4 gesprochen.

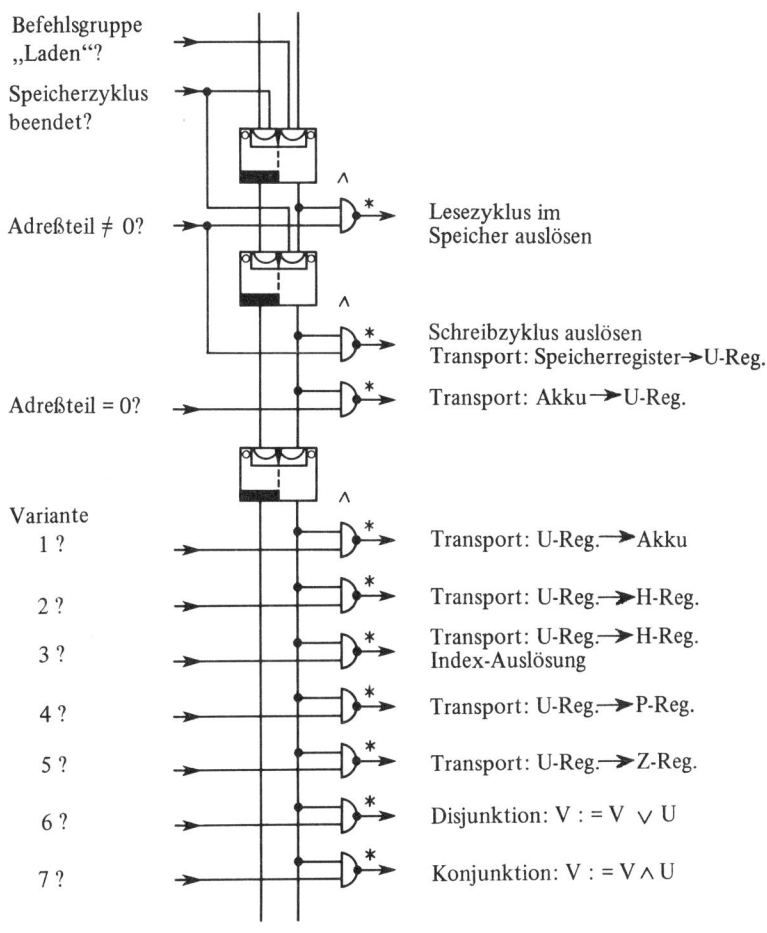

7.2 Schaltung zum Flußdiagramm in Bild 7.1. Die Nands wirken als Konjunktionen (mit „negativer Logik" am Ausgang)

Wenden wir uns der zweiten Gruppe von Rechenoperationen zu: Beim Abspeichern eines Registerinhaltes geht es um Transporte in umgekehrter Richtung. Die Technologie des Magnetkernspeichers erfordert, daß wir auch in diesem Fall den Speicher lesen müssen. Dabei legen wir keinen Wert auf den Inhalt, sondern auf die Tatsache, daß beim Lesen der alte Inhalt gelöscht wird. Nach dem Auslösen können wir den folgenden Datentransport bereits vorbereiten. Wir werden die Zahl aus dem betreffenden Register holen und zur Überfügung in das Speicher-Auffang-Register bereithalten. Gleichzeitig kann als Variante das betrachtete Register gelöscht werden, wenn dies gewünscht wird. Insbesondere ist es nützlich, für den Akkumulator zwei Abspeicherbefehle zu haben, deren einer den Akkumulator löscht, während der andere seinen Inhalt unversehrt läßt.

Sobald der Speicher das Lesen beendet hat, werden durch eine Fertigmeldung die weiteren Schritte freigegeben. Nun kann die zu transportierende Zahl in das Speicher-Auffang-Register gelangen und das Schreiben in den Speicher erfolgen. Nach erneuter Fertigmeldung des Speichers kommt der nächste Befehl an die Reihe.

Auch bei den Abspeicherbefehlen können wir die Variante einführen, daß der Speicher mit der Adresse Null automatisch durch den Akkumulator ersetzt wird.

Einfache Rechenoperationen

Das Wichtigste bei einer Rechenanlage sind die einfachen Rechenoperationen. Zu ihnen zählen u.a. Addition, Subtraktion, Intersektion. Aus diesen dreien können wir alle übrigen durch Einzelschritte zusammensetzen, so daß sie auch für den Benutzer die wichtigsten sind.

Wir denken vorerst nur an die Addition und Subtraktion ganzer Dualzahlen. Wünscht man mehr Komfort, so wird man als Weiteres eine umgekehrte Subtraktion einführen, bei der nicht vom Akku- der Speicherinhalt, sondern umgekehrt vom Speicher- der Akkuinhalt abgezogen wird, das Ergebnis aber im Akkumulator abgelegt wird. Ein solcher Befehl hat sich als sehr zweckmäßig erwiesen. Insbesondere enthält er als Sonderfall die Möglichkeit, das Vorzeichen einer im Akkumulator vorliegenden Zahl umzukehren. Dazu braucht man nur diese umgekehrte Subtraktion mit einem Speicherinhalt „Null" auszuführen.

Andere Rechenoperationen sind in vielen Anlagen das „Oder" und das „exklusive Oder". Die kompliziertere Multiplikation wollen wir vorerst zurückstellen, weil sie sich nicht wie die Addition in einem einzigen Schritt durchführen läßt. Auch dieser kann in Wirklichkeit mehrere Takte umfassen, wenn z.B. bei einer Addition der Übertrag aufzuarbeiten ist. Da aber alle diese Takte denselben Schritt nur wiederholen, brauchen wir für sie keine gesonderte Ablaufsteuerung. Wir müssen nur Sorge tragen, daß diese während der Addition nicht weiterschalten.

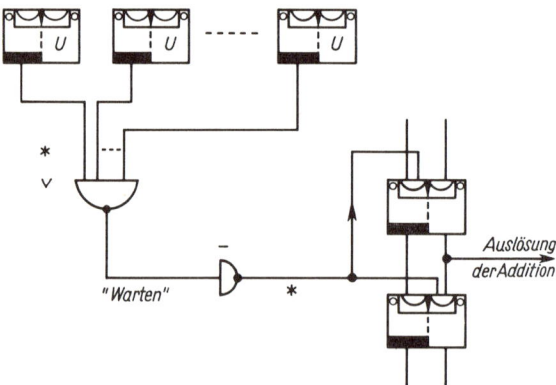

7.3   Warteschaltung für Addition. Rechts zwei Flipflops der Ablaufsteuerung durch Schieberegister

Den Ablauf einer Addition haben wir in Bild 4.12 betrachtet. Er entspricht dem Rechenwerk in Bild 4.21. Additionsschritte müssen so lange durchgeführt werden, wie noch Überträge vorliegen. Man muß also für die Warteschaltung alle möglichen Überträge abfragen, wie Bild 7.3 zeigt.

Bei genauer Betrachtung stellt man fest, daß die Addition dann einen Schritt zu lange läuft, ohne daß das Ergebnis allerdings fehlerhaft wird. Eine Verbesserung erfordert eine Vorausberechnung des zukünftigen Übertrags nach Bild 7.4.

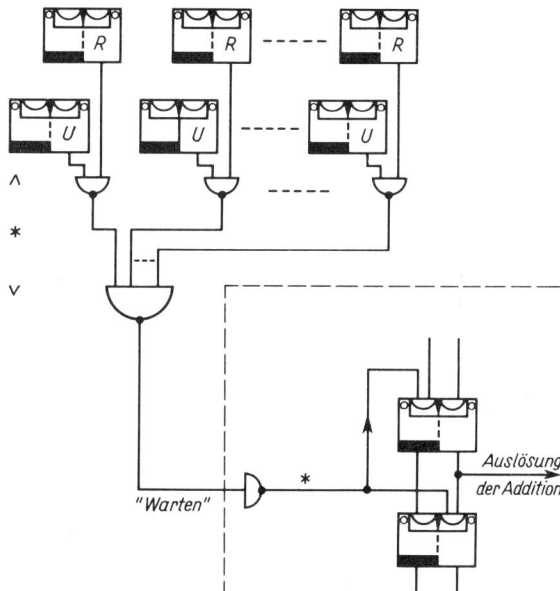

7.4 Warteschaltung für Addition mit Vorausberechnung des Übertrags. Rechts zwei Flip-flops der Ablaufsteuerung

Konstantenoperationen

Bisher haben wir vorausgesetzt, daß der zweite Operand aus dem Speicher oder einem Register der Maschine geholt wird. Es gibt aber Fälle, in denen von vornherein feststeht, daß dieser Operand eine konstante ganze (oft kleine) Zahl ist. Sehr häufig soll z.B. eine Eins addiert oder subtrahiert werden. Ebenso häufig kommt es vor, daß irgendeine Zahl gleich Null gesetzt werden muß. Da diese Werte vom Programmierer festgelegt werden und keiner Veränderung unterliegen, können wir sie unmittelbar in den Befehl mit einbeziehen. In diesem Fall verabreden wir einen neuen Code: In den 16 Dualstellen, die normalerweise den Adreßteil des Befehls enthalten, soll unmittelbar die zu benutzende Zahl stehen. Der Vorteil besteht einerseits im Einsparen von Speicherplatz, andererseits in der Beschleunigung des Rechenablaufs: Wenn der Operand nicht aus dem Speicher geholt wird, entfällt das Warten auf den Speicher.

Der Operand wird nicht aus dem Speicher-Auffang-Register entnommen, sondern er steht als Teil des Befehls im Befehlsregister. Natürlich müssen wir bei seinem Transport in das Rechenwerk den Operationsteil des Befehls fortlassen. Dieser Teil ist durch 0 zu ersetzen, d.h., es ist praktisch eine Intersektion durchzuführen, die im Rechenwerk der Maschine durchgeführt werden kann. Einfacher ist es jedoch, eine Verdrahtung vorzusehen, die beim Herauslesen des Inhalts des Befehlsregisters immer nur den Adreßteil liefert.

Die mit dem Adreßteil durchzuführenden Operationen sind die normalen Rechenoperationen. Man wird also z.B. mit dieser konstanten Zahl Register laden wollen, sie zur Addition und Subtraktion verwenden oder mit ihr Intersektion, „logisches Oder", „exklusives Oder" oder eine umgekehrte Subtraktion durchführen.

Im Prinzip ist es möglich, auf Konstantenoperationen zu verzichten. Man kann die Konstante immer in einem anderen Speicherplatz unterbringen und dann eine normale Rechenoperation verwenden. Jedoch gibt es eine Konstantenoperation, die außerordentlich häufig auftritt und auf die man praktisch nicht verzichten kann: Der sog. Sprungbefehl. Wir werden ihn in Abschn. 7.3 betrachten.

Speicheroperationen

Soll der Inhalt eines Speichers abgeändert werden, kann mit den bis jetzt beschriebenen Operationen der Inhalt in den Akkumulator überführt (geladen), dort die Operation durchgeführt und das Ergebnis wieder in den Speicher zurückgebracht werden. Oft liegen nur ganz einfache Operationen vor: Man will z.B. einen Speicherinhalt löschen, um Eins weiterzählen oder den Akkumulatorinhalt zu einem Speicherinhalt addieren. Operationen dieser Art nennt man „Speicheroperationen." Sie bieten beim Programmieren eine wesentliche Bequemlichkeit, da mehrere Operationen mit einem Befehl erledigt werden und vor allem der Inhalt von Akkumulator und anderen Registern nicht verändert wird. Der Ablauf ist in Bild 7.5 schematisch wiedergegeben.

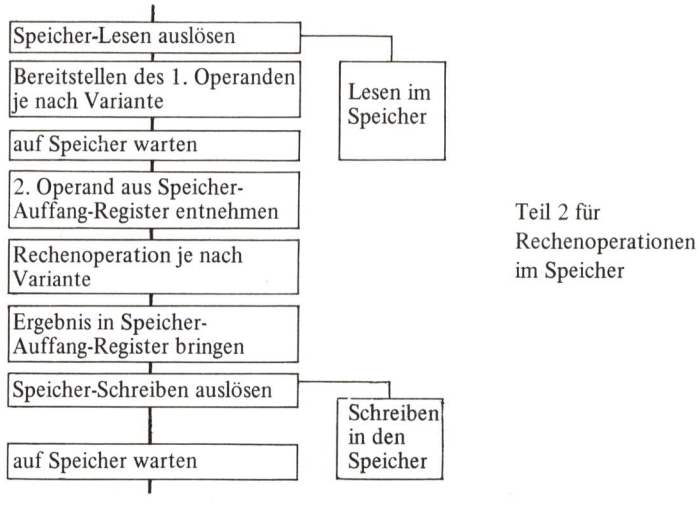

7.5   Rechenoperationen im Speicher

Hier schließt sich an das Lesen aus dem Speicher nicht unmittelbar das Zurückspeichern an, da die Rechenoperationen dazwischenliegen. In diesem Fall tritt wirklich der Zeitaufwand des Rechenvorganges maßgebend auf, weil der Speicher auf den Rechenvorgang warten muß.

Doppelwortoperationen

Bei einer Wortlänge von 24 Bits müssen wir Gleitkommazahlen in zwei Stücke zerlegen und diese in getrennten Speicherplätzen unterbringen. Will man mit solchen doppelt langen Zahlen operieren, so ist es prinzipiell möglich, mit einem einzigen Befehl beide Teile der Zahl in den Akkumulator und ein weiteres Register zu überführen. Natürlich hat jeder Befehl nur einen einzigen Adreßteil und kann daher nur angeben, wo eines der beiden Worte sich befindet. Wenn jedoch das zweite immer z.b. im darauffolgenden Speicher steht, so können wir durch Addition einer Eins die Adresse des zweiten Wortes ermitteln und dieses dann holen.

So ist es möglich, Doppelworte zu laden, wieder abzuspeichern oder einer Rechenoperation zu unterwerfen. Insbesondere kann man eine vollständige Gleitkommaaddition oder auch Subtraktion, Multiplikation usw. durch ein Ablaufschema der von uns beschriebenen Art darstellen. Wir wollen jedoch von dieser Möglichkeit keinen Gebrauch machen, da sie uns zu aufwendig erscheint. Bei größeren Rechenanlagen besteht sie selbstverständlich. Recht lohnend und wirtschaftlich scheint hierzu die Auslegung des Rechenwerkes (unabhängig von Speicher und Register) auf doppelte Wortlänge zu sein.

Umwandlungsoperationen

Bei manchen Rechenanlagen treten Umwandlungen von einem Code in einen anderen oder von einer Zahlendarstellung in eine andere sehr häufig auf. Dann ist es zweckmäßig, auch hierfür eine Ablaufsteuerung vorzusehen. Besonders interessant ist die Umwandlung einer Festkomma- in eine Gleitkommazahl. Da oft Festkommazahlen mit Gleitkommazahlen multipliziert oder addiert werden müssen, besitzen viele große Rechenanlagen eine Mikroprogrammsteuerung für diese Umwandlung. Hierzu notwendig sind ein seitliches Schieben und ein Zähler, der ermittelt, um wieviele Stellen geschoben wurde. Anschließende Intersektion und Zusammenfügen des Ergebnisses folgen als weitere Schritte.

Bei Ein- und Ausgabe werden Verfahren zum Umwandeln einer Dualzahl in eine Dezimalzahl oder umgekehrt benötigt, die wir in Abschn. 2.1 angegeben haben. Auch sie lassen sich als Ablaufsteuerung verdrahten. Einer der wichtigsten Schritte ist dabei die Multiplikation mit 10 (= L0L0) oder die Division durch diesen Wert.

In denselben Rahmen gehören Code-Änderungen, die besonders dann nötig sind, wenn sehr schnelle periphere Geräte über einen wesentlich anderen Code als die Anlage verfügen. Insbesondere wird bei prozeßsteuernden Geräten sehr oft ein „Gray-Code" verwendet (s. Tabelle in Bild 1.2). Code-Umwandlungen sind durch ein Basisprogramm im Speicher der Maschine ohne weiteres erreichbar. Man kann aber eigens für sie ein Netzwerk entwickeln, das durch Konjunktionen einen Code umwandelt. Wir erinnern an die Decodierschaltung in Bild 3.25. Das Auslösen einer solchen Decodierung kommt dem eines Rechenprozesses gleich, der durch eine besondere Schaltung verwirklicht wird.

7.2. Kompliziertere Rechenoperationen

Verschiebungen

Bei der Betrachtung des Rechenwerks (s. Abschn. 4.4) haben wir als Beispiel die Gleitkommaaddition vorgeführt. Ein sehr wichtiger Schritt bei ihr, ebenso wie bei Multiplikation und Division, ist das seitliche Verschieben um eine oder mehrere Stellen. Hierzu sind bei praktisch allen Rechenanlagen dem Programmierer Befehle zugänglich, die eine Verschiebung, einen sog. „Shift", gestatten. Verschiedenste Varianten sind üblich.

Das einfachste sind natürlich Verschiebungen des Akkumulators nach links oder rechts um eine oder mehrere Stellen, deren Anzahl als Dualzahl angegeben ist. Im Gerät muß dann ein Zähler vorgesehen werden, der von der gegebenen Zahl aus immer um einen Schritt rückwärts zählt, wenn um eine Stelle verschoben wurde, und der ein Fertigsignal liefert, sobald er bei Null angekommen ist. Bild 7.6 zeigt eine mögliche Schaltung. Der links eingezeichnete Zähler entspricht in seinem Aufbau dem Synchron-Zähler in Bild 3.27, zählt jedoch rückwärts. Eine beliebige Voreinstellung kann von links über die Setzeingänge vorgenommen werden. Die Fertigmeldung, die die Wartestellung der rechts eingezeichneten Ablaufsteuerung aufhebt, erfolgt durch eine Konjunktion (hier ein Nand mit Inverter), die die Stellung der drei Flipflops abfragt. Ein kleiner Nachteil der betrachteten Schaltung ist, daß nach Fertigmeldung noch eine weitere Verschiebung erfolgt. Wir dürfen also in unserem Zähler nicht die Stellung Null, sondern müssen die Stellung Eins abfragen, was in dem Bild schon berücksichtigt ist.

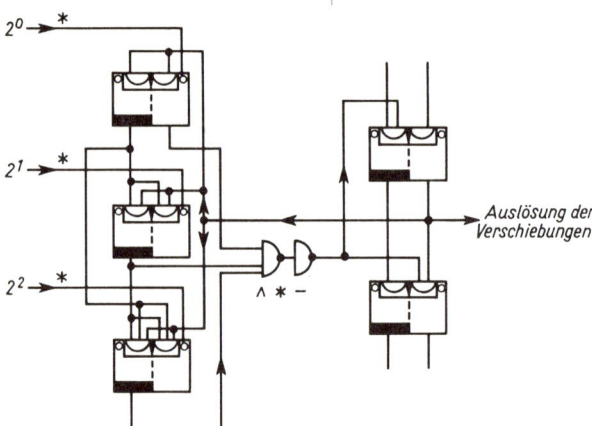

7.6   Zähler und Warteschaltung für mehrfache Verschiebungen. Rechts die Ablaufsteuerung

Eine ganz andere Konstruktion, die in der Praxis oft benötigt wird, verschiebt eine Zahl so lange, bis eine bestimmte Stelle den Wert L hat. Bei Linksverschiebungen wird dies meistens die oberste Stelle sein, bei Rechtsverschiebungen die unterste.

Wir erinnern dazu an die Normierung von Gleitkommazahlen (Abschn. 2.2). In einem achtstelligen Rechenwerk würde z.B. die Zahl 0000L0LL nicht vollständig normiert sein; sie könnte noch weiter nach links geschoben werden. Da wir nicht allgemein wissen, an welcher Stelle das erste L steht, können wir nicht vorhersagen, wie groß die Anzahl der Verschiebungen ist. Daher ist es zweckmäßig, als Fertigmeldung die Stellung eines bestimmten Bit zu benutzen. Dabei kann ein für Verschiebungen ohnehin vorhandener Zähler tätig werden und als Ergebnis die Anzahl der verschobenen Stellen liefern.

Für Multiplikation und Division und auch in vielen anderen Fällen ist die Verschiebung doppelt langer Worte nötig. Das Rechenwerk in Bild 4.21 ist dazu in der Lage, da das dortige R-Register und auch das U-Register getrennt, aber gleichzeitig verschoben werden. Wahlweise muß also die unterste Stelle eines der beiden Register mit der obersten Stelle des anderen verknüpft werden in der Form, daß beide zusammen scheinbar ein Register von doppelter Länge bilden.

Gelegentlich können auch die restlichen beiden Enden des so entstehenden doppelt langen Registers miteinander verbunden werden. Man erhält auf diese Weise eine Verschiebung „im Kreis herum", einen „zyklischen Shift". Ein solches zyklisches Schieben in einer einzigen Richtung würde zwar Verschiebungen in umgekehrter Richtung ersetzen können, wegen der größeren Geschwindigkeit wird man aber diese getrennt vorsehen.

Wir wollen im folgenden Verschiebungen ebenso wie die übrigen Rechenoperationen als „Zwei-Operanden-Operationen" betrachten. Aus dem Speicher wird eine Information geholt, die angibt, um wie viele Stellen geschoben werden soll. Dabei sollen sowohl die im Akkumulator befindliche Zahl (die in das R-Register des Rechenwerks überführt wird) als auch die aus dem Speicher kommende Zahl (die sich im U-Register des Rechenwerkes befindet) so weit seitlich verschoben werden, bis der zweite Operand mit seinem ersten L links oder rechts „anstößt", d.h., bis das erste L in der obersten bzw. untersten Stelle des Wortes angekommen ist.

Bei einigen Varianten der Verschiebeoperationen soll die weitere Möglichkeit bestehen, nachträglich zwischen diesem aus dem Speicher geholten Wort und dem im Akkumulator befindlichen eine Intersektion durchzuführen. Dieses etwas komplizierte Verfahren wird in der Praxis benötigt.

Oft wird man nämlich die einzelnen Stellen einer Zahl verschiedenen Zwecken zuordnen, man wird den Speicher „splitten". Es gibt sehr viele Informationen, die mit weniger Bits als die Wortlänge auskommen. Will man Speicherplätze günstig ausnutzen, so wird man mehrere Informationen in einem einzigen Speicherplatz unterbringen wollen. Dies setzt aber die Möglichkeit voraus, diese Teile auf eine bequeme Art wieder voneinander zu trennen.

Wenn z.B. die obersten 6 Stellen eines Wortes zur Aufnahme einer Kennzahl dienen, die nicht größer als 64 werden kann, so muß man sie zur Weiterverarbeitung aus dem Rest des Wortes herausschneiden (durch eine Intersektion), sie aber weiter in die unteren 6 Stellen des Wortes transportieren, damit man mit ihr wie mit einer normalen Zahl rechnen kann. Dies ist durch unsere kombinierte Operation möglich.

				gewünschte Stellen										
0	L	0	L	L	0	L	L	0	L	0	L	L	L	L	zu zerlegendes Wort
0	0	0	0	L	L	L	L	L	L	0	0	0	0	0	Steuerwort

0	0	0	0	0	0	L	0	L	L	0	L	L	0	L	gemeinsame Verschiebung
0	0	0	0	0	0	0	0	0	L	L	L	L	L	L	

0	0	0	0	0	0	0	0	0	L	0	L	L	0	L	Ergebnis der Intersektion

7.7   Kombinierte Verschiebung und Intersektion

Bild 7.7 zeigt das Verfahren. In diesem Beispiel wird auf die ersten vier Stellen von links kein Wert gelegt, die dann folgenden 6 Stellen sollen aber herausgeschnitten und nach rechts geschoben werden. Dies geschieht durch einen einzigen Befehl auf die beschriebene Weise.

Die Ablaufsteuerung des Vorganges ist einfach. Wir müssen eine Rechtsverschiebung einleiten und unsere Ablaufsteuerung durch eine Warteschaltung so lange festhalten, bis das erste L des

Steuerwortes rechts angekommen ist. Da dieses L in der untersten Stelle unseres U-Registers erwartet wird, brauchen wir zur Steuerung nur diese abzufragen. Sie ist als Flipflop vorhanden, und beide Ausgänge stehen uns zur Verfügung, von denen einer die gewünschte Steuerinformation, also die Fertigmeldung, liefert.

Symbolisch ist dies in Bild 7.8 dargestellt, wo wir die einzelnen Flipflops des R- und des U-Registers durch Pfeile miteinander verbunden haben, um zu zeigen, daß sie in diesem Falle als getrennte Schieberegister arbeiten. Allerdings wird, wenn das erste L „rechts angekommen" ist, noch eine weitere Verschiebung durchgeführt. Man muß also z.B. die Abfrage an das nächste Flipflop des U-Registers anschließen

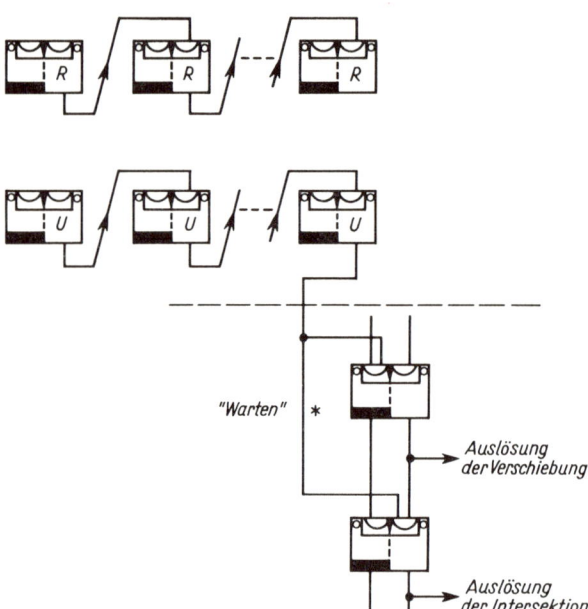

"Warten" ∗

Auslösung
der Verschiebung

Auslösung
der Intersektion

7.8   Auslösung von Verschiebung mit nachfolgender Intersektion

Multiplikation

Die Ausführung der Multiplikation zweier Zahlen ist bei der Betrachtung der Rechenregister in Abschn. 5.2 im einzelnen durchgesprochen worden. Auch für ihre Ablaufsteuerung soll eine Schaltung angegeben werden.

In Bild 5.6 wurde gezeigt, daß die Multiplikation in Additionen zerlegt wird, zwischen denen jeweils eine Verschiebung einer doppelt langen Zahl erfolgt. Bei der von uns betrachteten Konstruktion wird die Ausführung ein wenig komplizierter, weil wir sowohl für die Addition der beiden Summanden bzw. der Überträge als auch für den zweiten Teil der zu verschiebenden Zahl das U-Register im Rechenwerk benötigen. Bild 7.9 zeigt eine solche Ablaufsteuerung. Wesentlichster Teil ist das Flipflop M_2. Es löst über das erste als Konjunktion wirkende Nand die Rechtsverschiebung aus, wenn U_0 den Wert 0 hat. Letzteres ist die unterste Stelle des ersten Faktors. Hat andererseits diese Stelle den Wert L, so muß eine Addition stattfinden. Diese wird über das zweite rechts eingezeichnete Nand vorbereitet, indem der erste Faktor aus U in das Hilfsregister gebracht wird und an seine Stelle der zweite Faktor (aus S kommend) tritt, der addiert werden soll. Voraussetzung für diese Vorgänge ist, daß noch nicht alle Stellen abgearbei-

tet sind. Dies wird signalisiert durch die Spannung 0 am Kontakt Z (und L an $\overline{Z}$), der diese Werte von einem Zähler erhält, welcher bei jeder Verschiebung (und damit jeder bearbeiteten Stelle)
mitzählt und zu gegebener Zeit die Fertigmeldung an Z liefert.

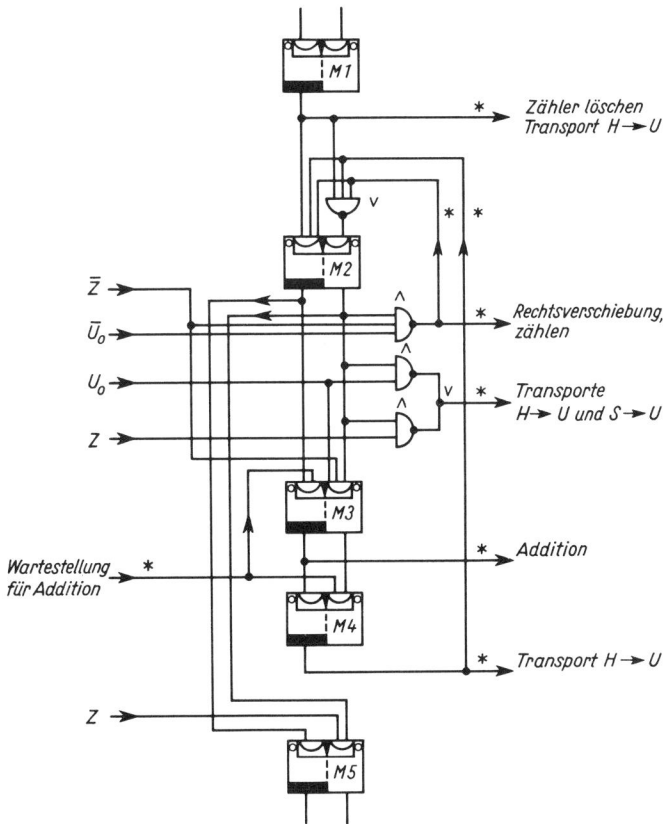

7.9   Ablaufsteuerung für Multiplikationen

Wurde eine Addition vorbereitet, so schaltet als nächstes das Flipflop M_3 die eigentliche Addition und dann M_4 das Zurückholen des anderen Faktors für die nächste Verschiebung.

Wichtig sind die drei Eingänge in das Flipflop M_2, die durch die vorgeschaltete Disjunktion zusammengefaßt werden. M_2 kann auf dreierlei Weise nach rechts gestellt werden:

1. durch M_1, das zu Anfang die Multiplikation auslöst

2. wenn eine Addition beendet ist und der Ausgang $\overline{M_4}$ die nächste Verschiebung vorbereitet
   hat

3. wenn gerade eine Verschiebung stattgefunden hat und $\overline{U_0}$ signalisiert, daß die nächste Verschiebung sich ohne Addition anschließen muß.

Am Ausgang von M_2 liegen ebenfalls drei Wege vor. Der erste führt wieder in M_2 hinein: Keine Addition. Der zweite gibt M_3 frei: Addition. Der dritte schließlich bringt M_5 zum Schalten, wenn der Zähler über $Z = L$ die Fertigmeldung liefert: Ende der Multiplikation.

Andere Rechenoperationen

Eine dem Bild 7.9 entsprechende Schaltung ist selbstverständlich für die Division nötig, wenn diese verdrahtet ablaufen soll. Sie wird hier nicht wiedergegeben.

Ob man in eine Rechenanlage weitere Operationen fest einbaut, ist eine Frage des vertretbaren Aufwands. Sehr nützlich ist eine verdrahtete Gleitkommaaddition, die aber eine recht umfangreiche Steuerung erfordert, weil sehr viele verschiedene Sonderfälle vorliegen können. Selbstverständlich sind in großen Rechenanlagen auch die übrigen Gleitkommaoperationen als verdrahtete Schaltungen bzw. Mikroprogramme vorzusehen.

Kann man sehr umfangreiche Mikroprogramme konstruieren, so sind auch umfangreiche mathematische Arbeiten auf dieser Ebene möglich, wie z.B. die Berechnung von Standardfunktionen oder von Polynomen (wichtig für Näherungen von Funktionen) und Matrizenoperationen.

Besonders wichtig für nichtnumerische Anwendungen einer Anlage sind Tabellensuchbefehle. Oft besteht die Aufgabe, zu einem Kennwort (z.B. dem Namen eines Kunden) zugehörige Speicherplätze zu finden (in denen z.B. Adressen, Kontenstände usw. abgelegt sind). Wie in Abschn. 1.3 dargelegt, ist hierzu das Durchsuchen einer „Liste" erforderlich. Dabei ist häufig bei einer großen Zahl von Speicherplätzen nacheinander abzufragen, ob ihr Inhalt mit dem Kennwort übereinstimmt. Wegen des erforderlichen Zeitaufwands sind dafür Spezialbefehle wertvoll.

7.3. Programmorganisation

In den vorigen Abschnitten haben wir diejenigen Maschinenoperationen kennengelernt, die für das eigentliche Verarbeiten der Information, also für die Rechenvorgänge, notwendig sind. Für den Aufbau eines Programms muß darüber hinaus eine Reihe von Operationen existieren, die organisatorischen Zwecken dienen. Diese wollen wir jetzt betrachten.

Sprungbefehl

Der normale Rechenablauf erfordert, daß aufeinanderfolgende Befehle in der gewünschten Reihenfolge in fortlaufend numerierte Speicherplätze gebracht werden. Die Maschine liest bei der Ausführung einen Befehl nach dem andern aus dem Speicher und führt ihn aus. Dabei wird jeweils die Adresse im Befehlszählregister um Eins erhöht.

Dieser normale Ablauf muß an manchen Stellen unterbrochen werden. Das kann z.B. geschehen, wenn die benötigten Speicherplätze an der gewünschten Stelle nicht mehr zur Verfügung stehen und die Fortsetzung an einer anderen Stelle erfolgen muß, aber auch dann, wenn ein Programmteil mehrfach hintereinander durchgearbeitet werden soll und daher wieder an seinem Anfang begonnen werden muß.

Das Verlassen einer fortlaufenden Befehlszählung und den Übergang zu einer anderen Stelle, an der sich der nächste Befehl befindet, veranlaßt man durch einen sog. Sprungbefehl. In höheren Programmiersprachen, insbesondere ALGOL, hat sich die Bezeichnung „Go to" eingebürgert.

Der Operationsteil eines solchen Befehls wird eine Ablaufsteuerung auslösen, bei der die entsprechende Variante dafür sorgt, daß in den Befehlszähler eine neue Zahl, die von der fortlaufenden Numerierung abweicht, eingebracht wird. Diese Zahl ist im allgemeinen dem Programmierer schon genau bekannt, da er festlegt, wo die Fortsetzung seines Programms liegen soll. Er kann diese Zahl also endgültig angeben. (Wenn er Programmierhilfen wie z.b. Assembler benutzt, ermitteln diese beim Einlesen des Programms diese Zahl.) Sie muß eine Adresse eines Speichers sein, ist also hier eine bis zu 16stellige Dualzahl.

Man wird in diesem Fall nicht den zukünftigen Inhalt des Befehlszählers aus dem Speicher entnehmen, sondern unmittelbar den Adreßteil des Befehls in das Befehlszählregister überführen. Organisatorisch wird man diesen Befehl unter den Konstantenbefehlen (Abschn. 7.1) anordnen, bei denen der Adreßteil des Befehls geholt und evtl. einer Operation unterworfen wird, die im vorliegenden Fall eine einfache Übernahme des Inhalts in den Befehlszähler ist.

Neben dem direkten Sprungbefehl gibt es eine zweite Möglichkeit, und zwar dann, wenn der Programmierer von vornherein noch nicht festlegen kann, welches das Ziel des Sprungs ist. Dieses Ziel und die dort aufgeführten weiteren Rechenschritte können z. B. je nach den früheren Rechenergebnissen variieren. Ein weiteres Beispiel ist der Rücksprung aus einem Unterprogramm, das von verschiedenen Stellen ausgelöst werden kann. Hier können wir keine Konstantenoperation durchführen, sondern müssen die Adresse des nächsten Befehls aus einem anderen Speicher entnehmen. Es handelt sich dann um eine Ladeoperation, wie wir sie oben betrachtet haben: Der Inhalt eines Speichers muß in das Befehlszählregister überführt werden.

Unterprogrammsprung

Der Sprung in ein Unterprogramm ist in Abschn. 5.4 in Zusammenhang mit dem Rücksprung-Adreß-Register besprochen worden. Es handelt sich um einen Sprungbefehl, der automatisch registriert, von wo aus der Sprung erfolgt ist, welchen Wert also der Befehlszähler vorher hatte. Dadurch wird eine spätere Rückkehr an diese Stelle möglich.

Eine weitere wichtige Anwendung ist das Verarbeiten einer Interruptmeldung, die wir in Abschn. 8.3 betrachten werden. Auch dort muß das laufende Programm durch einen Sprung so unterbrochen werden, daß eine Fortsetzung an der alten Stelle möglich ist.

Der Unterprogrammsprung hat eine doppelte Funktion: Zum ersten ist er ein Sprungbefehl, d.h., er transportiert den Adreßteil in das Befehlszählregister. Vorher wird aber der Inhalt des Befehlszählregisters entnommen und sichergestellt.

Da nun der Adreßteil des Befehls bereits dazu dient, das Sprungziel zu kennzeichnen, können wir scheinbar die sicherzustellende Adresse nicht im Speicher unterbringen. Hierzu müßte der Befehl einen zweiten Adreßteil besitzen. Es gibt jedoch verschiedene Auswege. Oft wird der Inhalt des Befehlszählers in einem Register sichergestellt, das eigens für diesen Zweck reserviert oder mindestens nur selten anderweitig benutzt wird.

Andererseits kann man in dem Speicher mit der Adresse, die der Befehl enthält, die Rückkehradresse unterbringen, dann aber natürlich nicht den eigentlichen Sprung auf diese Stelle ausführen, sondern z.B. auf den unmittelbar darauffolgenden Speicherplatz. Dies würde so auszuführen sein, daß der Adreßteil des Befehls die Adresse eines Speicherplatzes ist, in den der Inhalt des Zählers transportiert wird. Hier handelt es sich um eine normale Abspeicheroperation der früher betrachteten Art. Anschließend wird die Adresse des Sprungbefehls durch Addition um Eins erhöht, und dieser Wert kommt dann in den Befehlszähler.

In den handelsüblichen Rechenanlagen sind alle von uns angegebenen Möglichkeiten realisiert. Der Vorzug wird dabei jedoch meistens der ersten gegeben, die die Rücksprungadresse in einem Rücksprungadressregister sicherstellt. Auch wir wollen von diesem Verfahren Gebrauch machen.

Dies reicht jedoch nicht aus, wenn ein Unterprogrammsprung erfolgt, während dieses Register belegt ist. Hier ist die zuletzt beschriebene Möglichkeit besser, die den Rücksprung sofort in einen Speicher überführt. Besonders wichtig ist diese im Fall von Vorrangunterbrechungen (Interrupts), die wir später betrachten werden. Bei ihnen kann das Rücksprungregister immer belegt sein; ein eigenes für Vorrangzwecke reserviertes Rücksprungregister ist oft zu aufwendig.

Blocktransfer

Besondere Bedeutung liegt im Rahmen der Programmorganisation auf dem einwandfreien, schnellen und bequemen Zusammenarbeiten der verschiedenen Teile einer Rechenanlage. Hierzu gehört insbesondere bei großen Anlagen der Verkehr zwischen verschiedenen Speichermedien. Da Kernspeicher relativ teuer sind, wird man meistens versuchen, einen größeren Speicher als Hintergrundspeicher in Reserve zu haben, der dann benutzt wird, wenn sehr große Datenmengen über längere Zeit aufbewahrt werden sollen. In Abschn. 1.3 haben wir in diesem Zusammenhang Platten-, Trommel- und Magnetbandspeicher erwähnt.Diese sind für den normalen Rechenbetrieb aber zu langsam. Will man die in ihnen enthaltenen Daten in eine Rechnung einbeziehen, so ist das nur lohnend, wenn man größere Zahlenmengen auf einmal aus diesen Speichern entnimmt. Man wird diese Blocks von Daten geschlossen in den normalen Arbeitsspeicher, also den Kernspeicher, überführen. Hierzu dienen Befehle, die es durch eine einzige Anweisung erlauben, Hunderte oder Tausend von Zahlen en bloc zu transportieren.

Der Adreßteil eines solchen Befehls wird im allgemeinen nicht ausreichen, um die erforderlichen Angaben zu machen. Es werden mindestens zwei Adressen benötigt, z.B. eine Adresse im Kernspeicher als „Zieladresse", eine zweite in dem anderen Speichermedium als „Quellenadresse". Entsprechendes gilt für den umgekehrten Transport. Man wird für einen solchen schon aus Gründen der anzugebenden Informationsmenge mehrere Befehle benötigen.

Die Ausführung erfolgt dann so, daß Zieladresse und Quellenadresse jeweils in ein Register transportiert werden, wo sie längere Zeit aufbewahrt werden können, und daß dann anschließend die entsprechende Transportoperation ausgelöst wird. Ihr Ende braucht und kann oft nicht abgewartet werden; in der Zwischenzeit können viele andere Befehle ablaufen.

Im Grunde haben wir es nur mit dem vorbereitenden Laden verschiedener Register zu tun. Den eigentlichen Blocktransport übernimmt meistens eine gesonderte Ablaufsteuerung, da das Rechenwerk inzwischen andere Aufgaben zu übernehmen hat. Die gesonderte Ablaufsteuerung muß sich orientieren an der Geschwindigkeit des angeschlossenen Großspeichers und soll hier nicht besprochen werden. Ihre Fertigmeldung ist ein Problem der Vorrangsteuerung, die in Abschn. 8.2 behandelt werden soll.

Ein- und Ausgabeoperationen

Fast identisch mit den eben genannten sind diejenigen Operationen, die die Ein- und Ausgabegeräte der Maschine ansteuern. Zu diesen gehören Drucker, Band- und Lochstreifengeräte usw. Diese Geräte müssen wegen ihrer geringen Geschwindigkeit parallel zu übrigen Prozessen laufen. Man wird um des Geschwindigkeitsausgleichs willen die von ihnen benötigte Information in Pufferregistern ablegen.

Damit ist der Ablauf der Ansteuerung dieser Geräte im wesentlichen gegeben. Die zugehörigen Informationen werden durch normale Ladeoperationen an Puffer gegeben. In einem anderen

Puffer wird evtl. durch einen zweiten Ladebefehl ebenso eine Information abgelegt, die angibt, welches der äußeren Geräte benutzt werden soll; ein Auslöseimpuls sorgt für eine Benachrichtigung des entsprechenden Geräts. Dieses wird dann wieder — wie alle Geräte, die merklich langsamer sind — über eine eigene Ablaufsteuerung verfügen und eine Rückmeldung an das Vorrangwerk abgeben, sobald seine Arbeit beendet ist.

Eine spezielle Art von Ein- und Ausgabegeräten sind im sog. Bedienpult der Rechenanlage enthalten. Es handelt sich um Schalter, Drucktasten o.ä., mit denen man den Rechenablauf beeinflussen kann. Einige dieser Schalter greifen unmittelbar in die Ablaufsteuerung ein. Sie dienen zum Starten bzw. Abbrechen einer Rechnung und zum einzelschrittweisen Durchführen. Mit diesen wollen wir uns in Abschn. 9.1 befassen.

Interessanter sind hier diejenigen Schalter, mit denen der Programmierer nach seinem Wunsch den Rechenablauf beeinflussen kann. Dazu muß die Möglichkeit bestehen, die Stellung dieser Schalter wie den Inhalt eines normalen Registers in das Rechenwerk zu überführen, um zu untersuchen, ob z.B. ein ganz bestimmter von ihnen betätigt worden ist oder nicht.

Es ist für Kontroll- und Überprüfungsarbeiten günstig, wenn die Anzahl der Schalter mit der Bitzahl eines Wortes übereinstimmt. Diese Schalter werden dann im Registerwerk an Tore führen, die im geeigneten Augenblick zu öffnen sind. Wir verweisen auf Bild 5.2, wo derartige Gatter vorgesehen sind. An die dort am rechten Bildrand befindlichen Konjunktionen (als Nands eingezeichnet) wurden entsprechende Schalterkontakte angeschlossen, um die Schalterstellungen in das Rechenwerk übernehmen zu können. Die hierfür erforderlichen Befehle entsprechen denen, die nötig sind, um einen Registerinhalt in den Speicher oder in den Akkumulator der Maschine zu übernehmen. Es handelt sich also um Abspeicheroperationen.

Entsprechendes gilt für den umgekehrten Weg. Es ist zweckmäßig, einzelne Worte oder andere Informationen am Gerät selbst sichtbar zu machen. Dazu werden Glühlampen angebracht sein, deren Aufleuchten je nach Wunsch des Programmierers Anzeigen gestatten. Man braucht für sie nur an eines der ohnehin vorhandenen Register, das allerdings während der Anzeige nicht anderweitig benutzt werden darf, über die Ausgänge der Flipflops je einen Verstärker anzuschließen, der die entsprechenden Glühlampen ansteuert. Zweckmäßigerweise wird man auch hier wieder die Anzahl der Glühlampen nach der Wortlänge richten.

Programmierte Stops

Stops dienen dazu, nach Abschluß eines Rechenprogrammes die Anlage zum Stillstand zu bringen. Dabei muß geklärt werden, welcher Betriebszustand dann gefordert wird. Bei modernen Anlagen soll das Gerät betriebsbereit bleiben oder sogar die Zwischenzeit bis zum Rechnen eines neuen Programms durch andere Rechnungen ausfüllen, die weniger dringlich sind. In einem solchen Fall wird ein Stop ein Sprungbefehl in ein Basisprogramm sein, das abfragt, welche Aufgaben noch anliegen, und diese dann ausführt. Hier liegt also kein echter Stop vor, sondern nur die Ablösung eines Programmes durch ein anderes. Erreicht wird es durch einen Sprungbefehl.

Entsprechendes gilt, wenn kein zweites Programm im Augenblick zur Rechnung bereitsteht. In diesem Fall wird man oft die Maschine ein kleines Sonderprogramm bearbeiten lassen, das nur dauernd abfragt, ob neue Informationen von den peripheren Geräten kommen oder andere Schritte nötig sind, die von außen ausgelöst werden. Man hat also auch hier keinen echten Stop des Gerätes, sondern einen Sprungbefehl in ein Spezialprogramm.

Davon ist das eigentliche Anhalten der Anlage zu unterscheiden. In Bild 6.15 würden wir dazu in den Ablaufsteuerungen das „umlaufende Bit" zum Verlöschen bringen. Wir würden oben am Anfang des gemeinsamen Teils der Ablaufsteuerung eine Konjunktion in das Flipflop einführen, die das betreffende Flipflop außerstande setzt, nach rechts in die Stellung L zu kippen. Die von uns früher verwendeten Wartestellungen sind hierzu nicht geeignet. Bei ihnen soll das „umlaufende Bit" gerade erhalten bleiben. Ein absoluter Stopbefehl muß also nur eine Spannung 0 an einen der rechten Eingänge dieses betreffenden Flipflops legen.

Bei vielen Rechenanlagen gibt es neben dem eben beschriebenen noch einen radikaleren Stop, nämlich die Möglichkeit, daß ein Programm die Maschine vollständig abschaltet. Dies ist insbesondere dann von Interesse, wenn das Gerät ohne Beaufsichtigung Rechnungen beenden soll. In diesem Fall wird man einen Befehl benötigen, der wiederum ein Flipflop steuert, an das über ein Schaltschütz die Stromzuführung für die Anlage angeschlossen ist.

Es kann zweckmäßig sein, für verschiedene Steuerfunktionen dieser Art, z.B. auch für das An- und Abschalten angeschlossener Geräte, ein ganzes Register vorzusehen, dessen Flipflopausgänge dann über Schaltschütze, Relais usw. verschiedene Funktionen ausüben können. Damit ist das Problem eines solchen Abschaltens aber wieder zurückgeführt auf das Laden eines Registers.

7.4. Programmvariation

Man muß an einigen Stellen von Programmen Variationen zulassen. So ist z.B. in der Mathematik eine Quadratwurzel auf verschiedene Art und Weise zu berechnen, je nachdem, ob das Ergebnis reell oder imaginär ist. Entsprechendes tritt in der Buchhaltung auf, wenn etwa von einem Guthaben ein Betrag abgezogen werden soll und der Kontenstand dadurch entweder überzogen oder aber nicht überzogen wird. In den jeweils mehreren Möglichkeiten muß der weitere Programmablauf verschieden gesteuert werden. Welche vorliegt, kann vom Programmierer nicht vorhergesehen werden, weil er nicht weiß, welche Zahlenwerte später einmal auftreten. Er muß die prinzipiellen Möglichkeiten für alle zu verfolgenden Ablaufzweige vorsehen. Die Maschine hat dann Befehle je nach den vorliegenden Zahlenwerten verschieden auszuführen.

Eine prinzipielle Möglichkeit hierzu besteht dadurch, daß man Befehle innerhalb eines Programmes wie Zahlen behandeln kann. Insbesondere kann man beim Adreßteil eine bestimmte Zahl hinzuzählen oder abziehen und dadurch denselben Befehl auf eine andere Adresse sich auswirken lassen. Die Möglichkeiten, die sich daraus ergeben, sind durchaus nicht begrenzt, da wir dieses Verfahren auch auf Sprungbefehle anwenden können. Das Abändern des Adreßteils eines Sprungbefehls ist gleichbedeutend mit der Verzweigung auf einen ganz anderen Programmteil.

Für die Praxis ist dieses Verfahren zu umständlich. Bedingungen mit Konsequenzen der beschriebenen Art treten sehr viel öfter auf, als der Außenstehende auf den ersten Blick vermuten würde. Aus diesem Grunde bedeutet es eine wesentliche Zeit- und Arbeitsersparnis, wenn man verschiedene und bequeme Möglichkeiten für Programmvariationen vorsieht.

Wenn man die Möglichkeit hat, einen Sprungbefehl in das Programm einzufügen, der nur unter gewissen Bedingungen ausgeführt wird, so kann man alle gewünschten Verzweigungen bequem durchführen. Falls dieser Befehl nicht ausgeführt wird, wird als nächstes der darauffolgende an die Reihe kommen. Wird er aber ausgeführt, so kann man dadurch das Programm an einer anderen Stelle fortsetzen und dort den zweiten Zweig ansiedeln. Es sind beliebig viele Verzweigungsäste auf diese Weise erreichbar, denn jeder der so erhaltenen Äste kann durch eine wiederholte Verzweigung wieder in mehrere aufgespalten werden.

Die Bedingungen für derartige Variationen können sehr unterschiedlicher Art sein. Man kann im wesentlichen zwei verschiedene Bedingungen formulieren, auf die sich alle übrigen zurückführen lassen. Die erste ist die, daß ein vorheriges Rechenergebnis oder eine beliebige andere Zahl positiv (oder auch negativ) sein muß, also die Vorzeichenabfrage. Sie würde in den beiden von uns gegebenen Beispielen zum Zuge kommen, wo einerseits die Zahl, aus der die Wurzel gezogen werden soll, auf ihr Vorzeichen abgefragt werden muß oder wo im zweiten Beispiel das sich nach der Umrechnung ergebende Vorzeichen des Kontenstandes maßgebend ist. Die abzufragenden Zahlen werden somit in zwei Klassen eingeteilt.

Will man abfragen, ob z.B. eine Zahl größer als eine bestimmte Grenze ist, so läßt sich das auf das eben Beschriebene zurückführen. Man braucht nur diese Grenze von der Zahl zu subtrahieren und dann das Ergebnis abzufragen.

Eine zweite, ebenso wichtige Abfrage läßt sich nur schwer durch die Vorzeichenabfrage ersetzen. Es ist dies die Untersuchung, ob ein ganz bestimmter Wert als Ergebnis der Rechenoperation herausgekommen ist. Wenn durch ein Zwischenergebnis später dividiert werden soll, muß z.B. überprüft werden, ob es nicht Null ist.

Wir möchten als zweites Beispiel anführen, daß eine Kontonummer ermittelt worden ist und daß nun eine längere Liste, gewissermaßen eine Kartei, durchsucht werden soll, ob in ihr diese Kontonummer enthalten ist. Man wird eine „Karteikarte" nach der anderen nehmen und mit der vorliegenden Nummer vergleichen. In der Maschine würde man einen Speicherinhalt nach dem anderen herausgreifen und mit der vorgegebenen Zahl vergleichen, und nur dann, wenn eine genaue Übereinstimmung sämtlicher Ziffern vorliegt, ist der gewünschte Speicher gefunden. Danach soll die Verzweigung in einen zweiten Ast stattfinden.

Auch dies läßt sich auf den Fall zurückführen, daß eine Abfrage auf Null vorhanden ist. Man kann die beiden zu vergleichenden Zahlen voneinander subtrahieren; eine Übereinstimmung liegt dann vor, wenn das Ergebnis Null ist. In diesem Fall teilen wir wieder gedanklich die vorliegenden Zahlen in zwei Klassen ein, von denen die eine nur das eine gesuchte Element, die andere aber alle übrigen Elemente enthält.

Die Abfrage auf Null erfordert die Kontrolle aller Stellen einer Zahl, nicht nur die der Vorzeichenstelle allein. Wir können das Kriterium also nicht am Vorzeichenflipflop abgreifen, sondern müssen eine Konjunktion einführen, in die sämtliche Stellen der Zahl hereingeführt werden (vgl. Bild 7.10).

Wollte man diese Nullabfrage oder eine Gleichheitsabfrage auf Vorzeichenabfragen reduzieren, so wäre dies durchaus möglich. Man muß hierzu nur den Absolutbetrag bilden (d.h. die Zahl bedingt von Null abziehen, wenn sie negativ ist) und dann mit einer zweiten Abfrage feststellen, ob das Ergebnis größer oder gleich Eins ist.

Damit lassen sich im Prinzip alle Abfragen durchführen. Für praktische Zwecke wird dies jedoch oft nicht ausreichen. Die Benutzung soll hinreichend bequem erfolgen können, und möglichst wenig Befehle sollen auch für kompliziertere Abfragen, z.B. für verschachtelte Bedingungen, genügen. Oft können diese in ihrem Umfang an unser Logikbeispiel aus Abschn. 3.1 erinnern, in dem wir die Bedingungen für die Vorfahrt an einer Straßenkreuzung zusammenstellten. Man muß dann im Rechenwerk logische Zwischenrechnungen durchführen, deren Ergebnis die Bedingung für andere Rechenschritte enthält. Um ein häufiges Umladen des Akkumulators für diese beiden Zwecke zu vermeiden, wollen wir wie in vielen üblichen Anlagen zwei Akkumulatoren betrachten. Bedingte Operationen sollten dann beliebig einen von beiden z.B. auf sein Vorzeichen abfragen können.

Ein ganz anderer Fall liegt vor, wenn man eine später benötigte Bedingung sehr viel früher ermittelt. Man spricht dann von einer „Weiche", die viel früher gestellt als durchlaufen wird. Beim Beispiel des Kontenstandes könnten Erstellung des Kontenauszugs, Berechnung von Zinsen und Buchungsgebühren usw. in gleicher Weise geschehen, während in einem späteren Rechengang bedingt Mahnschreiben ausgelöst werden. Es besteht der Wunsch, möglichst viele „Weichen" zu haben, die später bequem abzufragen sind. Ein beliebtes Mittel ist die Möglichkeit, einen beliebigen Speicherplatz der Maschine auf sein Vorzeichen abzufragen. Die „Weichenstellung" erfolgt durch Laden des betreffenden Speicherplatzes mit einer Zahl des gewünschten Vorzeichens.

Eine andere Möglichkeit sieht ein spezielles Register (ein „Merkregister" oder „Flagregister") vor, in dem jedes einzelne Bit durch besondere Befehle auf 0 bzw. L gesetzt werden kann und in dem ebenfalls jedes Bit allein oder evtl. in Gruppen von Bits als Bedingung von Sprungbefehlen verwendet wird.

Welche Befehle sind nun üblich, um derartige Bedingungen zu formulieren?

Häufig verwendet werden bedingte Sprungbefehle, sog. Skip-Befehle. Man könnte z.B. drei vorsehen, deren Wirkung in Worten ist:„ Springe auf die im Adreßteil genannte Adresse, wenn der Akkuinhalt positiv (bzw. beim zweiten Befehl negativ bzw. beim dritten Null) ist. Andernfalls gehe sofort zum hier folgenden Befehl über." – Die technische Ausführung der Ablaufsteuerung wird hier wie bei einem Sprungbefehl den Adreßteil in das Befehlszählregister transportieren, wird aber diesen Transport durch eine Konjunktion auslösen, in die als Bedingung ein Ausgang des Vorzeichenflipflops des Akku eingeführt ist. Entsprechendes gilt für die Nullabfrage, für die Bild 7.10 eine mögliche Schaltung wiedergibt.

Ähnliche Konstruktionen sind auch für andere Rechenoperationen statt der Sprünge möglich. Die Schwierigkeit ist, daß man dann alle diese Operationen in zwei Varianten einführen muß, da sie oft auch unbedingt ausgeführt werden müssen. Gelegentlich werden eigens für die Formulierung der Bedingungen im Operationsteil einer Rechenanlage einige Bits oder nur ein Bit reserviert. Sind diese Bits im Befehl auf 0 gesetzt, so wird er in jedem Fall ausgeführt, andernfalls nur unter der diesem Bit zugeordneten Bedingung. Derartige spezielle Bedingungsstellen im Operationsteil erfordern eine entsprechend größere Wortlänge.

Wir wollen hier einen anderen Weg gehen. Wenn wir z.B. beliebige Speicherplätze auf das Vorzeichen abfragen wollen, so benötigen wir hierzu den Adreßteil unseres Befehls, um anzugeben, welcher Speicherplatz gemeint ist. Soll dieser Befehl nun ein Sprungbefehl sein, so können wir seine Sprungadresse nicht mehr beliebig wählen, da nur ein Adreßteil zur Verfügung steht. Es bleibt der Weg, daß man nur den nächsten Befehl überspringt. Dieser wird dann angeben, was im Fall der „erfüllten" Bedingung ausgeführt werden soll. Er wird oft ein Sprungbefehl sein, jedoch kann jeder beliebige Befehl an dieser Stelle stehen. Unser Bedingungsbefehl erhält auf diese Weise den Charakter eines „Vorbefehls", der die Bedingung für die Ausführung des nächsten unmittelbar folgenden enthält. Das scheint umständlich zu sein. Dem steht aber der Vorteil gegenüber, daß wir nun die Bedingung stärker variieren können.

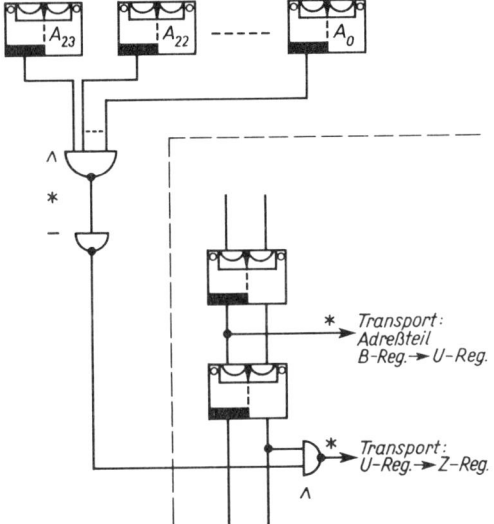

7.10   Bedingter Sprung,
wenn Akku = 0

Es ist möglich, eine beliebige Speicherzelle abzufragen, ohne sie erst in den Akkumulator zu laden. Wir können ferner jeden beliebigen Befehl, z. B. eine Addition, unter die Bedingung stellen. Wir haben außerdem die Möglichkeit, durch andere Vorbefehle andere Bedingungen einzuführen, die jeweils wieder den ganzen Adreßteil beanspruchen dürfen. Dadurch können wir z.B., wie vorher beschrieben, in einem Register ein einziges Bit oder auch mehrere Bits abfragen. Dies kann so durchgeführt werden, daß wir den Speicherinhalt, dessen Adresse im Bedingungsvorbefehl gegeben ist, zur Intersektion bringen mit dem Inhalt eines „Merkregisters" und dann alle Stellen auf Null abfragen. Effektiv werden dabei nur diejenigen Stellen abgefragt, in denen das aus dem Speicher geholte Intersektionsmuster je ein L hat, da die übrigen durch die Intersektion gelöscht wurden. Dies gestattet eine Benutzung von kombinierten Bedingungen.

Bei größeren Rechenanlagen versucht man die zur Verfügung stehenden Bedingungen möglichst variabel zu gestalten. Man kann z.B. den Adreßteil eines Bedingungsbefehls in zwei getrennten Teilen verarbeiten, von denen der erste die Bedingung näher spezifiziert und der zweite dann weiter angibt, was als nächste Operation ausgeführt werden soll. Wenn wir von diesem Verfahren Gebrauch machen würden, so würden wir unseren Adreßteil von 16 Bits evtl. in zwei Hälften zerlegen. Die erste könnte dann als Adresse für die auszuführende Bedingung gelten, also eine Spezifikation der Bedingung bedeuten; die zweite Hälfte würde eine Adresse eines auszuführenden Sprungbefehls angeben. Natürlich würden diese Adressen nicht vollständig ausreichen, da ja 8 Bits hierfür zu wenig sind. Sie könnten aber als relative Adressen benutzt werden. Wir würden z.B. auf diese Weise Sprungbefehle bekommen, die um eine bestimmte Zahl von Adressen vorwärtsspringen.

Überlegen wir, welchen Vorschlag wir unter den vielen Möglichkeiten näher verfolgen wollen: Wir werden jeweils bei Nichterfülltsein der Bedingung den nächsten folgenden Befehl außer Kraft setzen. Unsere Bedingungsoperationen haben damit den Charakter von Vorbefehlen. Die technische Ausführung besteht darin, daß wir die Bedingung abfragen und je nach dem Ergebnis den Befehlszähler evtl. um Eins weiterführen, also eine Addition vornehmen. Wenn der Befehlszähler seinen alten Stand behält, wird der nächste Befehl ausgeführt, andernfalls übersprungen. Es bleibt die Frage, welche Bedingungsvorbefehle man einführen wird.

Wir werden als erstes beliebige Speicheradressen auf ihr Vorzeichen abfragen, um dort Marken oder Merkzeichen zu setzen. Die erforderlichen Schritte sind in Bild 7.11 in ihrem Ablauf gekennzeichnet.

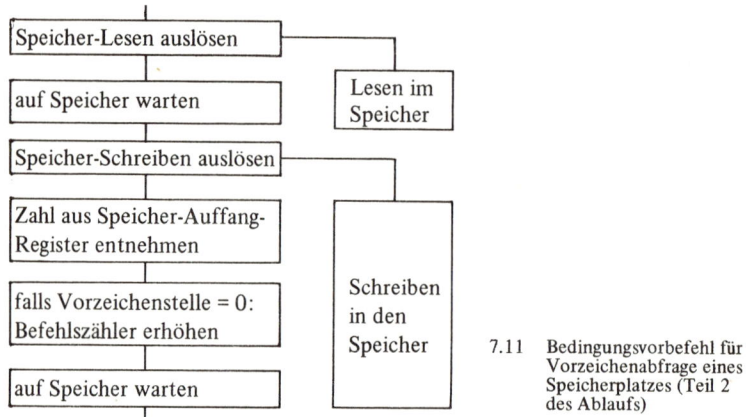

7.11   Bedingungsvorbefehl für Vorzeichenabfrage eines Speicherplatzes (Teil 2 des Ablaufs)

Die meisten Abfragen beziehen sich natürlich auf das letzte Rechenergebnis, und dieses wird sich im Akkumulator befinden. Durch einen zweiten Vorbefehl werden wir zwischen dem Akkumulator und dem durch den Adreßteil angesprochenen Speicherplatz eine Intersektion durchführen und anschließend abfragen, ob das Ergebnis in allen Stellen gleich Null ist. Da dies alles im Rechenwerk vor sich geht, ändert sich der Akkuinhalt (und natürlich auch der Speicherinhalt) nicht.

In Bild 7.12 haben wir nebeneinander dargestellt, wie wir mit diesem Befehl eine Nullabfrage (a), eine Vorzeichenabfrage (b) und die Abfrage (c) einiger beliebiger mittlerer Stellen des Akku durchführen können, je nachdem, welches Intersektionsmuster wir im Speicher bereitgestellt haben.

	a)	b)	c)
Akku-Inhalt	L O L L O O	L O L L O O	L O L L O O
Speicherinhalt (Intersektionsmuster)	L L L L L L	L O O O O O	O O O L L O
Intersektionsergebnis Bedingung erfüllt?	L O L L O O nein	L O O O O O nein	O O O L O O nein

7.12   Anwendung des Intersektions-Bedingungsbefehls für a) Nullabfrage, b) Vorzeichenabfrage, c) Merkbitabfrage

Durch einen anderen Befehl wollen wir abfragen, ob ein bestimmter Zahlenwert im Akkumulator als Rechenergebnis erschien. Der normale Weg besteht darin, den gefragten Wert zu subtrahieren und dann eine Nullabfrage vorzunehmen. Wir werden daher einen Bedingungsvorbefehl einführen, bei dem der Akkumulatorinhalt in das Rechenwerk überführt und der durch den Adreßteil des Vorbefehls gegebene Speicherinhalt abgezogen wird, um dann auf Null abzufragen und bedingt den Befehlszähler weiterzuführen. Auch hier braucht der Inhalt des Akkumulatorregisters selbst nicht abgeändert zu werden, da sämtliche Operationen im Rechenwerk vor sich gehen und das Ergebnis nicht in den Akkumulator zurückgebracht zu werden braucht.

Es könnte der Eindruck entstehen, daß ein großer technischer Aufwand für die genannten Vorbefehle nötig sei. Sie stimmen jedoch weitgehend mit den normalen Rechenbefehlen für Intersektion, Subtraktion usw. überein. Im Unterschied zu diesen wird das Ergebnis nicht in das Akku-Register zurückgeschrieben, sondern statt dessen die Zählung im Befehlszähler bedingt durchgeführt. Es handelt sich also technisch um relativ wenig abweichende Varianten der normalen Rechenoperationen, die unter deren Befehlsgruppen eingegliedert werden.

Indexoperationen

Wir brachten in Abschn. 5.4 Beispiele für die Verwendung eines Indexregisters. Es wird benötigt, wenn eine Zahl zum Adreßteil eines Befehls hinzugefügt werden soll. Als Beispiele betrachteten wir eine Kontonummer als Platzangabe im Speicher und einen auszugebenden Zahlenwert als Platzangabe in einer Codiertabelle. Wie sehen Indexregisterbefehle und ihre technische Durchführung aus? Man könnte sie vermeiden, wenn man den zu modifizierenden Befehl wie eine Zahl in das Rechenwerk holen, die ermittelte aktuelle Adresse hinzuaddieren und diesen endgültigen Befehl dann in das Programm richtig einfügen würde. Dieses Verfahren wird bei einfachen Maschinen angewandt, kompliziertere Ablaufsteuerungen sind hier nicht nötig.

Komfortabler und lohnend ist aber das Einführen von Indexregistern. Hierzu wird ein spezielles Register in der Maschine vorgesehen, in dem diejenige Zahl untergebracht wird, die zum Adreßteil des betreffenden Befehls addiert werden soll. Letzteres erfolgt dann unmittelbar vor der Ausführung des Befehls und wird mit in den Befehlsablauf einbezogen, wie wir es in Bild 6.1 in das Schema unserer Ablaufsteuerung eingetragen haben („Befehl evtl. umrechnen"). Nun müssen wir aber kennzeichnen, ob der Inhalt dieses Indexregisters zu einem Befehl hinzugefügt werden soll oder nicht. Dieser Umwandlung unterliegen in jedem Fall nur relativ wenige Befehle. Der normale Weg in den meisten Rechenanlagen füllt mit einfachen Ladebefehlen das Indexregister mit einer Zahl. Dann werden alle diejenigen Befehle, die umgerechnet werden sollen, gekennzeichnet. Hierzu dient im Befehlswort ein zusätzliches Bit. Steht dieses z.B. in der Stellung 0, so wird der Befehl unverändert ausgeführt. Dagegen veranlaßt die Stellung L die Modifikation. Etwas unglücklich bei diesem Verfahren ist, daß auch die Befehle, die nicht einer Modifikation unterliegen, dieses zusätzliche Bit benötigen, das die Wortlänge entsprechend vergrößert.

Oft besteht der Wunsch, mit verschiedenen Zahlen Indexrechnungen durchzuführen. Die größeren Rechenanlagen besitzen daher mehrere Indexregister, manchmal sogar eine recht große Anzahl. Dies wirkt sich auf die Wortlänge des Befehls insofern aus, als man nun nicht nur angeben muß, ob eine Umrechnung stattfindet, sondern auch, welches Indexregister benutzt werden soll. Bei einigen Anlagen ist es darüber hinaus möglich, mehrere Indexregister gleichzeitig zu verwenden. Hier muß für jedes eine eigene Dualstelle vorhanden sein, die dann auf L steht, wenn es für eine Addition benutzt werden soll. Will man dagegen nur ein einziges von mehreren Indexregistern aufführen, so kann seine Angabe codiert erfolgen. Für z.B. die vier Fälle, von drei Indexregistern eines oder keines zu benutzen, würde man zwei Bits benötigen ($2^2 = 4$).

Für die hier betrachtete Konstruktion ist der Einbau mehrerer Indexregister nicht zweckmäßig. Wenn man sie konstruktiv als Teile des Kernspeichers einführt, benötigt man einen zusätzlichen zeitraubenden Speicheraufruf. Deshalb wendet man Indexregister meistens als Flipfloprregister an, die allerdings etwas aufwendig sind.

Um wirklich eine universelle Verwendung auch verschiedener Indizes, also scheinbar verschiedener Indexregister, zu erreichen, wird ein spezieller Ladebefehl eingeführt, der einen beliebigen Speicherinhalt in das Indexregister überführt und gleichzeitig veranlaßt, daß die Benutzung dieses Indexregisters bei dem nächsten unmittelbar folgenden Befehl stattfindet. Indirekt können dann alle Speicherzellen als Indexregister fungieren, und ihre Benutzung erfolgt durch einen „Vorbefehl". Dies hat den Vorteil, daß der folgende Befehl nicht besonders als zu indizierend gekennzeichnet zu werden braucht. Es besteht die erweiterte Möglichkeit, nicht nur den Adreßteil, sondern auch den Operationsteil abzuändern, da dieser keinen Hinweis auf den Index enthält.

Die Ausführung ist einigermaßen einfach. Der Vorbefehl lädt ein Register, wird technisch also eine Variante der Registerladeoperationen sein (und wurde in Bild 7.2 auch als Variante 3 aufgeführt). Er setzt darüber hinaus ein spezielles Flipflop auf L, und damit ist seine Wirkungsweise erfüllt. Bei jedem Befehl, also insbesondere auch bei dem darauffolgenden, wird dann in dem gemeinsamen Teil aller Befehlsabläufe abgefragt, ob dieses Flipflop gesetzt ist. Ist dies der Fall, wird der Inhalt des Indexregisters zum Befehl addiert und das Flipflop gelöscht. Allerdings muß vor jeder Benutzung das Indexregister wieder gefüllt werden durch einen neuen Vorbefehl, um dieses Flipflop neu zu setzen.

Es sollte auf jeden Fall die Möglichkeit geschaffen werden, den Indexregisterinhalt aus dem Akkumulator zu entnehmen. Wir müssen also wie beim Laden von Registern dann, wenn die Adresse „Null" auftritt, nicht den Inhalt einer Speicherzelle, sondern den des Akkumulators nehmen.

Durch einen anderen Indexvorbefehl können wir auch einen umgerechneten Akkumulatorinhalt als Indexregister verwenden. Unser Indexregistervorbefehl hat einen Adreßteil und kann somit einen Speicherinhalt in das Rechenwerk holen. Wenn wir mit Hilfe dieses Speicherinhalts eine der betrachteten Verschiebeoperationen mit Intersektion durchführen, die wir oben näher betrachtet haben, können wir scheinbar beliebige Stellen des Akkumulatorinhalts als Indexregister verwenden. In Wirklichkeit wird dieser Inhalt in das echte Indexregister transportiert und damit dann automatisch der nächste Befehl modifiziert.

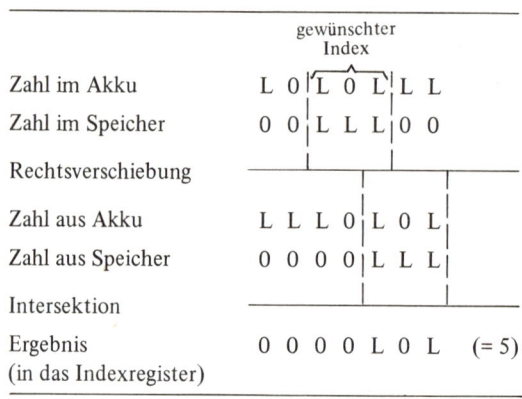

7.13 Indexvorbefehl mit Rechtsverschiebung und Intersektion

Bild 7.13 zeigt dieses Verfahren. Hier will der Programmierer die mitleren drei Stellen eines siebenstelligen Akkumulators zur Indizierung des nächsten Befehls verwenden. Es sollte also

L0L = 5 zur Adresse des nächsten Befehls hinzugezählt werden. Dies geschieht in der Form, daß wir aus dem Speicher ein vorbereitetes „Muster" entnehmen, das in der zweiten Zeile angegeben ist. Nun erfolgt die bekannte Verschiebeoperation mit Intersektion (s. Bild 7.7). Das Ergebnis wird nun nicht wie bei anderen Verschiebeoperationen in den Akku, sondern in das Indexregister überführt. Außerdem wird wieder das Indexflipflop gesetzt, das bei der Vorbereitung des nächsten Befehls dessen Umrechnung auslöst.

Der Befehl ist recht nützlich für Entschlüsselungsoperationen, bei denen man in einer Tabelle in „gesplitteten" Speicherplätzen möglichst viel Information unterbringen muß.

Technisch gesehen haben wir hier einen Verschiebeprozeß vor uns und somit eine sehr geringfügig abweichende Variante eines anderen Befehls, der bereits vorhanden ist.

Zum Abschluß soll erwähnt werden, daß bei einer Reihe von Anlagen auf Indexoperationen im engeren Sinne verzichtet wird, weil sie eine wesentliche Erschwerung des Ablaufs beim Befehlsruf bedingen. Meistens wird als (recht begrenzter) Ersatz die Adressensubstitution vorgesehen. Im Operationsteil gibt dann ein spezielles Bit an, daß der Adreßteil nicht die endgültige Adresse enthält, sondern die Adresse eines Speichers, in dem erst wieder die Adresse des Operanden steht. Hat man jedoch in der Praxis des Programmierens die Wahl zwischen einem echten Index und dieser Substitution, so wird letztere nur selten benutzt.

7.5. Ein Beispiel für einen Befehlscode

Wir haben die meisten Befehle zusammengestellt, die in Rechenanlagen auftauchen. In einer kleineren Maschine können nicht alle eingebaut werden. Darüber hinaus ist es fraglich, ob sämtliche für den Benutzer günstig sind. Je mehr Befehle eine Maschine enthält, um so mehr Befehle sollte der Benutzer, der die Möglichkeiten dieser Maschine wirklich ausnutzen will, auswendig wissen. Da dem Auswendiglernen Grenzen gesetzt sind, ist ein großer Befehlscode nicht immer vorteilhaft. Natürlich hat er den Vorteil, daß viele Dinge, die bei anderen Maschinen die Aufeinanderfolge von mehreren Befehlen erfordern, durch einen einzigen ausgelöst werden können. Die Programme werden also kürzer und schneller. Dabei sollte man bei kleineren Maschinen aber berücksichtigen, daß für viele Anwendungen die unbedingte Priorität der Rechengeschwindigkeit gar nicht mehr so entscheidend ist. Das wesentlich Teure einer Rechenanlage ist unter den augenblicklichen Verhältnissen die Speicherkapazität, und der Befehlscode sollte in erster Linie so zugeschnitten sein, daß mit möglichst wenig Befehlen möglichst viel erreicht werden kann.

Da wir in diesem Buch immer wieder, um konkrete Verhältnisse zu schaffen, über eine praktisch ausgeführte Konstruktion berichten, wollen wir hier auch die zugehörige Befehlsliste wiedergeben. Sie ist in Tabelle 7.14 abgedruckt. Für unsere Besprechung genügt es, einen globalen Überblick zu geben, zumal wir auf Einzelheiten schon in früheren Abschnitten eingegangen sind.

Die Befehle werden bei fast allen Rechenanlagen durch Buchstabengruppen gekennzeichnet. Diese sollten mnemotechnisch günstig sein. Leider hat sich bisher keine allgemeine Norm für ihre Schreibweise herausgebildet, so daß jeder Maschinentyp sehr ähnliche oder gleiche Operationen oft mit anderen Bezeichnungen belegt. Die von uns gewählten halten sich im Rahmen des Üblichen.

Ladebefehle: Transport in ein Register

LDn	0	L	L	0	0	0	A := S	Lade Akku
LDHn	0	L	L	0	0	L	H := S (A)	Lade Hilfsregister
LDCn	L	L	L	0	0	L	A := n	Lade Constante
LMCn	L	L	L	L	0	0	A := -n	Lade minus Constante
LDPn	0	L	L	0	L	L	P := S (A)	Lade Prüflämpchen
ORVn	0	L	L	L	0	L	V := V ∨ S (A)	S or V
ETVn	0	L	L	L	L	0	V := V ∧ S (A)	S et V

Rechenoperationen: 1. Operand und Ergebnis im Akku

An	L	0	L	0	0	0	A := A + S	Addiere
Sn	L	0	L	0	L	L	A := A - S	Subtrahiere
In	L	0	L	L	0	0	A := A ∧ S	Intersektion
AUn	L	0	L	0	0	L	A := A + S + U	Addiere S und Überlauf
K	L	0	L	0	L	0	A := A (= - A - 1)	Komplementiere
ACn	L	L	L	0	L	0	A := A + n	Addiere Constante
SCn	L	L	L	0	0	0	A := A - n	Subtrahiere Constante

Abspeicherbefehle: Transport aus einem Register

SPn	0	L	0	L	L	L	S := A	Speichere Akku
SPLn	0	L	0	L	L	0	S := A; A := 0	Speichern mit Löschen
SPHn	0	L	0	0	0	L	S (A) := H	Speichere Hilfsregister
SPIn	0	L	0	0	L	0	S (A) := I	Speichere „In"-Register
SPDn	0	L	0	0	L	L	S (A) := Druckt.	Speichere Drucktasten
SPPn	0	L	0	L	0	0	S (A) := P	Speichere Prüflämpchen
SPVn	0	L	0	L	0	L	S (A) := V	Speichere Vorrangregister

Sprungbefehle: Transport der Adresse des nächsten Befehls nach Z

GTOn	L	L	L	L	L	0	Z := n	Go to n
ISPn	0	L	L	L	L	L	Z := S (A)	Indirekter Sprung
UPSn	L	L	L	L	L	L	H := Z; Z := n	Unterprogrammsprung
UPAn	0	L	0	0	0	0	S := Z; Z := n+1	Unterpr.-Spr. mit Abspeichern

Speicheroperationen: Verändern von Speicherinhalten ohne Beeinflussung des Akku

SAn	L	0	0	0	0	L	S := S + A	Speicher-Addition
SAUn	L	0	0	0	L	0	S := S + U	Speicher-Addition vom Überlauf
SZEn	L	0	0	L	0	0	S := S + 1	Speicher-Zaehlen
SNUn	L	0	0	L	L	0	S := 0	Speicher gleich Null
SNEn	L	0	0	L	L	L	S := -1	Speicher negativ

Indexvorbefehle: Der Inhalt von H wird zum nächsten Befehl hinzugezählt, bevor dieser ausgeführt wird.

IDXn	0	L	L	0	L	0	H := S (A); Ind	Index
ADXn	0	L	L	L	0	0	H := AdrT (S (A)); Ind	Adreßteil als Index
RIXn	L	L	0	0	L	0	H := Rv (A ∧ S); Ind	Rechtsversch.-Inters.-Index

Bedingungs-Vorbefehle: Der nächste Befehl wird nur ausgeführt, wenn die Bedingung erfüllt ist.

IFLn	L	0	L	L	0	L	if A < S then	if A less S
IFEn	L	0	L	L	L	0	if A = S then	if A equal S
IFIn	L	0	L	L	L	L	if A ∧ S = 0 then	if mit Intersektion
IFSn	L	0	0	L	0	L	if S < 0 then	if Speicherinh. less 0
IFZn	L	0	0	0	L	L	S := S+1; if S < 0 then	if mit Zählen
ILCn	L	L	L	0	L	L	if A < n then	if A less Constante
IECn	L	L	L	L	0	L	if A = n then	if A equal Constante

Verschiebebefehle: Verschieben nach rechts (Rv) oder links (Lv)

RIn	L	L	0	0	0	0	A := Rv(A ∧ S)	Rechtsversch. mit Intersektion
RIHn	L	L	0	0	0	L	H := Rv(A ∧ S)	Rechtsv. m. Int. nach H
LIn	L	L	0	L	0	0	A := Lv(A ∧ S)	Linksversch. mit Intersektion
RVn	L	L	0	0	L	L	(S, A) := Rv (S, A)	Rechtsv. mit Verkoppeln
LVn	L	L	0	L	0	L	(A, S) := Lv (A, S)	Linksv. mit Verkoppeln

Multiplikation und Division:

MULn	L	L	0	L	L	0	(A, H) := H · S	Multiplikation
DIVn	L	L	0	L	L	L	H := (A, H) / S	Division

7.14   Beispiel für eine Befehlsliste. Die 2. Spalte gibt die interne Darstellung des Operationsteils in der Maschine wieder. In der 3. Spalte bedeuten: A den Inhalt des Akkumulators, H den des Hilfsregisters, Z den des Befehlszählers (und damit die Adresse des nächsten auszuführenden Befehls) und S den des Speichers mit der Adresse n (weitere Erklärungen im Text)

An diese Buchstabengruppe wird dann die Adresse angefügt. Sie wurde hier durch den Buchstaben n bezeichnet, an dessen Stelle also im konkreten Einzelfall eine feste Zahl aus dem Bereich der Adressen tritt. Sie wird als Dezimalzahl geschrieben. Gemeint ist natürlich eine Dualzahl, die entsprechend dem vorgesehenen Adreßteil der Befehle bei uns höchstens 16 Stellen haben darf.

Diese äußere Schreibweise der Befehle und der Adressen muß durch einen in der Maschine automatisch ablaufenden Leseprozeß in die interne Darstellung von bei uns 8 Dualstellen für den Operationsteil und 16 Dualstellen für den Adreßteil umgewandelt werden. Hierfür ist ein Programm nötig, ohne das die Maschine keine Befehle (und auch keine Zahlen) lesen kann. Da es jedoch bei fast allen heutigen Maschinen speicherprogrammiert ist und wohl kaum noch in der Mikroprogrammebene verdrahtet wird, soll sein Aufbau hier nicht betrachtet werden.

Ebenso soll nicht über Programmiererleichterungen wie „symbolische Adressen" und „Makros" gesprochen werden, deren Bearbeitung die Aufgabe von Assemblern bzw. Basisprogrammen ist.

Die im Speicher vorliegende Kennzeichnung der Befehle durch 6 Dualstellen ist in der zweiten Spalte der Tabelle zu sehen. Die erste Dreiergruppe der Dualstellen gibt dabei die Befehlsgruppe, also das freigegebene Schieberegister der Ablaufsteuerung an. Die nächste Dreiergruppe kennzeichnet innerhalb dieser Gruppe die Variante. In Bild 6.16 haben wir die Auswertung dieser Angaben skizziert. Die zu der vorgenommenen Gruppeneinteilung führenden Gesichtspunkte sollen am Ende dieses Abschnitts besprochen werden, soweit sie nicht schon erwähnt wurden.

Auch in der Schreibweise muß zum Ausdruck kommen, daß wir neben dem ersten Akkumulator noch einen zweiten einbauen werden. Hierfür wurde im vorliegenden Fall das Apostroph gewählt. Der erste Befehl würde also, wenn er sich auf den zweiten Akkumulator bezieht, LD'n lauten. Dieselbe Schreibweise kann für alle Befehle angewandt werden.

In der nächsten Spalte der Tabelle 7.14 haben wir die Wirkungsweise des Befehls wiedergegeben. Sie wurde in der ALGOL-Schreibweise notiert. Es sei noch einmal ausdrücklich darauf hingewiesen, daß diese Gleichungen gewissermaßen „von rechts nach links" gelesen werden müssen. In der ersten Zeile z.B. wird der Wert aus „S" geholt und in den Akkumulator transportiert. Die in dieser Erklärung gewählten Buchstabenbezeichnungen sind unterhalb der Tabelle angegeben. So bedeutet S den Inhalt des Speichers, dessen Adresse durch den Adreßteil des Befehls gegeben ist, also des Speichers Nr. n.

Das hinter dem S eingeklammerte A deutet eine Variante dieses Befehls an. Wenn der Adreßteil n des Befehls gleich Null ist, so wird nicht die Speicherzelle Nr. 0 angesteuert, sondern statt dessen der Inhalt des Akkumulators entnommen.

In der letzten (vierten) Spalte ist aus mnemotechnischen Gründen in Worten die Wirkungsweise des Befehls wiederholt, um die gewählte Kurzbezeichnung zu erklären, wobei dies nur eine kurze Skizze der Wirkungsweise ist.

Die Befehle

In Tabelle 7.14 sehen wir als erstes die Ladebefehle, die Transporte in ein Register hinein auslösen. Hier ist für den Benutzer in erster Linie das Laden des Akkumulators und des Hilfsregisters interessant. Darüber hinaus ist es oft praktisch, den Akkumulator nicht mit einem Speicherinhalt, sondern mit einer positiven oder negativen Konstanten zu laden, die unmittelbar im

Adreßteil des Befehls steht. Weitere Operationen laden die Register V (Vorrang-„Flags", s. Abschn. 8.2) und P (mit angeschlossenen Anzeige-Prüflämpchen). Sie sind für Spezialzwecke vorgesehen.

Die nächste Gruppe von Befehlen umfaßt die einfacheren Rechenoperationen. Sie entsprechen dem üblichen Rahmen. Addition, Subtraktion, Intersektion, Komplementieren sowie das Addieren und Subtrahieren von Konstanten sind vorgesehen. Alle diese Rechenoperationen beziehen sich auf ganze Dualzahlen. Gleitkommaoperationen werden nicht einbezogen, sondern nur auf der Ebene der Basisprogramme behandelt.

Als weiterer Befehl existiert die Addition zwischen Akkumulator und Speicher mit zusätzlicher Addition des Überlaufs. Dies ist wichtig, wenn man mit doppelter Wortlänge arbeitet, da dann bei der Addition der unteren Zahlenhälfte ein Übertrag zustande kommen kann, der auf die obere Hälfte der beiden Zahlen übernommen werden muß. Dieser „Überlauf" wird automatisch ermittelt und in ein gesondertes Flipflop eingesetzt. Bei dem vorliegenden Befehl wird nun dessen Stellung abgefragt und ausgewertet.

Die nächste Gruppe von Rechenoperationen sind die Abspeicherbefehle. Sie betreffen Transporte von den Registern in einen Speicher. Hier ist besonders der Akkumulator wichtig, in dem sich das Rechenergebnis meistens befindet. Interessant ist auch das Abspeichern des Hilfsregisterinhaltes. Eine weitere Operation, die ebenfalls in der Praxis von großer Bedeutung ist, ist das Abspeichern des Akkumulators, wobei dieser aber entgegen dem sonstigen Gebrauch auf Null gesetzt wird. Normalerweise ändert sich bei den hier beschriebenen Operationen der Inhalt des betreffenden Registers nicht.

Die in der Tabelle in Klammern eingeführten Buchstaben (A) geben an, daß dann, wenn der Adreßteil gleich Null ist, statt in den Speicher in den Akkumulator transportiert wird.

Der nächste Absatz in Tabelle 7.14 enthält die Sprungbefehle. Wir unterscheiden zwischen dem normalen Sprung, den Unterprogrammsprüngen und dem indirekten Sprung, bei dem die Adresse des Sprungziels nicht Bestandteil des Befehls ist, sondern aus einem Speicher transportiert wird. Bei den Unterprogrammsprüngen wird (wie erwähnt wurde) die Rückkehradresse, also der vor dem Sprung vorliegende Stand des Befehlszählers, sichergestellt. Im einen Fall dient zur Aufnahme das Hilfsregister H, im zweiten wird der Speicher S benutzt, den der Adreßteil des Befehls angibt. Dann darf aber nicht n, sondern erst n + 1 in den Befehlszähler gebracht werden, da dort erst das Unterprogramm beginnen kann.

Speicheroperationen

Bei Speicheroperationen wird das Ergebnis sofort in den Speicher wieder zurücktransportiert, aus dem der eine Operand kam. Dabei ändert sich der Akkumulatorinhalt nicht.

Vorgesehen sind die Veränderung des Speicherinhalts durch Addition einer Eins, des Akkuinhalts oder des Überlaufs einer unmittelbar vorhergegangenen Addition. Außerdem kann jeder Speicher auf „Null" oder auf „minus Eins" gesetzt werden. Wir erinnern hierzu an das Stellen von „Weichen", die später abgefragt werden (Abschn. 7.4).

Indexvorbefehle

Über Indexbefehle wurde bereits ausführlich gesprochen. Es handelt sich einmal darum, daß ein beliebiger Speicher scheinbar als Indexregister verwendet wird, daß also der Inhalt des Speichers in das Hilfsregister überführt wird und dort dann zum nächsten Befehl hinzugezählt wird. Dabei kann einerseits das ganze Wort addiert werden, wenn es z.B. eine negative Zahl enthält oder auch den Operationsteil modifizieren soll. Andererseits will man manchmal nur den Adreßteil des Speicherinhalts benutzen.

Der dritte Indexvorbefehl wurde ebenfalls bereits betrachtet. Wir wollen ein beliebiges zusammenhängendes Stück des Akkumulatorinhalts als Index verwenden. Die durchzuführende Operation ist eine Rechtsverschiebung – hier durch „Rv" gekennzeichnet – und eine anschließende Intersektion. Das Ergebnis wird wieder in das Hilfsregister H überführt.

Die Buchstaben „Ind" sollen bedeuten, daß ein besonderes Flipflop gesetzt wird, das die Indexumrechnung des nächsten Befehls auslöst. Ist dieses Flipflop nicht gesetzt, so kann das Hilfsregister für eine beliebige andere Information verwendet werden.

Bedingungsvorbefehle

Im nächsten Teil der Tabelle 7.14 haben wir die Bedingungsvorbefehle zusammengestellt. Ihre Wirkungsweise besteht, wie beschrieben, darin, daß der nächste Befehl entweder übersprungen oder ausgeführt wird, je nach dem Ergebnis der Bedingungsabfrage.

Die Erklärung, die hier in der dritten Spalte der Tabelle gegeben ist, ist in ALGOL formuliert, dürfte aber auch unmittelbar verständlich sein. „if A < S then" bedeutet, daß der nächstfolgende Befehl nur dann ausgeführt wird, wenn der Akkumulatorinhalt kleiner als der Speicherinhalt mit der Adresse n ist. Dieser Vergleich bezieht sich natürlich auf die Deutung der beiden Inhalte als ganze Dualzahlen. Praktisch wird eine Subtraktion durchgeführt und das Ergebnis auf sein Vorzeichen abgefragt. Dabei wird unabhängig davon, ob es sich wirklich der Bedeutung nach um eine Dualzahl handelt, ein L in der obersten Stelle als „Minus" gewertet.

Im dritten Befehl ist durch das Häkchen, das das logische „Und" andeutet, gekennzeichnet, daß eine Intersektion von A und S stattfindet und daß der folgende Befehl nur ausgeführt wird, wenn nach der Intersektion alle 24 Stellen des Wortes den Wert 0 haben.

Der Befehl IFZ dient zum Zählen von Wiederholungen. Hier wird der Speicherinhalt um Eins weitergezählt und nachträglich abgefragt, ob er (immer noch) negativ ist. Will man z.B. einen Schritt achtmal wiederholen, so legt man vorher in dem betreffenden Speicher die Zahl „minus 8" ab und führt dann diesen Befehl bei jedem Schritt durch. Die bedingte Operation ist ein Rücksprung, der einen Kreislauf ermöglicht. Da vor jedem dieser Rücksprünge die Zählung erfolgt, wird die Maschine achtmal den Rücksprung machen, beim neunten Mal aber die Bedingung für den Rücksprung nicht mehr erfüllt sehen, da jetzt der Speicherinhalt gleich Null geworden ist.

Ferner sind Vergleiche zwischen dem Akkumulatorinhalt und dem Adreßteil n des Befehls vorgesehen, der hier als Zahl – also nicht als Adresse – benutzt wird.

Verschiebebefehle

Die von uns in Abschn. 7.2 betrachteten Verschiebebefehle sind aufgeführt. Es handelt sich einerseits um die Rechtsverschiebung mit Intersektion, wobei das Ergebnis wahlweise im Akku oder im Hilfsregister steht (und dann der Akkuinhalt unverändert ist). Entsprechend existiert die Linksverschiebung mit Intersektion.

Außerdem haben wir zwei Verschiebeoperationen, die zwei Zahlen gleichzeitig als doppelt lange Zahl auffassen und verschieben.

Multiplikation und Division

Über die Ausführung von Multiplikation und Division wurde in Abschn. 7.2 gesprochen. Auch diese Rechenoperationen sind so wichtig, daß sie im Rahmen der Tabelle 7.14 berücksichtigt werden müssen. Dabei ist es oft bei kleineren Geräten nicht nötig, die vollständige Division als Befehl einzubauen. Diese müßte insbesondere in der Lage sein, negative Zahlen zu behandeln. Dies erfordert so viele Varianten, daß man sie bei kleinen Anlagen oft auf der Ebene der Basisprogramme anordnet und nur das wichtigste und zeitraubendste Stück von Multiplikation bzw. Division in die Ablaufsteuerung einbaut.

Befehlsgruppen

Für die technische Durchführung der Befehle, also für ihre Eingliederung in Befehlsgruppen mit einer möglichst weitgehend gemeinsamen Ablaufsteuerung, gilt eine andere Einteilung als für den Benutzer. Die Gruppeneinteilung ist in der Tabelle 7.14 durch die zweite Spalte gegeben, in der die erste Dreiergruppe von Dualstellen maßgebend ist.

Bei den technischen Ladebefehlen wird ein Speicherinhalt in ein Register gebracht. Zu dieser Gruppe gehört also nicht das Laden mit einer Konstanten, die unmittelbar im Adreßteil steht. Hingegen müssen wir hier den Indexvorbefehl ebenso wie den indirekten Sprung aufnehmen.

Auch bei den Rechenoperationen gehören die Konstantenoperationen zu einer eigenen Gruppe. Dafür bestehen Bedingungsabfragen weitgehend aus denselben Rechenschritten wie reine Rechenvorgänge.

Konstantenoperationen im technischen Sinne sind alle diejenigen, bei denen kein Speicher für den Operanden angesteuert wird. Zu ihnen zählen also auch der Sprungbefehl und der Unterprogrammsprung, bei denen nur ein Transport des Adreßteils in den Befehlszähler erfolgt. Auch Starts für externe Geräte wären hier einzuordnen.

Die Benutzungshäufigkeit der Befehle

Von Interesse dürfte die Tabelle 7.15 sein. Sie enthält (sehr grobe) Angaben über die Benutzungshäufigkeit der Befehle. Die Zahlen wurden nicht aus Benutzer-, sondern aus einer Reihe von Basisprogrammen gewonnen. Sie beziehen sich auf das Auftreten innerhalb der geschriebenen Programme, sagen also nichts aus über die Häufigkeit, mit der die Befehle ausgeführt werden. Für das letztere ist maßgebend, wie oft die betreffenden Programmteile wirklich durchlaufen werden. Darüber hinaus hängen die Zahlen von sehr subjektiven Gewohnheiten der Programmierer ab, sind also mit einem Unsicherheitsfaktor zu versehen. Um einen gewissen Anhalt für die Aussagekraft der Zahlen zu gewinnen, wurden für einen völlig anders strukturierten Maschinentyp entsprechende Angaben sinngemäß umgerechnet und unter b) eingetragen.

Interessant ist die sehr hohe Zahl von Sprung- und Bedingungsvorbefehlen, die im übrigen sehr oft gemeinsam auftreten (bedingter Sprung). Recht groß ist auch die Zahl der einfachen Lade- und Abspeicheroperationen. Die Zahl der Indexoperationen ist, gemessen am erforderlichen konstruktiven Aufwand, gering.

Neun der insgesamt 47 Befehle bilden zwei Drittel der Anwendungsfälle, mit 23 Befehlen kommt man auf 94%. Auf den ersten Blick könnte man also die Hälfte der Befehle einsparen. Das täuscht, da einige Befehle zwar selten, dann aber unbedingt benötigt werden. Außerdem bringt ein Verzicht auf geringfügige Varianten sowieso benötigter Befehle wenig Ersparnis.

	a) %		b) %	
Ladebefehle	13		16	
davon LD		8		7
Rechenoperationen	9		18	
davon AC		4		6
Abspeicherbefehle	13		12	
davon SP		8		10
Sprungbefehle	22		28	
davon GTO		14		18
UPS		5		8
Speicheroperationen	9		6	
davon SNU		5		2
Indexvorbefehle	8		4	
davon IDX		6		4
Bedingungsvorbefehle	20		12	
davon IFI		8		–
IEC		6		5
Verschiebebefehle, Mult., Div.	6		4	
	100	64	100	60

7.15   Benutzungshäufigkeit von Befehlen
       a) für die hier besprochene Anlage   b) für eine andere Anlage

8.   Basisbefehle und Vorrangsteuerung

Abschnitt 8.1 führt durch sog. Basisbefehle eine Möglichkeit vor, Unterprogramme wie Maschinenbefehle auf-
zurufen. Die nächsten Abschnitte zeigen Aufgabe, Zweck (8.2) und technische Durchführung (8.3) von Interrupts für Vorrangbearbeitung; die sich daraus ergebende endgültige Zusammenstellung des Befehlsablaufs ist
in Abschnitt 8.4 wiedergegeben.

8.1.   Basisbefehle

Der besprochene Befehlscode läßt viele Wünsche offen. So fehlen die Gleitkommaoperationen
oder Multiplikation und Addition bei doppelter Zahlenlänge sowie eine Reihe von nützlichen
kleineren Befehlen. Für den Benutzer besteht jedoch kein großer Unterschied zwischen verdrahteten Mikroprogrammen bzw. Ablaufsteuerungen, die er durch normale Maschinenbefehle
aufrufen kann, und Basisprogrammen, die durch einen Unterprogrammsprung erreichbar sind.

Unterprogramme sind langsamer als Maschinenbefehle, da sie aus einer großen Zahl (oft mehreren Hundert) Maschinenbefehlen zusammengesetzt sind. Darüber hinaus belegen sie Speicherplätze. Trotzdem existieren kaum Rechenanlagen, die auf die Möglichkeit von Basisprogrammen verzichten.

Da diese oft während der ganzen Lebensdauer einer Rechenanlage unverändert im Speicher stehen, kann für sie ein billigeres Speichermedium vorgesehen werden, das evtl. sehr schnell sein kann. Dabei verzichtet man auf die Möglichkeit einer späteren Inhaltsänderung. Eine strenge Grenze zwischen beiden ist daher schwer zu ziehen, und Übergänge beliebiger Art sind vorhanden.

Aus Rationalisierungsgründen wurden bei der von uns betrachteten Konstruktion keine Festspeicher vorgesehen. Alle Basisprogramme wurden daher im normalen Speicher der Maschine untergebracht und können bei Bedarf gegen andere ausgetauscht werden.

Da für den Benutzer die Basis- und die Mikroprogramme bzw. Ablaufsteuerungen eine ganz ähnliche Funktion haben, besteht der Wunsch, sie auf entsprechende Weise auszulösen. Durch den Unterprogrammsprung, der wohl bei allen Rechenanlagen existiert, ist dies jedoch nur in begrenztem Rahmen erreichbar.

Erinnern wir uns daran, daß alle von uns angegebenen Maschinenoperationen im Befehl einen Operationsteil und einen Adreßteil enthalten. Der Adreßteil kann dabei durch Indexregisterbenutzung modifiziert werden. Vergleichen wir damit den Aufruf eines Unterprogramms. Zur Charakterisierung der durchzuführenden Operation, also des durchzuführenden Basisprogramms, dient die Sprungadresse. Dadurch haben wir keine Möglichkeit mehr, durch diese den Operanden zu kennzeichnen.

Wünschenswert wäre es, z.B. eine Operation AGn zu haben, die die Gleitkommaaddition ausführt, wobei die Adresse n angibt, welche Zahl addiert werden soll. Für den zweiten Operanden könnte man in Analogie zum Akkumulator bestimmte Speicheradressen festlegen, die man grundsätzlich immer hierfür benutzt, die also keine Information innerhalb des Befehls erfordern.

Formal würden für den Benutzer dann keine Unterschiede mehr zwischen einer Addition ganzer Zahlen und einer Gleitkommaaddition auftreten. Insbesondere wäre es möglich, durch einen Indexvorbefehl die zu addierende Gleitkommazahl abzuändern, da deren Adresse im Adreßteil des Befehls aufbewahrt ist.

Wir sagten bereits, daß mit den üblichen Unterprogrammsprüngen dieser Wunsch nicht erfüllt werden kann. Dort muß man den Umweg vornehmen, in einem vorhergehenden Befehl die Adresse des Operanden z.B. in den Akkumulator zu transportieren, um dann erst den Unterprogrammsprung auszuführen. Ein zweites häufig verwendetes Verfahren ist es, den Unterprogrammsprung auszuführen und in der nächsten Speicherzelle die Adresse des Operanden anzugeben.

Wollen wir äußerlich die Unterschiede zwischen Maschinenoperationen und Basisprogrammen beseitigen, so müßten wir einen Pseudo-Operationsteil angeben, der sich natürlich wieder in den Operationsstellen des Befehls befindet und der die Rechenoperation kennzeichnet. Wir müßten ferner den Operanden in den Adressenstellen des Befehls angeben. Die Ausführung wäre grundsätzlich anders: Die Adresse unseres Sprungziels würde jetzt nicht durch den Adreßteil gekennzeichnet, sondern gerade durch den scheinbaren Operationsteil. Dieser würde dann aber nicht mehr als Operationsteil für die Kennzeichnung des Unterprogrammsprungs zur Verfügung

stehen. Darüber hinaus würde der scheinbare Adreßteil in Wirklichkeit nicht eine sofort zu benutzende Adresse enthalten.

Um trotzdem für den Benutzer die Schreibweise eines scheinbaren Ein-Adreß-Befehls aufrecht-
zuerhalten, kann die folgende Konstruktion gewählt werden: Die oberste Stelle im Operationsteil, die bei Zahlen als Vorzeichenstelle fungiert, wurde bisher nicht benutzt und hat daher bei
allen bisher besprochenen Befehlen den Wert 0. Bei den „Basisbefehlen" (d.h. durch Basisprogramme auszuführenden Befehlen) setzen wir dort ein L. Dies allein stellt jetzt den wirklichen
Operationsteil dar und löst den Unterprogrammsprung aus, der unabhängig von den übrigen
Teilen des Befehls immer auf dieselbe ein für allemal festgelegte Adresse erfolgt. Damit können
alle übrigen Stellen beliebig gefüllt sein, sie sind vorläufig wirkungslos.

Die technische Durchführung erfolgt über einen Schritt der Ablaufsteuerung, der jeden Basis-
befehl (einschließlich der unwirksamen 23 Bits) in das Hilfsregister überführt und an seine
Stelle in das Befehlsregister einen festen Unterprogrammsprung (in Tabelle 7.14 den Befehl
UPA) mit einer festen Adresse als „Ersatzbefehl" einschleust. Dies läßt sich durch geeignete An-
schlüsse erreichen und wird durch eine Konjunktion ausgelöst, in die als Bedingung die Stellung
L des obersten Befehlsbits eingeht.

Durch den Ersatzbefehl wird nun bei allen Basisbefehlen immer dasselbe Basisprogramm erreicht, das alle übrigen Schritte durchführt. Es wird wie ein normales Programm den im Hilfsregister befindlichen Basisbefehl im Speicher sicherstellen und durch Intersektion in seine zwei
Teile, den in den unteren 16 Stellen befindlichen fiktiven Adreßteil und den in den nächsten
7 Stellen untergebrachten scheinbaren Operationsteil, zerlegen. Ferner wird es letzteren als
Index für einen echten Sprungbefehl verwenden, der dann das gewünschte Basisprogramm erreicht. Diesem bleibt es überlassen, den fiktiven Adreßteil auszuwerten, also z.B. als Index für
einen echten Ladebefehl zu benutzen. Die zuletzt beschriebenen Schritte sind als Software-
Probleme nicht Aufgabe unserer jetzigen Betrachtung.

Da Basisbefehle als solche nur durch das allererste Bit gekennzeichnet sind, stehen die nächsten
7 Stellen voll zur Kennzeichnung zur Verfügung, es können also $2^7 = 128$ Basisbefehle eingeführt werden. Es bleibt dem Basisprogramm überlassen, ob eines der Bits für Variationsmöglichkeiten ähnlich der Umschaltung zwischen Akku und Nebenakku benutzt wird.

Aus der Sicht des Benutzers sind Basisbefehle wie normale Befehle zu behandeln. Insbesondere
können sie wie diese durch normale Vorbefehle unter Bedingungen gestellt oder durch Indexregister verändert werden. Der einzige Unterschied ist die erheblich größere Rechenzeit. Da die
Sprünge und das Zerlegen der Befehle Zeit erfordern, sind sie in erster Linie für umfangreichere
Basisprogramme gedacht.

Selbstverständlich besteht die Möglichkeit, im (scheinbaren) Adreßteil andere Informationen
(evtl. auch mehrere) unterzubringen. Auch kann sich der Basisbefehl auf mehrere aufeinanderfolgende Speicherplätze beziehen, von denen nur die Adresse des ersten angegeben wird.

Eine andere Ausführungsform der hier betrachteten Basisbefehle liegt in gewissem Sinne bei
manchen handelsüblichen Rechenanlagensystemen vor. Es existiert dort eine größere Zahl von
verschieden aufgebauten Anlagen, die (bis auf Geschwindigkeit und Geräteausstattung) die
gleichen Eigenschaften, insbesondere den gleichen Befehlscode, haben. Dabei wird man in den
großen Anlagen einer solchen Serie manche Maschinenbefehle verdrahten, die in den kleineren
Anlagen nicht in dieser Form vorhanden sein können.

Um den Befehlscode in genau der gleichen Form und auch in genau der gleichen internen Darstellung verwenden zu können, wird man bei der kleineren Anlage diejenigen Bitkombinationen im Operationsteil der Befehle auslassen, deren Wirkung man nicht verdrahten will. Treten sie trotzdem auf, so muß eine Verdrahtung automatisch ein Basisprogramm starten. Man kann dies so formulieren, daß die betreffenden Bitkombinationen wie unsere Basisbefehle bearbeitet werden, daß also durch einen Ersatzbefehl, nämlich einen Unterprogrammsprung, ein Basisprogramm ausgelöst wird.

Eine andere Formulierung desselben Sachverhaltes besagt, daß bei einem nicht in der Verdrahtung vorgesehenen Operationsteil als Pseudo-Fehlermeldung ein Alarminterrupt ausgelöst wird, den ein Vorrangprogramm bearbeitet. Dieses untersucht den scheinbar falschen Operationsteil und springt auf ein ihm entsprechendes Basisprogramm.

Vorrangbearbeitung behandelt der folgende Abschnitt.

Wir wollen der Vollständigkeit halber zusammenstellen, welche Verfahren der Bearbeitung eines vom Programmierer hingeschriebenen Befehls möglich sind:

1. Maschinenbefehle werden durch Ablaufsteuerung oder Mikroprogramm ausgeführt.

2. Basisbefehle werden durch einen Unterprogrammsprung ersetzt und durch ein Basisprogramm ausgeführt.

3. Unterprogrammsprünge können ebenfalls in Basisprogramme führen.

4. Das Assemblerprogramm kann beim Einlesen eines Benutzerprogramms automatisch an die Stelle eines hingeschriebenen Befehls eine Folge von mehreren Befehlen setzen: Ein „Makrobefehl" oder „Makro".

5. Das Benutzerprogramm enthält keine Befehle im eigentlichen Sinne, sondern Informationen, die auf spezielle Weise abgespeichert werden. Beim Rechengang werden sie vom Basisprogramm der Reihe nach geholt, untersucht und als Angabe für die durchzuführenden Operationen verwendet („interpretatives Arbeiten").

Jedes der Verfahren hat Vor- und Nachteile.

8.2. Vorrangoperationen

Charakteristisch für moderne Rechenanlagen ist die hohe Geschwindigkeit des Rechnerkerns, die wesentlich über der der übrigen Teile liegt. Das zeigt bereits ein Vergleich zwischen Rechenwerk und Kernspeicher. Sehr viel größer ist dieser Unterschied gegenüber anderen Speichermedien und gegenüber den sog. peripheren Geräten, die der Daten–Ein- und -Ausgabe dienen. Hierbei kann es sich um Lesegeräte, Tastaturen oder Drucker, Schreibmaschinen, Stanzgeräte u.ä. handeln. Um übergroße Wartezeiten des Rechnerkerns zu vermeiden, wird dieser mit anderen Arbeiten beschäftigt, während er auf ein derartiges Gerät wartet. So ist es möglich, daß derselbe Rechnerkern mehrere Ein- und Ausgabegeräte gleichzeitig bedienen kann. Er führt dann immer diejenigen Rechenoperationen durch, die für den nächsten Schritt eines Gerätes erforderlich sind, und hat anschließend Zeit, sich einem anderen Gerät oder ganz anderen Aufgaben zuzuwenden.

Dazu muß der Rechnerkern aber in der Lage sein, erstens zu erfahren, wann ein äußeres Gerät mit einem durchzuführenden Schritt fertig ist, und zweitens bei Bedarf einen anderen (weniger dringenden) Rechengang zu unterbrechen, um sich erst einmal diesem Gerät zuzuwenden. Man nennt diese Unterbrechung auch einen Interrupt oder die Auslösung eines Vorrangprozesses.

Ein Interrupt ist insbesondere nötig, um erstens langsame Geräte, die einen Engpaß des Rechenprozesses bedeuten, dauernd in Betrieb zu halten, und um zweitens mechanischen Geräten, die
nicht kurzfristig gestoppt oder beschleunigt werden können, zu einem bestimmten Zeitpunkt
die nächsten Steuerinformationen zu liefern.

Zur Illustration des Ablaufs ein Beispiel aus dem täglichen Leben. Eine „Vorrangmeldung" für
einen Menschen liegt vor, wenn ein Telefonanruf eintrifft. In diesem Fall muß die laufende
Arbeit unterbrochen, der Hörer abgenommen werden, das Gespräch ist entgegenzunehmen. Die
eigentliche Unterbrechung wird aber nicht durch das Telefon ausgelöst, sondern durch den Ent-
schluß des Benutzers, den Hörer wirklich abzunehmen. Den genauen Zeitpunkt bestimmt also
der Gestörte selbst. Dies kann man auf Rechenanlagen übertragen. Auch sie sind durchaus in der
Lage, die laufende Rechnung bis zu einem gewissen Abschluß zu bringen. Eine Programmunter-
brechung setzt also nicht einfach an beliebiger Stelle unseren Ablauf außer Kraft, sondern wir
müssen umgekehrt im Rahmen unseres Kreislaufes an einer festen Stelle immer wieder nach-
sehen, ob eine Vorrangmeldung vorliegt.

Einige weitere Betrachtungen zum Zeitablauf in unserem anschaulichen Beispiel. Wir haben es
zuerst mit einer Zeitspanne zu tun, innerhalb derer der Telefonhörer abgenommen wird. Diese
kann vom Gestörten bestimmt werden, technisch von der Ablaufsteuerung des Rechenwerkes.
Sie sollte aber nicht zu lang sein, damit der Gesprächspartner nicht inzwischen „aufgelegt hat".
Das die Unterbrechung auslösende Gerät kann bzw. soll nicht unbegrenzt auf Antwort warten,
eine Maximalzeit darf nicht überschritten werden.

Ein zweiter, ebenfalls charakteristischer Zeitbedarf ist in unserem Beispiel die Länge des Tele-
fonats. Während dieser Zeit ist der Sprechende beschäftigt, in unserem Rechner also das Rechenwerk für anderweitige Aufgaben blockiert.

Nach Beendigung des Gesprächs erfolgt ein weiterer Schritt, an den man oft nicht denkt. Wer
oft telefoniert, weiß, daß er nachher eine gewisse Zeit braucht, um sich wieder auf die unterbrochene Arbeit konzentrieren zu können. Insbesondere müssen Abschlußarbeiten durchgeführt werden, die in Zusammenhang mit dem beendeten Gespräch stehen: Notizen sind anzu-
fertigen, das Arbeitsmaterial ist wieder bereitzulegen, und erst dann kann nach einer Konzen-
trationspause die unterbrochene Arbeit fortgesetzt werden. Auch dies ist bei einem Interrupt zu
beachten. Wenn nämlich in der Zwischenzeit die vorrangige Arbeit im Rechenwerk stattgefunden hat, so sind dabei im allgemeinen einige Registerinhalte abgeändert worden, weil Register
für den Vorrangprozeß benutzt worden sind. Vor Beginn der vorrangigen Rechnung müssen die
Inhalte in einen Speicher überführt werden, nach Abschluß des Vorrangprozesses sind sie zurück-
zuholen. Erst dann kann die unterbrochene Arbeit mit den alten Zahlenwerten genau an der
Stelle fortgeführt werden, an der sie unterbrochen wurde.

Kritisch sind mehrere äußere Geräte, von denen jedes den Ablauf unterbrechen kann. In unserem Beispiel könnten mehrere Telefone vorhanden sein. Im allgemeinen wird nur ein Gespräch stattfinden. Es kann aber zu extremen Verhältnissen kommen, wenn im ungünstigsten
Fall alle Telefone gleichzeitig Alarm geben. Dann muß der dringendste dieser Anrufe, gewissermaßen durch das „rote Telefon", zuerst entgegengenommen werden. Die übrigen Anrufer müssen warten. Es ist also eine Rangordnung festzulegen, in welcher die einzelnen Meldungen abgearbeitet werden. Insbesondere darf nicht beim „Klingeln" sofort der nächste Telefonhörer
abgenommen werden, denn dadurch würde ein dringenderes Gespräch seinerseits unterbrochen
werden können.

Eine Interruptsteuerung bedarf also einer außerordentlich sorgfältigen Zeitkalkulation. Es muß dafür gesorgt werden, daß auch der zuletzt bediente Anrufer noch rechtzeitig zu seinem Recht kommt. Vorrangige Interrupts müssen schnell bearbeitet werden. In all diesen Fällen ist der „worst case", der ungünstigste Fall, zu berücksichtigen. Eine genaue Berechnung setzt voraus, daß man exakte Angaben über die angeschlossenen Geräte hat, um zu wissen, innerhalb welchen Zeitraumes sie bedient werden müssen.

Von welchen Seiten bzw. in welchen Fällen sollen Interrupts ausgelöst werden? Man kann fünf Großgruppen aufzählen, die im folgenden charakterisiert werden sollen.

Eine erste Gruppe bilden die Ein- und Ausgabegeräte. Bei langsamen Geräten, wie z.B. Schreibmaschinen, wird ein sehr schneller Rechner oft nur einen einzigen Buchstaben herausgeben und dann warten, bis eine Fertigmeldung kommt. Derartige Geräte haben etwa 10 Anschläge je Sekunde, und der Rechner kann während dieser Zeit etwa 10^4 bis 10^5 oder mehr Rechenoperationen durchführen. Bei schnelleren Geräten ist die Datendurchsatzrate sehr viel höher, so daß sehr viel häufiger Interrupts auftreten.

Zu diesen externen Geräten gehören auch Fertigungsmaschinen und Meßanlagen, die durch Prozeßrechner gesteuert werden. Wenn in ihnen eine Störung auftritt, muß der Rechner sofort Gegenmaßnahmen ergreifen. Auch dies sind Interrupts der beschriebenen Art. Ferner führen sämtliche Meßprozesse zu Interrupts, da sie zu einem bestimmten Zeitpunkt, der vom Rechner nicht genau vorhersehbar ist, ihre Meßergebnisse liefern.

Als zweite große Gruppe von Interrupts sind diejenigen anzuführen, die vom Bediener der Maschine ausgelöst werden. Dieser möchte das Gerät zu bestimmten Aktionen veranlassen, er will z.B. neue Programme eingeben oder einen Rechengang beeinflussen oder unterbrechen. Man muß für diesen Fall Drucktasten vorsehen, deren Betätigung die Unterbrechung veranlaßt. Sie unterscheiden sich nicht wesentlich von den Anschlüssen der vorher betrachteten Eingabegeräte. Es kann auch eine Eingabe über eine alphabetische Tastatur einer Schreibmaschine erfolgen, so daß Grenzen nicht scharf zu ziehen sind.

Eine dritte wichtige Gruppe ist zu nennen: Interrupts können auch durch sog. Uhrimpulse ausgelöst werden. Vielfach ist es nötig, in regelmäßigen Abständen kleine Hilfsoperationen auszuführen. Dazu gehört u.a. die Abfrage von Schalterstellungen, für die man keinen eigenen Interrupt vorsehen möchte, deren Stellung jedoch regelmäßig überprüft werden muß. Dazu gehört auch ein regelmäßiges Weiterzählen in einem Speicher, der eine Zeitangabe enthält. Ferner muß bei manchen externen Geräten überwacht werden, ob sie wie vorgesehen in einer bestimmten Zeit eine Nachricht von sich geben.

Alle diese Aufgaben werden auf der Ebene von Basisprogrammen bearbeitet, die in regelmäßigen Abständen durch einen Interrupt gestartet werden müssen. Hierzu wird durch einen Taktgenerator, den man meistens durch einen Zähler untersetzt, in z.B. jeder Zehntelsekunde ein Impuls geliefert, der den Zeitpunkt meldet.

Die vierte Gruppe der Vorrangprozesse ist bei Großanlagen von Interesse: Die Interruptauslösung bei technischen Störungen. Besonders in großen Geräten findet nämlich eine automatische Kontrolle der Funktionsfähigkeit der einzelnen Teile der Maschine statt. Insbesondere bestehen Kontrollmöglichkeiten für die Informationen, die aus dem Speicher der Maschine kommen. Oft ist der Speicher ein kritischer Punkt bezüglich der Zuverlässigkeit. Wird nun ein Fehler gemeldet, so ist es im allgemeinen sinnlos, das laufende Programm ohne ausführliche Überprüfung der Ergebnisse weiterzuführen. Es wird ja beim Herauslesen einer Information aus dem Kernspeicher der Inhalt des Speichers gelöscht. Stellt man nun fest, daß die gelesene Information falsch ist, so kann sie nicht durch ein wiederholtes Lesen noch einmal geholt werden, und es hat auch keinen Zweck, das begonnene Programm fortzusetzen. Man wird dann entweder die Maschine stoppen wollen, was aber bei großen Geräten zu erheblichem Zeitverlust führen würde, oder man wird die Maschine automatisch auf ein anderes Programm umsteuern, das an die Stelle des soeben zwangsweise unterbrochenen tritt. Man schließt also alle Maschinenkontrollen so an, daß sie bei einer Fehlermeldung automatisch ein vorrangiges Programm starten, welches die notwendigen Schritte auslöst. Auch bei der Prozeßsteuerung ist dies außerordentlich wichtig, um u.U. eine Katastrophe zu verhindern. Bei großen Anlagen benutzt man diesen Interrupt dazu, um festzustellen, in welchem Speicherbereich ein Fehler aufgetreten ist und welche Informationen sich in den Registern der Anlage befunden haben. Man kann eine Maschine auf diese Weise dazu bringen, daß sie selbständig eine Fehlerstatistik aufstellt und von Zeit zu Zeit meldet, welche Speicherbereiche besonders häufig zu Störungen neigen. Maßnahmen der beschriebenen Art sind nur dann sinnvoll, wenn Fehler sehr selten auftreten und sich auf einzelne Teile, z.B. den Speicher, konzentrieren, so daß während einer solchen Fehlerbearbeitung zumindest die anderen Teile zuverlässig arbeiten.

Eine fünfte Art von Interrupts kann dazu dienen, vom Programmierer gemachte Fehler aufzudecken. Ein typischer Fall einer verbotenen Anweisung ist die für das Teilen durch Null. Es bleibt in diesem Fall keine andere Lösung als ein erfolgloses Abbrechen des Rechenvorganges und die Auslösung einer Störungsmeldung. Das entspricht der mathematischen Vorschrift, daß eine Division durch Null verboten ist. Bei kleineren Rechengeräten wird die Maschine gestoppt. Vom Bediener muß dann festgelegt werden, daß sie an einer bestimmten anderen Stelle des Programmes mit neuen Zahlenwerten neu anfangen soll. Große Anlagen müssen automatisch auf ein anderes Programm umschalten, und sie müssen eine Meldung herausgeben, daß das bisher berechnete Programm sich in der gewünschten Form nicht durchführen läßt. Auch dieses wird oft in Gestalt einer Interruptsteuerung ausgeführt.

Vom Programmierer ist im Einzelfall festzulegen, welche Interruptebenen vorrangig sind und welche mit geringerer Priorität bearbeitet werden sollen. Normalerweise werden durch die Interruptmeldungen Flipflops gesetzt, die man in Gestalt eines Registers angeordnet hat. Diese Flipflops bilden dann scheinbar ein Wort, das ebenso wie andere Worte innerhalb der Rechenanlage behandelt, also abgespeichert, Rechenoperationen unterworfen und für Bedingungen benutzt werden kann. Andererseits müssen diese Flipflops aber auch eine zusätzliche Schaltung erhalten, die die Ablaufsteuerung auf einen neuen Weg umschalten. Nun müssen wir dafür sorgen, daß eine vorrangige Arbeit nicht durch solche geringerer Priorität unterbrochen wird: Unterbrechungen geringerer Priorität sind also zu sperren. Dabei werden wir einen Teil der Interruptmöglichkeiten jedoch freilassen, nämlich diejenigen, die dringender sind. Man wird also zu jedem Interruptflipflop ein zweites vorsehen müssen, das vom Programm gesetzt wird und angibt, ob dieses Vorrangflipflop nun wirklich eine Unterbrechung auslösen soll oder nicht. Es wäre falsch, wollte man die Vorrangflipflops, die den Interrupt auslösen, einfach blockieren. Denn auch Vorrangmeldungen, die nicht sofort bearbeitet werden können, müssen aufbewahrt werden, damit sie zu einem späteren Zeitpunkt ausgewertet werden können. Man muß eine zusätzliche Information geben, die nur die Wirkungsweise der Flipflops vorübergehend außer Kraft setzt.

Zweckmäßigerweise wird man auch für diesen zweiten Satz von Flipflops ein Register vorsehen, das vom Programm aus mit einem Wort geladen werden kann. In gewissem Sinne wird den Vorrangflipflops durch dieses zusätzliche Register eine Schablone, eine „Maske", aufgelegt, und nur diejenigen, die von dieser Schablone freigegeben werden, können weitere Interrupts auslösen. Man nennt daher derartige Register auch „Maskenregister". Eine Schaltung wurde in Bild 5.12

gegeben. In der Mitte ist dort das Maskenregister zu sehen, das durch eine Reihe von Flipflops angedeutet ist, darüber das Vorrangregister und unten eine Reihe von Konjunktionen. Diese schalten nur dann durch, wenn sowohl das Masken- als auch das Vorrangflipflop gesetzt sind. Die Ausgänge aller dieser Konjunktionen sind weitergeführt in eine Disjunktion, die den Ablauf des Interrupts auslöst.

In der von uns betrachteten Konstruktion werden wir außerdem ein einzelnes Flipflop anbringen, das alle Vorrangmeldungen gleichzeitig sperren kann. Es wird bei der Auslösung einer Unterbrechung automatisch gesetzt. Dem mit Vorrang ablaufenden Basisprogramm bleibt es dann überlassen, das Maskenregister so zu laden, daß nur dringendere Unterbrechungen durchkommen können, um dann die generelle Vorrangsperre wieder aufzuheben.

8.3. Die Durchführung von Interrupts

Wie sieht nun ein Interruptablauf aus? Wir unterscheiden drei Teile: Der erste besteht aus der Vorrangmeldung, die von außen kommt und eines der Vorrangmeldeflipflops umschaltet. Der zweite ist die regelmäßige Abfrage der Stellung dieser Meldeflipflops und die Auslösung des Vorrangprozesses, falls eine Meldung vorliegt. Der dritte Teil schließlich befaßt sich mit der Durchführung der Vorrangrechnung und dem anschließenden Rücksprung in das laufende Programm.

Wesentlich ist, daß der zweite und dritte Teil wieder Programme bzw. Ablaufsteuerungen erfordern, die wie alle Programme wahlweise als Basis- oder als Mikroprogramme (bzw. Ablaufsteuerungen) ausgeführt werden können. Den zweiten Teil (Abfrage der Vorrangmeldeflipflops) wird man meistens nicht als Basisprogramm durchführen. Man muß oft und in regelmäßigen, kurzen Abständen abfragen. Dies würde viel Rechenzeit erfordern und für schnelle Interrupts zu langsam sein.

Natürlich ist es prinzipiell möglich: Man kann in regelmäßig wiederkehrenden Basisprogrammen (z.B. Gleitkommaoperationen o.ä.) bei jedem Aufruf den Inhalt des Vorrangregisters in das Rechenwerk holen und untersuchen.

Der bessere und allgemein übliche Weg ist die Abfrage durch Ablaufsteuerung. Sie kostet keine Zeit, da sie simultan zu anderen Arbeiten stattfindet, und sie geschieht regelmäßig, wenn man in jedem Befehlszyklus abfragt. Die Zeiten zwischen zwei Abfragen können z.B. zwischen einer und zehn Mikrosekunden liegen.

Kommt es vor, daß eine größere Zahl von Interrupts viel Zeit hat, dann bietet sich ein kombinierter Weg an: Durch eine „Uhr" wird z.B. jede Zehntelsekunde ein Interrupt gegeben, den die Ablaufsteuerung abfragt, um dann ein Basisprogramm auszulösen. Dieses kann dann auf der langsameren Ebene die langsamen Interrupts abfragen.

Betrachten wir nun den entgegengesetzten Extremfall, daß sowohl Interruptauslösung als auch Bearbeitung durch eine Ablaufsteuerung erfolgen.

Dies tritt z.B. auf, wenn eine Information von einem externen Gerät sehr schnell gespeichert werden muß und für eine spätere Verarbeitung aufzubewahren ist oder wenn umgekehrt aus dem Speicher der Maschine eine Information an ein Gerät durchgeschleust werden soll. Im allgemeinen wird bei der Ausgabe die Information vorher vorbereitet sein. Man gestattet dann dem äußeren Gerät einen sog. direkten Speicherzugriff. Gleichzeitig mit der laufenden Rechnung wird eine Information in den Speicher hinein- bzw. aus diesem zurückgebracht. Nun ist eine Beeinträchtigung des laufenden Programms unvermeidlich, wenn wie in unserem Fall der

Speicher den Zeitablauf bestimmt. Man wird dann auf Parallelarbeit verzichten und in die Ablaufsteuerung eine Verzweigung einführen, die den normalen Rechenzyklus sperrt und einen anderen Zweig freigibt. In Bild 8.1 geben wir ein Ablaufschema der beschriebenen Art wieder, das eine Variante des in Bild 6.15 angegebenen Schemas ist. Der linke obere Kasten deutet die vorbereitenden Arbeiten an, die für alle Rechen-operationen gemeinsam sind. Darunter sind acht Varianten für die verschiedenen Gruppen von Maschinenbefehlen vorgesehen. Nun müssen wir für einen zwischenzuschiebenden Speicher-zugriff oben noch einen zweiten Kasten seitlich danebenzeichnen. Durch die Vorrangsteuerung wird von den beiden oben gezeichneten Schie-beregistern jetzt entweder das linke freigegeben, wenn keine Vorrangmeldung vorliegt, oder im umgekehrten Fall das rechte.

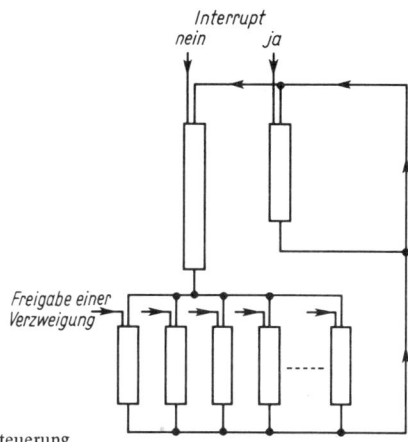

8.1   Interruptbearbeitung durch Ablaufsteuerung

Was ist nun im Falle einer Vorrangmeldung durch die neue Ablaufsteuerung auszulösen? Hier-über gibt Bild 8.2 Aufschluß.

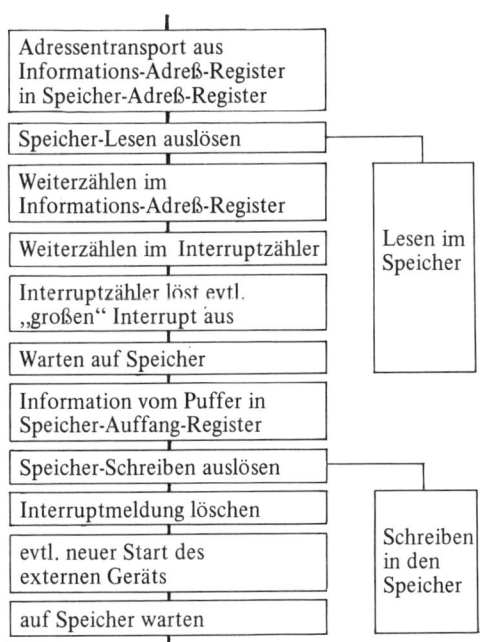

8.2   Bearbeitung eines Eingabeinterrupts durch „direkten Speicherzugriff"

Für den Verkehr zwischen dem externen Gerät und dem Speicher brauchen wir die Adresse eines Speichers, aus dem die Information geholt bzw. in den sie transportiert werden soll. Für diese Adresse ist ein eigens für diesen Zweck reserviertes Register nötig. Aus ihm ist die Adresse zu holen und in das Speicher-Adreß-Register zu überführen, da von dort der Speicher angesteuert wird. Nun muß der Speicher gelesen werden. Die eben erwähnte Adresse ist um Eins zu erhöhen, damit beim nächsten Interrupt der nächste Speicherplatz an die Reihe kommt, und dann in das Informations-Adreß-Register zurückzubringen. Gleichzeitig ist zu kontrollieren, ob diese Adresse schon bis zu einer bestimmten Grenze gekommen ist, an der ein weitergehender Interrupt mit einer Verarbeitung der erhaltenen Information ausgelöst werden muß. (Dies würde durch Setzen eines anderen Vorrang-Meldeflipflops geschehen.) Ist das Lesen im Speicher beendet, das parallel zu diesen Abfragen läuft, so kann der Informationsaustausch stattfinden. Nun wird in den Speicher zurückgeschrieben. Während dies geschieht, ist die bearbeitete Interruptmeldung zu löschen. Falls weitere Meldungen vorliegen, sind diese in einem zusätzlichen Zyklus zu bearbeiten. Oft ist noch an das externe Gerät zu melden, daß eine Bearbeitung stattgefunden hat. Man wird dazu ein Flipflop setzen, dessen Stellung den Abschluß dieser Arbeit mitteilt. Wenn der Speicher seine Fertigmeldung gegeben hat, kann der Zyklus wieder von neuem beginnen.

Voraussetzung für das beschriebene Verfahren ist, daß keine komplizierteren Operationen nötig sind. Diese treten aber spätestens dann auf, wenn ein abgeschlossener Datensatz aus- oder eingegeben wurde. Es muß also automatisch mitgezählt werden, ob dies schon vorliegt.

Weiterhin wurde vorausgesetzt, daß der „direkte Speicherzugriff" nur von einem einzigen Eingabegerät in Anspruch genommen wird.

Wir haben soeben eine Ablaufsteuerung kennengelernt, die auf der Ebene der Mikroprogramme arbeitet. Wenn aber Interrupts so komplizierte Operationen erfordern, daß diese mit einer verdrahteten Ablaufsteuerung nicht mehr zu bewältigen sind, wird man hierfür ein Basisprogramm vorsehen, das im Speicher der Maschine steht und im entscheidenden Augenblick an die Stelle des Benutzerprogramms tritt. Um einen Interrupt dieser zweiten Art auszulösen, brauchen wir im Grunde nur einen Sprungbefehl, der allerdings automatisch ausgelöst wird. Dabei muß es sich im Prinzip um einen Unterprogrammsprung handeln, denn die Adresse, die verlassen wird, muß später wieder aufgesucht werden, um die Rechnung an dieser Stelle weiterzuführen. Die technische Ausführung von Unterbrechungen dieser zweiten Art ist daher sehr viel einfacher. Der gerade vorliegende Befehl, den die Maschine eigentlich ausführen müßte, wird ersetzt durch einen Unterprogrammsprung, den wir hier als Vorrangersatzbefehl bezeichnen wollen. Er sperrt Unterbrechungsmeldungen von anderen Geräten, und die Vorrangsperre muß automatisch gesetzt werden. Sie darf erst durch das Basisprogramm, das den Interrupt bearbeitet, zu gegebener Zeit wieder aufgehoben werden.

Bei der Bearbeitung von Programminterrupts wird im allgemeinen das ganze Rechenwerk, also auch Akkumulator und Hilfsregister, für die mit Vorrang zu bearbeitenden Prozesse benötigt. Man muß somit diese sicherstellen. Allerdings ist das nicht sehr problematisch, denn sie brauchen nicht sofort mit einer neuen Information gefüllt zu werden wie das Befehlszählregister, das durch den Sprungbefehl abgeändert wird. Wir haben folglich die Möglichkeit, mit den ersten Befehlen des Basisprogramms das Speichern der Inhalte von Akkumulator, Hilfsregister usw. durchzuführen. Bis zur endgültigen Bearbeitung des Vorrangprozesses ist dafür zusätzliche Zeit erforderlich. Es muß daher sorgfältig kalkuliert werden, ob sie wirklich zur Verfügung steht. Fassen wir zusammen: Interruptbearbeitung bedeutet, einen laufenden Rechenprozeß zu unterbrechen, um eine vorrangige Arbeit auszuführen. Diese erfordert auch wieder eine Steuerung der zeitlichen Reihenfolge mehrerer Operationen, also ein Programm. – Die Auslösung des Interrupts erfolgt durch eine regelmäßige Abfrage, ob eine Meldung vorliegt. Diese Abfrage könnte durch die Basisprogramme erfolgen, doch ist dies zu langsam und zu zeitraubend. Daher werden diese Abfragen die Mikroprogramme bzw. die Ablaufsteuerung übernehmen.

Damit ist aber noch nicht gesagt, auf welcher Ebene der Vorrangprozeß selber stattfindet. Er kann durch eine verdrahtete Ablaufsteuerung („direkter Speicherzugriff") oder durch ein Basisprogramm geleitet werden. Ersteres ist schnell, aber aufwendig. In komplizierteren Fällen wird man wohl immer auf die zweite Möglichkeit zurückgreifen.

Meistens werden Interrupts vorgesehen für Meldungen von anderen Geräten und vom Benutzer. Sie werden auch verwendet bei Fehlern, seien sie nun hervorgerufen durch Störungen im Gerät oder durch falsche Programmierung.

Wie läßt sich eine Interruptsteuerung mit möglichst sparsamen Mitteln bequem und doch ausreichend aufbauen? Wir wollen zu diesem Zweck unseren normalen Ablaufzyklus beibehalten und möglichst wenig Variationen neu einfügen. Die einfachste Methode besteht darin, daß wir die Adresse des auszuführenden Befehls nicht aus dem Befehlszählregister entnehmen, wie wir es normalerweise tun, sondern an deren Stelle eine feste Adresse in das Speicher-Adreß-Register einführen, die dann als Adresse des nächsten Befehls ausgewertet wird. An der durch sie gekennzeichneten Speicherstelle muß nun ein Unterprogrammsprungbefehl stehen, der die Rücksprungadresse in einem besonderen Register oder besser noch im Speicher sicherstellt (bei uns der Befehl UPA in Tabelle 7.14). Dieser wird durch die normale Ablaufsteuerung ausgeführt. Damit sind alle erforderlichen Schritte von der Geräteseite erfolgt. Die weiteren werden durch ein Basisprogramm ausgeführt, das sich an der eben genannten Stelle befindet und als erstes dafür sorgt, daß Akkumulator- und Registerinhalte sichergestellt und die Vorrangmeldung der Reihe nach abgefragt werden. Dieses Basisprogramm hat ferner festzustellen, welche Vorrangmeldung von welchem Gerät am dringendsten ist, und im übrigen während der Vorrangbearbeitung in regelmäßigen Abständen abzufragen, ob eine noch dringendere Meldung inzwischen eingetroffen ist.

Zur Illustration soll eine Abschätzung für den Zeitbedarf bei einer kleineren Anlage angegeben werden. Während ein schneller Lochstreifenleser ein einziges Zeichen liest, kann eine derartige Anlage z.B. 150 Maschinenbefehle ausführen, also 150mal einen Ablaufzyklus durchlaufen. Wird nun ein Zeichen durch Interruptauslösung in die Maschine eingeschleust, so ist ein Vorrangprogramm nötig, das etwa 20 Maschinenbefehle erfordert. Damit ist ein Siebtel der Rechenzeit für ein externes Gerät belegt. Ganz anders sieht die Kalkulation bei einer Schreibmaschine oder ähnlichem aus: Hier entspricht die Zeit für ein einziges Zeichen z.B. 5000 Maschinenbefehlen.

Durch den oben beschriebenen Sprungbefehl muß sofort die Vorrangsperre gesetzt werden; es ist Sache des Basisprogrammes, entweder diese Vorrangsperre beizubehalten und selbst festzustellen, ob dringendere Meldungen vorliegen, oder aber nach erforderlichen Umstellungen die Sperre aufzuheben und dadurch die Unterbrechung des Vorrangprogramms durch andere Interrupts zu ermöglichen.

Die Bearbeitung eines solchen Interrupts ist zeitraubend, weil durch einzelne Befehle Akkumulatorinhalt, Hilfsregisterinhalt usw. zuerst sichergestellt und nacher wieder zurückgeholt werden müssen. Besteht hierzu eine einfachere Möglichkeit? Diese setzt natürlich voraus, daß wir genügend Register innerhalb der Maschine verfügbar haben, um nicht alle diese Zahlen in den Speicher transportieren zu müssen. Da nun in Gestalt integrierter Bausteine hinreichend schnelle und billige Register in Zukunft zur Verfügung stehen werden, ist eine Lösung wie in Bild 8.3 durchaus diskutabel.

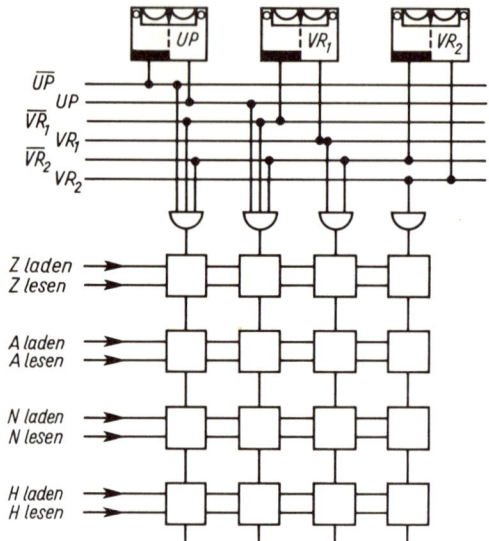

8.3 Interruptauslösung durch Umschalten auf andere Register. Diese sind (für eine Dualstelle) symbolisch durch die Quadrate dargestellt (vgl. auch Bild 5.3)

Hier sind 16 Flipflops angegeben, von denen jeweils der Reihe nach eines für den Befehlszähler, den Akku, den Zweitakku und für das Hilfsregister vorgesehen ist. Dabei sind die 4 Flipflops der obersten Zeile ebenso wie die übrigen wegen der Wortlänge in 24-facher Ausfertigung zu denken, die „in Schichten" angebracht sind, wie wir es von Rechen- und Registerwerk gewohnt sind.

Die linke Spalte ist die Benutzerebene. Diese Flipflops werden also verwendet, wenn der Benutzer sein Programm verarbeitet. Die dritte Spalte von links wäre in unserem Beispiel die Interruptebene. Sobald eine Interruptmeldung erfolgt, wird automatisch nach Abschluß der Bearbeitung des letzten Befehls von der ersten Spalte auf die dritte umgeschaltet. Dazu wird nur das Flipflop „VR_1" nach rechts gesetzt. Wir haben damit ein neues Befehlszählregister vor uns und auch eigene neue Register für Akkumulator und Hilfsregister. Daher werden die alten Werte überhaupt nicht durch den Ablauf des Interrupts berührt. Auch der Sprungbefehl erfolgt durch Umschalten auf das neue Befehlszählregister automatisch.

Es wird zweckmäßig sein, mehrere derartiger Ebenen vorzusehen. Die vierte Spalte in Bild 8.3 wäre eine weitere Interruptebene für besonders dringende Fälle, die dann in Kraft gesetzt wird, wenn über das Flipflop „VR_2" eine Meldung vorliegt.

In unserem Beispiel ist darüber hinaus noch eine weitere Ebene von Registern vorgesehen. Diese könnte zur Bearbeitung von Basisunterprogrammen dienen. Hierzu würde nur das Flipflop „UP" nach rechts gesetzt. Wir denken in diesem Zusammenhang insbesondere an die von uns betrachtete Möglichkeit von Basisbefehlen, die Unterprogramme wie normale Maschinenbefehle auslösen.

Es ist allerdings unbedingt nötig, daß alle Programme zu den entsprechenden Registern auch der übrigen Ebenen Zugang haben. So muß ein Interruptprogramm in der Lage sein, auch den Befehlszähler, Akkumulator usw. der normalen Programmebene zu beeinflussen. Ein Interruptprogramm soll insbesondere auch ein Benutzerprogramm durch ein anderes ersetzen können. Umgekehrt wird ein Benutzerprogramm die Register der Unterprogramme ebenfalls abändern, entladen bzw. abfragen müssen. Hierfür sind eine kompliziertere Schaltung und evtl. einige Sonderbefehle nötig, die wir hier nicht betrachten wollen.

Nach dem Abarbeiten eines Interrupts ist dafür zu sorgen, daß der betreffende Befehlszähler auf seine Anfangsstellung gebracht wird, damit eine Fortsetzung des Interruptprogramms bei einer neuen Meldung wieder von vorne erfolgt.

8.4. Der endgültige Befehlsablauf

Die besprochene Vorrangsteuerung bedingt einige Variationen im ersten Teil des Befehlsablaufes, wie wir ihn in Bild 6.1 dargestellt haben. An Stelle des gerade vorliegenden Befehls müssen für die beiden betrachteten Sonderfälle, nämlich für den Interrupt und für die Basisbefehle, andere aus dem üblichen Ablauf herausfallende Befehle eingeschleust werden. Dies muß an zwei verschiedenen Stellen geschehen. Interrupts sollten abgefragt werden, bevor der Befehlsruf erfolgt. Es wird dann am einfachsten sein, den Befehlsruf normal ablaufen zu lassen, dies aber mit einer von der Befehlszählerstellung abweichenden Adresse.

Anders bei Basisbefehlen. Bei ihrer Auslösung ist der Befehlsruf schon erfolgt. Es wird dann am bequemsten sein, an Stelle des Basisbefehls einen Ersatzbefehl einzuschleusen. Die technische Ausführung ist am einfachsten, wenn die Ersatzadresse beim Interrupt bzw. der Ersatzbefehl beim Basisbefehl eine möglichst einfache Dualdarstellung haben. Man bevorzugt daher eine Adresse Null bzw. einen Operationsteil 000 000 für den benötigten Unterprogrammsprung, weil diese durch einfaches Löschen herzustellen sind. Durch die im Rechenwerk vorgesehenen Registeranschlüsse können aber auch andere Werte gesetzt werden.

Ein Ablaufschema zeigt Bild 8.4. Über den dort eingetragenen „Stop" und „Einzelschritt" handelt der nächste Abschnitt.

Ist ein Vorrangprozeß beendet, so erfolgt mit Hilfe der sichergestellten Rücksprungadresse die Rückkehr in das unterbrochene Programm durch einen indirekten Sprungbefehl. Vorher muß die Vorrangsperre aufgehoben werden. Es ist nützlich, letzteres mit einer Verzögerung zu versehen, damit ein evtl. sofort folgender neuer Interrupt erst nach dem Sprung erfolgt. Das Aufheben der Sperre ist ein normaler Ladebefehl: Das entsprechende Flipflop im V-Register muß mit 0 geladen werden.

Bei der Durchführung von Vorrangprozessen treten einige Komplikationen auf. Die erste ergibt sich aus unserer Methode der Indexvorbefehle. Es ist möglich, daß ein Interrupt gerade in einem Augenblick ausgelöst wird, wenn nach einem Vorbefehl der nächste Befehl geholt und umgerechnet werden soll. In diesem Fall würde der Interruptsprung, der an die Stelle des nächsten Befehls tritt, der Indexumrechnung unterworfen werden. Als Ausweg sollte man entweder durch die Indexvormerkung den Interrupt sperren (die einfachste Lösung) oder umgekehrt während der Vorrangoperationen die Indexumrechnung außer Kraft setzen.

Ähnliche Schwierigkeiten bestehen hinsichtlich der Überlaufverarbeitung. Bei einigen Additionsbefehlen wird der aus der höchsten Stelle hinauslaufende Übertrag als Überlauf registriert, um bei Doppelwortverarbeitung zum nächsten Wort hinzugefügt zu werden. Während einer Vorrangoperation muß also der in einem besonderen Flipflop abgelegte Überlauf entweder gesperrt oder sichergestellt werden. Am besten ist es, beide Möglichkeiten vorzusehen. Dann sollte also einerseits die Interruptsperre, die an sich nur einen zweiten Interrupt verhindern soll, auch die Registrierung eines neuen Überlaufs sperren, was durch eine einfache Konjunktion zu erreichen ist.

Andererseits sollte eine Möglichkeit bestehen, den Wert des Überlaufflipflops sicherzustellen. Am einfachsten ordnet man derartige Flipflops in ein Register ein, das wie jedes andere in das Rechenwerk gelesen bzw. von dort geladen werden kann. Bei der hier betrachteten Konstruktion wurde das V-Register gewählt. Die meisten seiner Flipflops dienen der Vorrangmeldung, einige sind jedoch für andere Zwecke verfügbar. Diese werden dann natürlich nicht an die Interruptauslösung angeschlossen. Zu ihnen könnte z.B. auch das Index-Auslöseflipflop gehören.

Allgemein kann man sagen, daß jedes Flipflop, das Information von einem Befehl auf einen späteren überträgt, in einem derartigen Register eingeordnet sein sollte, damit es während der Vorrangbearbeitung sichergestellt bzw. zurückgeholt werden kann. Man verwendet dann die Bezeichnung „Statusregister", weil durch die Flipflopstellungen der Zustand des Systems gekennzeichnet wird.

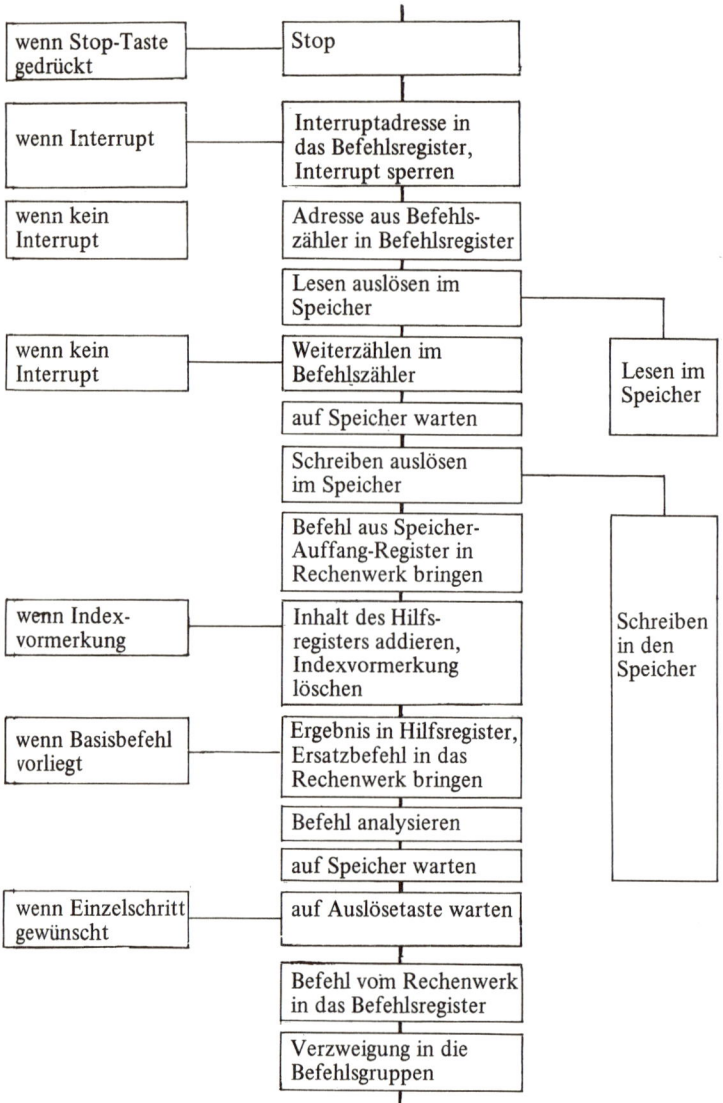

8.4   Der für alle Befehle gemeinsame Teil des Befehlszyklus (oft laufen mehrere Schritte simultan ab)

9. Ergänzungen

Zu einer arbeitsfähigen Anlage gehören einige weitere Teile, die hier besprochen werden. Dabei beschränkt sich insbesondere die Beschreibung der externen Geräte und der Speicher auf Fragen der Decodierung und einen anschaulichen Überblick über den konstruktiven Aufbau.

9.1. Starts und Hilfssteuerungen

Bisher betrachteten wir nur den normalen Rechenbetrieb. Gelegentlich liegen aber auch abnorme Betriebsbedingungen vor, wie bei Inbetriebnahme oder Stoppen. Dazu gehören auch Kontrollen und Prüfungen sowie alle Maßnahmen, die eine erste Inbetriebnahme erlauben. Hierfür sind spezielle Ablaufsteuerungen nötig.

An- und Abschalten

Bei jedem neuen Betriebszustand und bei jedem neuen Rechengang sind zwei Dinge zu tun: Es muß eine gewisse Anfangstellung erzwungen und danach der gewünschte Ablauf gestartet werden. Bei einem Anschalten der Anlage muß dieses auf verschiedenen Stufen wiederholt werden. In jeder der Stufen ist dabei eine Ablaufsteuerung oder ein „Programm" nötig.

1. Das „Anlassen": Als erstes sind die Spannungsversorgungen der verschiedenen Teile anzuschalten. Dazu kann keine Ablaufsteuerung der betrachteten Arten verwendet werden, da diese spezielle Betriebsspannungen voraussetzen. Man muß also mit anderen elektrotechnischen Mitteln Zeitschaltungen von Relais erreichen. Nach dem Anschalten der Spannungsversorgung für die Elektronik, also für Rechen- und Leitwerk, muß als erstes eine „Grundstellung" der Flipflops und Zähler durch eine Löschung erzwungen werden, denn diese nehmen vorher eine zufällige Stellung ein. Dann erst dürfen Schreibspannungen für Speicher zugeschaltet werden, da sonst Speicherinhalte versehentlich verändert werden können.

2. Der „Start": Vor Beginn eines Rechenablaufs sind vorbereitende Schritte durchzuführen, die eine Ablaufsteuerung oder ein fest gespeichertes Mikroprogramm übernimmt. Dieses mündet in die normale Ablaufsteuerung ein. Es darf jedoch keine Basisprogramme voraussetzen, da ein Start von Prüf- oder Vorbereitungsprogrammen auch bei zerstörten Speicherinhalten möglich sein muß. Wir kommen im nächsten Absatz auf Starts zurück.

3. Der „Rechenbeginn": Er wird bei Prozeßrechnern und größeren Anlagen dadurch erfolgen, daß bei gestarteter Anlage nach Tastendruck oder nach Signalen von externen Geräten eine Interruptmeldung den Beginn eines Basisprogrammes auslöst, das dann alle Schritte übernimmt. Entsprechende Einteilungen gelten natürlich auch für das Abschalten eines Gerätes, wobei ebenfalls eine feste Reihenfolge einzuhalten ist.

Starts

Normalerweise muß ein Prozeßrechner oder eine größere Rechenanlage dauernd arbeiten, da jederzeit Interruptmeldungen von außen kommen können, die zu bearbeiten sind. Selbst wenn keine konkreten Aufgaben durchgeführt werden, befindet sie sich in einem scheinbaren Rechenzustand, der als „Warteschleife" immer nur abfragt, ob Informationen von außen gemeldet werden. Soll ein neues Programm eingegeben werden, so erfolgt z.B. durch Tastendruck eine Vorrangmeldung, deren Bearbeitung sich auf der Basisprogrammebene abspielt und daher hier nicht betrachtet werden soll.

Es muß aber ohne Interrupt die Möglichkeit zum ersten Start eines Rechenprozesses vorliegen, wenn die Anlage neu eingeschaltet wird. Bei der besprochenen Ablaufsteuerung scheint ein derartiger Start einfach zu sein. Wir haben dafür zu sorgen, daß in die Ablaufsteuerung ein „umlaufendes Bit" eingeschleust wird, das den weiteren Prozeß übernimmt. Weiterhin ist dafür zu sorgen, daß der Rechenprozeß in einem ganz bestimmten Speicherplatz mit dem dort befindlichen Befehl beginnt, d.h., daß eine feste Anfangsadresse in das Befehlszählregister gebracht wird. Nach dem Einschalten der Anlage könnte dort durch zufällige Stellung der Flipflops eine falsche Zahl stehen, und ein Start würde zu erheblicher Konfusion führen. Technisch ist es natürlich besonders bequem, wenn man als Start-Anfangsadresse 0 wählt. Dann genügt ein einfaches Löschen des Befehlszählregisters zu ihrer Einstellung. Ist dies nicht möglich, muß eine spezielle Adresse eingeschleust werden.

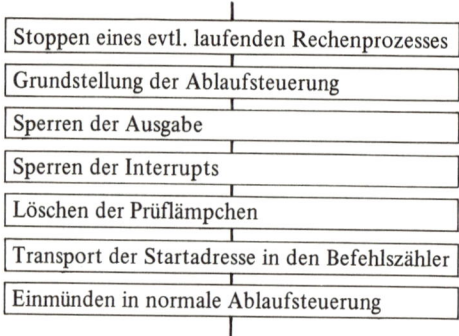

9.1   Ablaufsteuerung für das Starten

Es kann sein, daß vor dem Einschalten falsche Vorrangmeldungen eingelaufen sind. Es muß also das Vorrangmelderegister auf Null gesetzt werden, und es sollten vielleicht bis zur Überprüfung der nötigen Programme Vorrangmeldungen überhaupt gesperrt werden.

Ferner dürfen bei Einschalten der Anlage keine Flipflops, die externe Ausgabegeräte ansteuern, versehentlich gesetzt sein, sonst würden fehlerhafte Informationen ausgegeben.

Die beschriebenen Schritte und noch weitere müssen durch Verdrahtung oder Festspeicher ausgelöst werden, da nicht unbedingt beim Starten bereits Basisprogramme oder ein Betriebssystem sich innerhalb der Maschine befinden. In Bild 9.1 ist für eine Ablaufsteuerung ein Flußdiagramm angegeben, in dem die einzelnen Schritte aufgeführt sind.

Stops und Arbeiten im Einzelschritt

Im normalen Betrieb werden Stops nicht benötigt, sondern nur vor dem Ausschalten und für Kontrollen. Dann darf aber nicht in einem beliebigen Augenblick einfach abgeschaltet werden. Es ist u.a. dafür zu sorgen, daß Speicherinhalte erhalten bleiben. Da beim Lesen von Speicherinhalten aus dem Kernspeicher gelöscht wird, muß man warten, bis der Speicher regeneriert worden ist. Es sollten außerdem auch sämtliche Register wieder auf ihren letzten Stand gebracht werden. Daher muß bei einem Stop ein Befehlszyklus gerade beendet sein.

Technisch brauchen wir nur in das erste Flipflop der Ablaufsteuerung, das bei jedem Befehl durchlaufen wird, in die Konjunktion eine Spannung einzuführen, die dieses Flipflop bei Bedarf am Schalten hindert. −

Spezielle Stops sollen die Anlage schrittweise arbeiten lassen. Dies ist wichtig für Überprüfung und Fehlersuche. Weiterhin sollte die Möglichkeit existieren, einzelne Abläufe innerhalb der Maschine verfolgen und Schritt für Schritt Spannungen nachprüfen zu können, um festzustellen, welche Teile fehlerhaft arbeiten. Hierfür ist ein Stop nötig, der nach jedem Takt die Maschine anhält. Ein derartiger „Einzeltakt" wird so durchgeführt, daß alle in der Maschine befindlichen Flipflops nur einen einzelnen Taktimpuls bekommen, sobald auf eine Bedienungstaste gedrückt wird. Der nächste Taktimpuls muß warten, bis wieder ein Knopfdruck erfolgt. Dabei ist aber zu berücksichtigen, daß nicht alle Teile langsam arbeiten können. Im Speicher dürfen u.U. Ströme nicht beliebig lange fließen. Dasselbe gilt auch für Ein- und Ausgabegeräte, die an einen bestimmten zeitlichen Zyklus gebunden sind.

Ein weiterer Stop ist für das Ausprüfen wichtig, der nicht nach jedem einzelnen Takt, sondern erst nach Abarbeiten eines Befehls die Anlage anhält. Dann soll nach Tastendruck der nächste Befehl ausgeführt werden und das Gerät wieder stoppen.

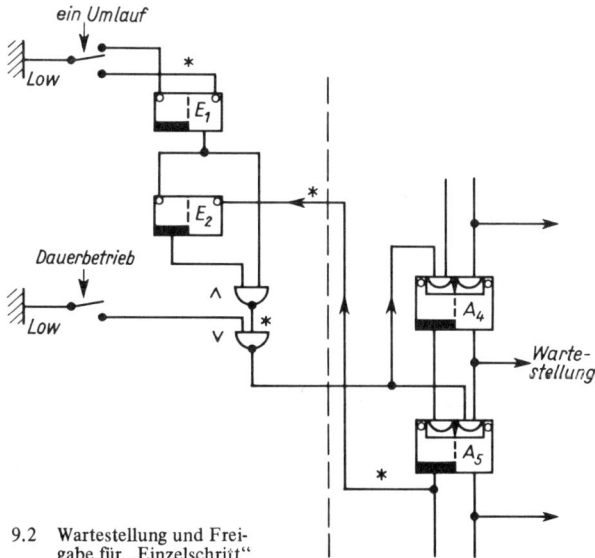

9.2   Wartestellung und Freigabe für „Einzelschritt"

Ein Anhalten der von uns beschriebenen Ablaufsteuerung an einer ganz bestimmten Stelle können wir ohne weiteres vollziehen, da wir eigens für diesen Zweck Wartestellungen vorgesehen haben, die in Bild 6.10 gezeichnet wurden. Neu ist, daß durch Tastendruck immer nur ein einziger Kreislauf freigegeben werden soll und sofort beim nächsten Passieren dieser Stelle wieder der Stop erfolgen muß. Die Schaltung hierzu zeigt Bild 9.2. Hier wurden zwei (ungetaktete) Flipflops vorgesehen, die um der Praxisnähe willen durch komplementierte Eingänge angesteuert werden.

Das erste (E_1) ist ein Schutz gegen das Prellen des Schalters. Es wird nach rechts geschaltet, wenn der Taster gedrückt wird, und schaltet erst dann nach links zurück, wenn der Taster wieder vollkommen losgelassen ist und seinen oberen Kontakt berührt. Das zweite (E_2) dient zum Ermitteln der „Flanke". Es leitet über die nachgeschaltete Konjunktion die Stellung des Prellflipflops nur so lange weiter, bis das sonst blockierte Flipflop A_5 der Ablaufsteuerung einmal geschaltet hat. Dann geht E_2 in seine rechte Stellung über und blockiert dadurch den Kreislauf, bis es durch Loslassen der Taste vom Flipflop E_1 wieder nach links geholt wird.

Die zweite, weiter unten eingezeichnete Taste erzwingt über das zweite als Disjunktion wirkende Nand eine Spannung H an den Eingängen von A_4 und A_5 und damit einen Dauerbetrieb ohne Stop bei jedem Kreislauf.

Schaltungen wie die hier beschriebene werden bei allen ähnlichen Auslösungen benötigt, also auch beim Auslösen von Einzeltakten oder bei Starts. Deshalb haben wir dort auf die Angabe von Schaltzeichnungen verzichtet.

Es bestätigt sich hier die Beobachtung, daß an allen Schnittstellen zwischen verschiedenen Teilen der Anlage ein gewisser Aufwand getrieben werden muß. Besondere Schwierigkeit bereitet die Tatsache, daß der Tastendruck asynchron erfolgt und sehr lange dauert.

Laden und Prüfen mit Bedientasten

Für Kontrollen und zur Inbetriebnahme des Gerätes ist es erforderlich, einzelne Informationen in bestimmte Teile der Anlage zu bringen. Es muß möglich sein, Register und einzelne Speicherplätze zu laden. Die Informationen sollten in dualer Darstellung über Tasten eingegeben werden können. Außerdem sollte eine Möglichkeit bestehen, zu Prüfzwecken beliebige Inhalte von Registern und Speicherplätzen über Glühlämpchen sichtbar zu machen.

Im regulären Rechenablauf werden derartige Vorgänge durch Programme des Betriebssystems, also durch Basisprogramme, ausgeführt. Bei Kontrollen muß man jedoch mit Störungen dieser Programme rechnen und muß daher durch eine Ablaufsteuerung Entsprechendes bewirken.

Am einfachsten sieht man eine generelle Möglichkeit vor, Transporte von einem beliebigen Register in ein beliebiges anderes durch Tastendruck auszuführen. Wie Register werden insbesondere auch die Schalter angesteuert, die an Gatter geführt sind (s. Bild 5.2 und 5.4). Dasselbe gilt für Leuchtanzeigen. In Bild 5.4 ist für diesen Zweck das mit P („Prüflämpchen") bezeichnete Register vorgesehen. Ein Informationstransport zwischen zwei beliebigen Registern erfüllt dann alle Eingabe- und Anzeigewünsche.

Die Ablaufsteuerung für derartige und ähnliche Prozesse muß die in Bild 9.1 aufgeführten Maßnahmen vornehmen. Der wirklich interessante Teil umfaßt dann nur zwei Schritte: Im ersten wird (über einen vorher von Hand einzustellenden Schalter) das Lesen aus einem der Register in das Rechenwerk freigegeben, im zweiten dann (über einen zweiten Schalter) das Schreiben in ein Register.

Komplizierter wird eine Ablaufsteuerung für ein Laden bzw. Kontrollieren beliebiger Zellen des Kernspeichers. Wir müssen zwei Informationen eingeben, nämlich einmal die Adresse der Speicherzelle und zum anderen die Information, die geladen werden soll. Bei der von uns betrachteten Konstruktion sollen diese Aufgaben möglichst einfach gelöst werden. Daher wird mit der Tastatur die gewünschte Adresse eingegeben. Dies muß natürlich dual geschehen durch Umlegen derjenigen Schalter, denen in der Adresse ein L entspricht.

Der Prüfablauf bewirkt dann, daß der Inhalt des Registers, welches mit den Anzeigelämpchen verbunden ist, mit dem betreffenden Speicherinhalt ausgetauscht wird. Man kann nämlich auf diese Weise eine Information in den Speicher hineinbringen und gleichzeitig sichtbar machen, was vorher in ihm gestanden hat. Soll die alte Information erhalten bleiben, kann sie durch ein zweites Auslösen dieses Ablaufes wieder von der Lämpchenanzeige zurückgebracht werden in den Speicher.

Will man eine neue Information in den Speicher hineinbringen, so muß man sie in die Schalter eintasten und dann durch das früher betrachtete Registerladeprogramm erst einmal in das Lämpchenregister geben. Anschließend wird in die Schalter die Adresse getastet, und nun erfolgt der Austausch der Information. Sowohl Adresse als auch abzuspeichernde Information werden nacheinander in dieselbe Schaltertasten eingegeben, so daß kein doppelter Tastensatz benötigt wird. Es ist eine Frage des Aufwandes, ob man mehr Komfort will und dann hier bequemere Möglichkeiten vorsieht.

Das Austauschen der Information zwischen dem Lämpchenregister und dem Speicher bedingt einen vollen Speicherzyklus. Es muß erst aus dem Speicher gelesen werden, dann tauscht man die Informationen aus, schließlich ist wieder zurückzuschreiben. Bild 9.3 zeigt im Blockdiagramm den Vorgang.

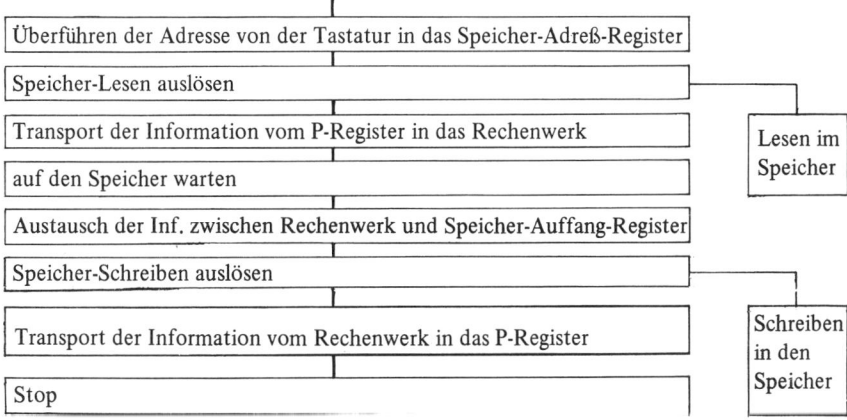

9.3   Ablaufsteuerung für Speicher-Eingabe und -Anzeige

Urleseprogramm

Eine „nackte" Anlage ohne Basisprogramme ist praktisch nicht arbeitsfähig. Sie ist noch nicht einmal in der Lage, einfache Programme aufzunehmen oder gar zu verarbeiten. Denn schon zum Entschlüsseln von Programmen von Lochkarten oder Lochstreifen ist ein Leseprogramm nötig. Wie kann man die ersten Programme in den Speicher der Maschine überhaupt hineinbekommen bzw. bei technischen Störungen wieder restaurieren? Hierzu lassen sich im Prinzip die eben beschriebenen Möglichkeiten anwenden: Wir können einzelne Speicherinhalte und nach und nach kleine Programme in der Maschine aufbauen. Dies reicht aber im praktischen Betrieb nicht aus. Es ist wünschenswert, durch eine verdrahtete Steuerung Informationen von Lochkarten oder -streifen in den Speicher hineinzubringen. Da dies aufwendig ist, sollte ein möglichst einfacher Weg gefunden werden. Als Beispiel führen wir an, wie bei der von uns betrachteten Konstruktion dieses Problem gelöst wurde.

Es wird mit Lochstreifen gearbeitet, die vorher speziell für diesen Zweck vorbereitet werden. Sie enthalten ein Programm in einer dem Programmierer ungewohnten Schreibweise. Derartige Lochstreifen können in extremen Fällen von Hand hergestellt, besser aber durch eine andere Rechenanlage erzeugt werden, die durch ein Programm die Umwandlung von der gewohnten Schreibweise in die hier gewählte vornimmt.

Die einfachste Möglichkeit der Eingabe besteht, wenn die Information in genau der benötigten Form bereits auf dem Lochstreifen enthalten ist. Dann wird also z.B. jedem auf L zu setzenden Bit des Speichers ein an der entsprechenden Stelle des Lochstreifens gestanztes Loch entsprechen. Nun stehen auf einem Lochstreifen nur relativ wenig Bits nebeneinander, während bei unserer Anlage 24-Bit-Worte zu füllen sind. Daher übernimmt man die auf dem Lochstreifen nebeneinander befindlichen Bits in das Rechenwerk der Maschine, verschiebt dann aber das dort stehende Wort um eine bestimmte Zahl von Stellen seitlich. Wenn dies zyklisch wiederholt wird, kann man nach und nach ein ganzes Wort füllen. Es ergibt sich ein ziemlich einfacher Kreislauf.

Im vorliegenden Fall wurden Fünf-Kanal-Lochstreifen verwendet. Theoretisch hätte man fünf Zeichen zu je fünf Bits zusammenfügen müssen zu einem 24-Bit-Wort. Die obersten beiden Dualstellen des Fünf-Kanal-Lochstreifens wurden jedoch für andere Zwecke verwendet, es wurden also acht Zeichen zu je drei Bits eingelesen.

Nun soll die Information im Speicher der Anlage untergebracht werden, und hierzu ist eine Adresse nötig. Daher wurden auf dem Lochstreifen in Gestalt von zerlegten 24-Bit-Worten zuerst die Adresse und dann die abzuspeichernde Information abgelegt. Von den beiden bisher unbenutzten Bits des Lochstreifens bewirkt nun das erste, daß die geforderte Information in das Speicher-Adreß-Register überführt wird. Sofort danach wird dieser Speicher gelesen und damit gelöscht. Währenddessen läuft die abzuspeichernde Information vom Lochstreifen ein. Wenn sie vollständig ist, erfolgt auf dem letzten noch unbenutzten Lochstreifenkanal ein Signal, das die inzwischen eingelaufene Information in die Speicherzelle bringt, deren Adresse vorher angegeben wurde. Insgesamt ergibt sich ein Ablaufschema nach Bild 9.4.

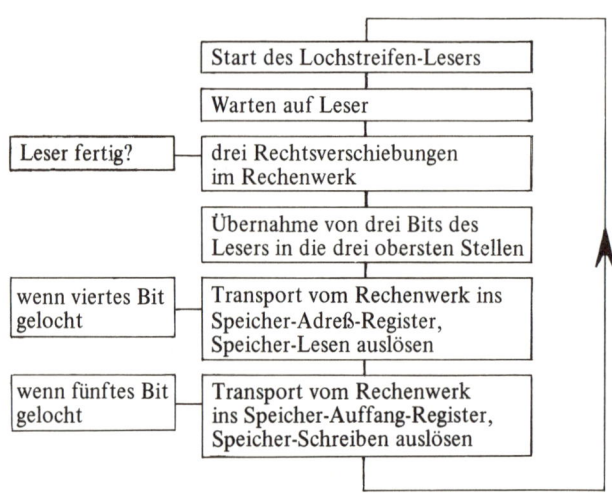

9.4   Ablaufsteuerung für Urleseprogramm

Erste Programme, die in eine Maschine eingebracht werden müssen, damit überhaupt ein Arbeiten möglich ist, nennt man „Urprogramme". Das betrachtete Leseverfahren heißt ein „Urleseprogramm".

9.2. Kontrollen

Wichtig sind Fehlerkontrollen der verschiedensten Art. Weitgehend werden diese auf der Ebene der Basisprogramme durchgeführt. Insbesondere wird dort überprüft, ob Benutzerprogramme fehlerhafte Anweisungen enthalten. Auch die Betriebsfähigkeit der Anlage wird auf der Ebene der Basisprogramme durch spezielle Prüfprogramme kontrolliert.

Im allgemeinen wird man aber nicht darauf verzichten wollen, auch während des normalen Rechenbetriebes automatische Kontrollen durchzuführen. Erfahrungsgemäß sind einige Teile besonders fehleranfällig, so vor allem der Speicher. Welche Möglichkeiten bestehen, eine Überprüfung des Speichers vorzunehmen?

Eine oft gewählte Kontrollmöglichkeit ist der „parity-check", der früher schon erwähnt wurde. Er fügt zu den 24 Bits des Wortes ein redundantes fünfundzwanzigstes. Dessen Wert wird so gewählt, daß immer eine ungerade Anzahl von Bits des Wortes die Stellung L haben.

Im Prinzip wäre auch eine gerade Zahl wählbar. Wenn jedoch ein ganzer Speicherplatz gelöscht ist, würde diese Kontrolle versagen.

Einzelne als fehlerhaft gemeldete Bits führen zu einer automatischen Fehlermeldung. Treten mehrere Bits falsch auf, ist nicht in jedem Fall ein Erkennen möglich. Die Wahrscheinlichkeitsrechnung zeigt jedoch, daß mehrfache Fehler, die einander aufheben, relativ selten sind.

Eine Prüfschaltung für den parity-check für drei Bits A, B und C erfolgt nach der Gleichung:

$$(A \wedge B \wedge C) \vee (A \wedge \overline{B} \wedge \overline{C}) \vee (\overline{A} \wedge B \wedge \overline{C}) \vee (\overline{A} \wedge \overline{B} \wedge C)$$

Diese Schaltung soll ein L liefern, wenn eine ungerade Zahl von Eingängen in L steht. Es ist interessant, daß wir hier dasselbe Problem vor uns haben wie in den Addierschaltungen der Bilder 4.1 und 4.3. Auch dort wurde die Einerstelle von zwei bzw. drei Summanden dadurch bestimmt, daß eine ungerade Zahl von Eingangs-L zu einem Ausgangs-L führte, während eine gerade Zahl am Ausgang ein 0 ergab. Wir können also unmittelbar die dort für die Einerstelle beschriebenen Schaltungen übernehmen.

Eine „parity"-Kontrolle für mehr als drei Bits wird aufwendiger. Wenn die Zeit es erlaubt, kann man die Kontrolle in mehreren Stufen durchführen. Das Prinzip zeigt Bild 9.5. Hier wird in der ersten Stufe für zwei nebeneinanderliegende Flipflops die „parity"-Kontrolle durchgeführt. Dies ist logisch gesehen das „exklusive Oder", da ja festgestellt werden soll, ob einer und nur einer von beiden Werten L ist. Wenn wir pyramidenförmig die beiden Ausgänge auf ein weiteres „exklusives Oder" zusammenschalten, erhalten wir die „parity"-Kontrolle für sämtliche vier Bits. Entsprechend kann man fortfahren. Kritisch ist nur der Zeitbedarf.

Eine Fehlermeldung kann notfalls mit etwas Verspätung einlaufen. Die Maschine hat dann in der Zwischenzeit fehlerhaft gerechnet, aber der Fehler ist entdeckt worden. Problematischer ist es, wenn eine Information in den Speicher gebracht werden soll und dafür das „parity"-Bit zu ermitteln ist. In diesem Fall muß es noch mit in den Speichertransport einbezogen werden. Eine scharfe Zeitkalkulation ist dann nötig.

Im Handel sind Bausteine, die für eine Anzahl von Stellen automatisch die „parity"-Kontrolle durchführen. Insbesondere werden solche Bausteine häufig für eine Abfrage von vier Stellen benutzt. Eine Pyramidenschaltung ist auch hier möglich.

9.5   Stufenweise Berechnung des parity-check

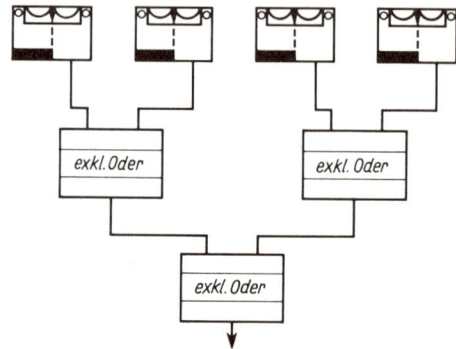

Automatische Fehlerkorrektur

Der parity-check meldet zwar Fehler, bietet aber natürlich keine Möglichkeit zur Korrektur. Bei Kernspeichern ist eine andere nachträgliche Korrektur auch nicht möglich, da durch das Heraus-lesen der Speicherplatz gelöscht wurde und beim Regenerieren natürlich ein fehlerhafter Inhalt wieder zurückgespeichert wird. Existiert eine Möglichkeit, einzelne Fehler, die sporadisch und selten auftreten, automatisch zu korrigieren? Diese Problematik tritt nicht nur bei Speicherin-halten auf, sondern bei allen gelegentlich gestörten Bauteilen, insbesondere bei Datenfernübertra-gung in Telefonleitungen.

Es gibt selbstkorrigierende Codes. Ihre nähere Betrachtung führt auf die sog. Hamming-Distanz. Diese gibt an, wieviel Bits von einer richtigen Information abgeändert werden müssen, um zu einer scheinbar richtigen (in Wirklichkeit falschen) Information zu kommen. Beim parity-check beispielsweise ist die Hamming-Distanz mindestens 2, da man mindestens zwei Bits abändern muß, um wieder zu einem Wort zu kommen, welches keine Fehlermeldung auslöst. Wollen wir nun erreichen, daß bei Auftreten eines einzelnen fehlerhaften Bits immer noch die richtige In-formation hergestellt werden kann, so müssen wir eine Hamming-Distanz erreichen, die min-destens 3 ist. Dann bestehen auch bei einem Fehler bis zur nächsten zulässigen Information noch zwei Bits Unterschied. Natürlich bietet auch dieses keine Gewähr, wenn mehrere Bits fehlerhaft sind.

A_{23}	A_{22}	A_{21}	A_{20}	A_{19}	A_{18}	P_0
A_{17}	A_{16}	A_{15}	A_{14}	A_{13}	A_{12}	P_1
A_{11}	A_{10}	A_9	A_8	A_7	A_6	P_2
A_5	A_4	A_3	A_2	A_1	A_0	P_3
P_4	P_5	P_6	P_7	P_8	P_9	P_{10}

Eine einfache Möglichkeit zur Skizzierung eines selbstkorrigierenden Codes für 24-Bit-Worte zeigt Bild 9.6.

9.6   Zeilenweiser und spaltenweiser parity-check für einen selbstkorrigierenden Code

Hier wurden die Bits des Wortes A in rechteckiger Form angeordnet, nämlich in vier Zeilen zu je sechs. Für jede Zeile und jede Spalte getrennt wurde jetzt ein weiteres Bit P hinzugefügt für einen parity-check. Tritt nun ein Fehler auf, so muß in einer Zeile und gleichzeitig in einer Spalte eine Fehlermeldung erfolgen. Diese geben eindeutig an, welches Bit am Kreuzungspunkt liegt und daher den Fehler hervorgerufen hat. Damit ist eine Korrektur möglich.

Sollten zwei Fehler gleichzeitig auftreten, versagt die Korrekturmöglichkeit, aber immer noch kann dann erkannt werden, daß Fehler vorliegen.

Eine automatische Fehlerkorrektur ist aufwendig. Wir benötigen an Stelle der 24 nutzbaren Bits insgesamt 35. Die überschüssigen 11 Bits sind redundant, müssen aber abgespeichert bzw. übertragen werden. Außerdem ist eine komplizierte Korrekturelektronik erforderlich, die allerdings evtl. durch ein Programm ersetzt werden kann.

Die Anzahl der erforderlichen Bits kann durch eine ähnliche Kontrolle auf $24 + 5 = 29$ reduziert werden. Fünf Bits müssen genügen, um unter 29 übermittelten Bits einen Einzelfehler zu lokalisieren, da ja $2^5 = 32 > 29$ ist. Die praktische Ausführung der Kontrollen hierfür ist in Bild 9.7 skizziert. P bezeichnet die fünf eingestreuten redundanten Prüfbits. Fünf Kontrollen auf parity-check geben eindeutig an, wo der Fehler liegt, solange höchstens ein Fehler auftritt. In die Kontrollen müssen die durch K gekennzeichneten Stellen einbezogen werden.

Gelesen:	P P x P x x x P x x x x x x x P x x x x x x x x x x
1. Kontrolle:	K . K . K . K . K . K . K . K . K . K . K . K . K . K
2. Kontrolle:	. K K . . K K . . K K . . K K . . K K . . K K . . K K
3. Kontrolle:	. . . K K K K . . . . K K K K . . . . K K K K . . . .
4. Kontrolle:	. . . . K K K K K K K K . . . . K K K K
5. Kontrolle:	. . . . K K K K K K K K K K K K

9.7 Eine andere Möglichkeit für einen selbstkorrigierenden Code (x= zu übermittelnde Information, P = Prüfbit, das zur Erfüllung der Kontrollen beim Senden bzw. Einspeichern gesetzt wird, K = in den parity-check einbezogenes Bit). Die Fehlermeldungen geben als Dualzahl gelesen die Position des fehlerhaften Bits

Die Ermittlung der fehlerhaften Stelle ist recht einfach (und benötigt nur einen Decodierer): Die fünf Kontrollen ergeben (mit „Fehler" = L) zusammen eine Dualzahl, die die Nummer der falschen Stelle angibt. 00000 bedeutet „fehlerfrei". Die detaillierte Schaltung sei dem Leser als Übungsaufgabe überlassen.

Speicherschutz

Eine wichtige Kontrolle ganz anderer Art soll noch erwähnt werden, die sich gegen eine spezielle Art von Programmierfehlern richtet. Da sich bei den heutigen Rechenanlagen im allgemeinen Programme mehrerer Benutzer gleichzeitig im Speicher der Maschine befinden, muß verhindert werden, daß einer der Benutzer versehentlich in die Programme eines anderen eingreift oder gar das Betriebssystem bzw. die Basisprogramme stört. Das einfachste Gegenmittel ist der „Speicherschutz", der jeden im Augenblick unbenutzten Speicherbereich blockiert. Je nach den Eigenarten der Konstruktion wird sich die Blockade nur auf das Beschreiben oder auch auf das Lesen beziehen.

Dazu muß der Speicher in mehr oder weniger große Blöcke unterteilt werden, für deren jeden einzeln festgelegt wird, ob er im Augenblick zugriffsfähig oder blockiert ist. Soll diese Festlegung (wie bei älteren Anlagen) manuell geschehen, so ist für jeden Speicherblock ein Schalter vorzusehen. Soll ein übergeordnetes Programm diese Aufgabe übernehmen, muß dafür ein spezielles Register (oder mehrere) vorgesehen werden, da jedem Speicherblock ein eigenes Flipflop entsprechen muß.

Die im Befehlsregister befindliche Adresse des aktuellen Speicherplatzes wird auf eine Decodierschaltung (vgl. Bild 3.25) gegeben, wie in Bild 9.17 gezeigt wird. Jedem Ausgang des Decodierers entspricht dann eine Gruppe von Speicherplätzen.

Bringen wir daher jeden dieser Decodiererausgänge mit einem der Blockierflipflops zur Konjunktion, so erhalten wir im Gefahrenfall ein Signal, das einen Alarmstop oder einen Programmierfehler-Interrupt auslösen muß. In diese Konjunktion wird man evtl. noch als weitere Bedingung einführen, daß ein Befehl vorliegt, der den Speicherinhalt wirklich verändern will.

9.3. Umcodieren in externen Geräten

Entsprechend unserem Ziel, die logische Struktur eines Rechners zu untersuchen, haben wir bisher alle elektronischen und mechanischen Probleme nicht betrachtet. So wollen wir auch nicht detailliert über externe Geräte sprechen. Es soll jedoch ein kurzer Überblick über die Verbindungsstellen und die Informationsumwandlung gegeben werden.

Wichtig ist die Frage der Decodierung der im Rechner ermittelten Information. Durch ein Basisprogramm muß z.B. bei der Zahlenausgabe eine Gleitkommazahl erst einmal umgewandelt werden in Festkommazahlen für die Mantisse und den Exponenten, ferner müssen diese mathematisch in die einzelnen Dezimalstellen zerlegt und dann die richtige Anzahl von Stellen mit den Zwischenzeichen wie Punkt, Vorzeichen usw. kombiniert werden.

Auch nach der Zerlegung in einzelne Zeichen liegen diese noch in codierter Form vor. Man kann vier verschiedene Möglichkeiten für die letzte Decodierung unterscheiden. Sie kann einerseits im Rechner vor sich gehen durch ein Programm oder eine Ablaufsteuerung oder eine verdrahtete Logik. Eine zweite Möglichkeit besteht darin, daß das angeschlossene Gerät über eine Elektronik verfügt, die ausschließlich für diese Zwecke zugeschnitten ist. Die dritte Möglichkeit sieht eine Umcodierung im äußeren Gerät auf mechanischem Wege vor. Viertens kann der menschliche Benutzer unbewußt die Entschlüsselung selbst übernehmen.

Decodierung im Rechner

Wenn im zentralen Rechenwerk die Decodierung vorgenommen werden soll, so muß die Information decodiert an das externe Gerät herausgegeben werden. Es wäre z.B. denkbar, daß in diesem Fall eine Schreibmaschine angeschlossen ist, deren Typenhebel einzeln betätigt werden können. Es würde dann von der Maschine aus zu jedem dieser Typenhebel ein Anschluß führen, der über einen elektrischen Impuls dort z.B. eine Magnetspule betätigt. Dieser Weg wäre sehr aufwendig, da etwa 50 Anschlüsse nötig sind. Deswegen wird man ihn nur in seltenen Fällen benutzen. Wenn durch einen Prozeßrechner Schaltschütze, Relais u.ä. betätigt werden sollen, wird man versuchen, jedem eine getrennte Leitung zuzuordnen, über die bei Bedarf ein Impuls ausgegeben wird. Diese Leitung wird dann an einen Flipflopausgang eines Pufferregisters angeschlossen.

Auch ist eine Zeitschaltung möglich, bei der der Rechner in einem genau kalkulierten Augenblick eine Meldung über eine einzige Leitung gibt, wobei der Zeitpunkt entscheidend ist.

Ein Beispiel zeigt Bild 9.8.

Es handelt sich um ein Ausgabegerät, bei dem die verschiedenen auszugebenden Zeichen auf einer Walze vor dem zu bedruckenden Papier rotieren. Durch einen kleinen Hammer muß das Papier im richtigen Augenblick an die rotierende Walze (bzw. ein dazwischenliegendes Farbband) geschlagen werden, wobei der Buchstabe, der sich gerade vor dem Papier befindet, abgedruckt wird. Es wäre jetzt möglich, dem Hammer unmittelbar eine Leitung vom Rechner her zuzuordnen. Die Winkelstellung der rotierenden Walze muß in das Gerät zurückgemeldet werden. Ist die gewünschte Stellung erreicht, so kann der Rechner einen Impuls auf die Ausgabeleitung geben und damit die Decodierung vornehmen.

Die beschriebene Möglichkeit kann für eine ganze Zeile von in der Zeichnung übereinanderliegenden Typen verwendet werden, wobei eine Druckzeile bei einer einzigen Rotation der Walze ausgegeben wird. Moderne Zeilendrucker arbeiten vielfach nach diesem Verfahren, jedoch ist es nicht üblich, den Vorgang auf die beschriebene Weise vom Rechner unmittelbar auszulösen, da die zeitliche Belastung zu groß wäre.

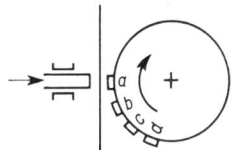

9.8   Druckvorgang mit rotierender Typenwalze. Links der im richtigen Augenblick auszulösende Hammer

Elektronische Decodierung im externen Gerät

Wir können an das eben beschriebene Beispiel anknüpfen. Ein Zeichen liegt im Rechner in einem Code vor und soll nun in die Angabe eines Zeitpunkts decodiert werden. Wie kann eine solche Schaltung im externen Gerät aussehen? Man wird am zweckmäßigsten einen Zähler verwenden, der vorher vom Rechner auf die entsprechende Stellung gesetzt wird. An der Walze muß sich ein Impulsgeber befinden, der bei jedem vorbeilaufenden Zeichen einen Zählschritt auslöst. Der Zähler könnte z.B. vom eingestellten Wert aus rückwärts zählen und die Auslösung vornehmen, wenn er bei Null angelangt ist.

Andere Möglichkeiten der Decodierung im externen Gerät ergeben sich aus der in Bild 3.25 gezeigten Decodierschaltung. Die Information, die der Rechner liefert, wird an die Eingänge eines Decoders gelegt und am Ausgang dann über genügend viele parallele Leitungen der decodierte Wert abgegriffen.

Der Nachteil einer elektronischen Decodierung im externen Gerät liegt im Aufwand. Der Vorteil ist die Entlastung des Rechners und insbesondere die Tatsache, daß als Verbindung zum Rechner nur verhältnismäßig wenige Anschlüsse nötig sind.

Es ist zu erwarten, daß elektronische Schaltungen durch Serienfertigung in Zukunft außerordentlich billig herzustellen sind. Vermutlich werden daher elektronische Decodierungen der betrachteten Art allgemein üblich. Man kann sich vorstellen, daß in wenigen Jahren an jedes äußere Gerät ein eigener kleiner Rechner angeschlossen ist, der derartige Aufgaben übernimmt. Bei großen Rechenanlagen hat man für solche Hilfsrechner die spezielle Bezeichnung „Kanal" eingeführt. Dieses Wort bezeichnet also nicht mehr eine Verbindungslinie, sondern ein Gerät, das außer der Verbindung Umcodierungs- und Steuerfunktionen übernimmt und selbständig arbeiten kann.

Eine spezielle Form elektronischer Decodierung liegt vor beim Umsetzen einer digitalen Information in eine „analoge" Spannung. Meistens ist die digitale Darstellung die einer Dualzahl. Man hat dann den einzelnen Stellen dieser Zahl Spannungen zuzuordnen, die ihren Stellenwerten entsprechen, die also jeweils um einen Faktor 2 abgestuft sind. Will man die analoge Spannung mit einer Promille-Genauigkeit wiedergeben, so benötigt man etwa 10 Dualstellen. Die den Dualziffern entsprechenden Spannungen lassen sich leicht herstellen. Etwas schwieriger ist die Aufgabe, sie zu einer Gesamtspannung zu summieren. In Bild 9.9 wird durch eine Widerstandskette ein konstanter Strom geschickt, und der Spannungsabfall an den Widerständen soll dann der ausgegebenen Dualzahl entsprechen. Dazu müssen einzelne Widerstände vorübergehend überbrückt werden. Der Gesamtspannungsabfall ergibt sich aus dem Ohmschen Gesetz $U = R \cdot I$. Bei konstantem I müssen die in Reihe geschalteten Widerstände proportional zur Spannung sein. Im Bild wurde schematisch das Schalten durch überbrückende Relais angedeutet.

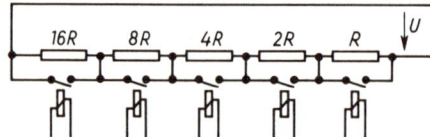

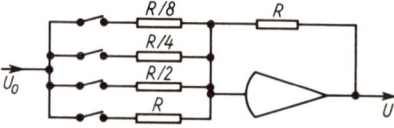

9.9 Prinzip einer Analogausgabe
     I = const ist vorausgesetzt

9.10 Analogausgabe mit Summierverstärker

Angenehmer ist eine zweite Schaltung, die in Bild 9.10 wiedergegeben ist. Die erforderlichen Spannungen werden hier getrennt hergestellt, und die Summation erfolgt durch einen Summierverstärker, wie er auch bei Analogrechnern üblich ist. Der Vorteil liegt im besseren Einhalten des Sollwertes.

In Wirklichkeit wird man möglichst keine Relais, sondern elektronische Bauelemente verwenden, die eine höhere Geschwindigkeit besitzen. Während des Umschaltvorgangs würden einige Relais möglicherweise etwas früher schalten als andere, und in der Zwischenzeit können kurze Spannungsspitzen auftreten. Ein nachfolgendes Glätten ist also unerläßlich.

Mechanische Decodierung

Bei vielen Geräten sind heute noch mechanische Decodierverfahren üblich. Typisches Beispiel ist der Fernschreiber, in dem die ankommenden Impulse auf mechanischem Wege in die Bewegung der einzelnen Typenhebel umgesetzt werden. Das Prinzip ist in Bild 9.11 zu sehen.

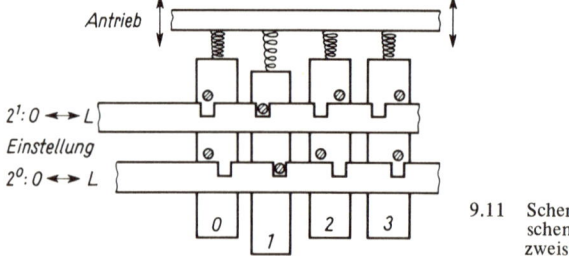

9.11 Schema einer mechanischen Decodierung einer zweistelligen Dualzahl

Durch von außen kommende Impulse werden mehrere Schienen elektromechanisch betätigt. In ihre Verzahnung können andere (vertikal gezeichnete) Schienen sich nur dann hineinschieben, wenn die richtige Stellung vorliegt. Je nach der Stellung der Zähne erfolgt eine Auswahl, also eine Decodierung. Bild 9.11 zeigt zu zwei waagerechten Schienen vier senkrechte Hebel, von denen jeweils nur einer betätigt werden kann. Es handelt sich also um eine Umwandlung von einem Zwei-Bit-Code in einen Eins-aus-Vier-Code. Man denke sich an die senkrechten Schienen Typenhebel angeschlossen und erhält so einen Druckvorgang.

Wesentlich für die mechanische Ausführung ist, daß die Entschlüsselung getrennt wird von einem energieliefernden Mechanismus. Man hat meistens einen dauernd laufenden Elektromotor, an den die Typenhebel angekuppelt werden. Z.B. kann jeder Typenhebel mit einem kleinen Haken in eine rotierende Scheibe einrasten und durch diese dann mitgerissen werden. Durch die mechanische Decodierung wird dann immer nur ein Hebel in eine Stellung gebracht, in der Einrasten möglich ist.

Eine ganz andere Art mechanischer Decodierung zeigt Bild 9.12. Hier kann durch drei Betätigungen eine Scheibe um drei verschiedene Winkel gedreht werden, die im Verhältnis 1 : 2 : 4 abgestuft sind. Je nach der Kombination der drei Winkel können somit acht verschiedene Endstellungen erreicht werden. Für eine dieser Stellungen zeigt Bild 9.13 das Ergebnis. Hier wurde der Wert L0L eingegeben, und man erkennt, daß das letzte dieser L eine Rotation um 10°, das am weitesten links stehende dagegen eine Rotation um 40°, insgesamt also eine Drehung um 50° in die Stellung 5 bewirkt.

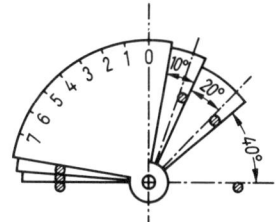

9.12 Decodierung durch
      Drehung um nach Zwei-
      erpotenzen abgestufte
      Winkel

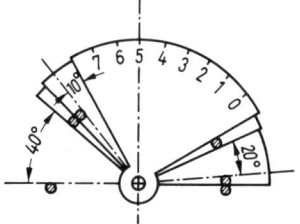

9.13 Einstellung für den
      Wert L0L = 5

Rotationen lassen sich um verschiedene Achsen ausführen. Bekanntestes Beispiel ist die "Kugelkopfschreibmaschine", bei der verschiedene Typen auf einer Kugelfläche angebracht sind, die um mehrere Achsen gedreht werden kann und dadurch das gewünschte Zeichen dem Papier zuwendet.

Decodierung durch den Benutzer

Eine Decodierung durch den Benutzer ist nur dort tragbar, wo sie einfach ist oder unbewußt bzw. halbbewußt geschieht. So wird oft durch eine bestimmte Kombination von Lämpchensignalen eine Mitteilung gegeben. Bequemer ist eine Ausgabe durch Muster, die eine Darstellung gestatten, welche dem Menschen gewohnt ist.

9.14 Unbewußte Decodierung durch den
      Leser

In Bild 9.14 ist dargestellt, wie sich Ziffern aus verhältnismäßig wenig Strichen darstellen lassen. Hier würde durch einen Sieben-Bit-Code, der den sieben möglichen Strichen entspricht, eine automatische Decodierung durch den Benutzer erfolgen.

Eingabe

Die für die Ausgabe beschriebenen Methoden treten sinngemäß auch bei der Dateneingabe wieder auf. Bild 9.15 zeigt eine elektronische Codierung von sieben Tastenstellungen in einen BCD-Code. Wichtig ist bei der Eingabe eine Fertigmeldung, die erst erfolgt, wenn die Information voll geschaltet ist und die über einen Interrupt die Übernahme in den Rechner anfordert.

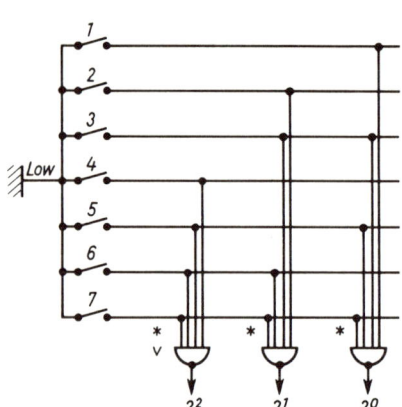

9.15   Duale Codierung bei sieben Tasten

Sollen mechanisch Analogwerte abgelesen werden, verwendet man oft Kontakte, deren Stellung durch Bürsten abgefragt wird. Da dann jedoch alle Zwischenstellungen auftreten können, dürfen sich nicht mehrere Bits der Information gleichzeitig ändern. In Zwischenstellungen würde eine fehlerhafte Ablesung erfolgen. Bild 9.16 zeigt eine falsche Stellung (BCD-Code) und eine Möglichkeit, durch einen Gray-Code (vgl. Bild 1.2) diese Schwierigkeiten zu umgehen. Bei letzterem schaltet jeweils nur ein einziges Bit, so daß ein ungenaues Schalten nicht zu einer falschen Ablesung führt.

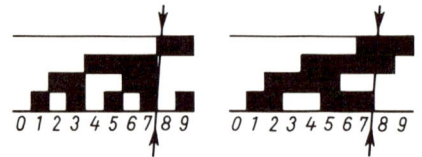

9.16   Fehlerbehaftetes Abtasten von Kontakten bei einer Zwischenstellung bei dualer Codierung (links: Ablesung L0LL falsch!) und einem Gray-Code (für 10 Stellungen) (rechts: Ablesung LL0L entspricht 7)

Das Umsetzen analoger elektrischer Spannungen in einen Code erfolgt in Analog-digital-Wandlern am einfachsten durch eine Vergleichsspannung. Diese läßt man relativ langsam anwachsen, bis sie der zu messenden Spannung gleich ist. Ein digitaler Zähler arbeitet während dieser Zeit mit einer konstanten Zählfrequenz und stoppt bei Gleichheit der Spannungen. Seine Stellung gibt dann den gewünschten Dualwert. Wenn der Zähler eine Geschwindigkeit von mehreren Megahertz erlaubt und der ganze Spannungsbereich bei Promille-Genauigkeit in tausend Schritte unterteilt wird, sind mehrere Tausend Messungen pro Sekunde theoretisch möglich.

9.4. Speicher

Wohl der wichtigste Teil einer modernen Rechenanlage ist der Arbeitsspeicher. Er bestimmt zu einem großen Teil die Kosten der Anlage, und seine Geschwindigkeit ist entscheidend für die Arbeitsgeschwindigkeit des Geräts. Bei der Planung einer Rechenanlage sollte man vom Speicher, seiner Kapazität, Geschwindigkeit, Wortlänge und seinen sonstigen Eigenschaften ausgehen. Wenn im Laufe der Jahre neue Speichermedien technisch eingesetzt werden konnten, setzte sich oft auch eine neue Struktur der Rechenanlagen durch.

Wir werden auf die Arbeitsweise des Speichers nicht sehr ausführlich eingehen, weil es sich um ein ausgesprochen technologisches Problem handelt, das nicht in den Rahmen dieses Buches gehört.

Das Problem der Speichertechnik liegt einerseits in der Menge der zu speichernden Informationen (vgl. Bild 1.3), andererseits in der Kürze der Zeit, in der diese eingeschrieben und wieder herausgelesen werden müssen.

Bei den bisherigen Arbeitsspeichern ist das eigentliche Speichermedium der Ferritkern: Ein kleiner Ring aus Ferritmaterial, der magnetisiert bzw. ummagnetisiert werden kann und der durch die Richtung seiner Magnetisierung die gespeicherte Information wiedergibt. Jeder Kern kann ein Bit speichern.

Zum Einschreiben und zum Lesen sind selbstverständlich elektrische Vorgänge nötig, die z.B. schwache Leseimpulse verstärken müssen und die dafür zu sorgen haben, daß nur ein einziger dieser kleinen Kerne angesprochen wird. Nun wäre es zu aufwendig, wollte man jedem einzelnen Magnetkern einen eigenen Leseverstärker zuordnen. Wie kann man mit minimalem Aufwand möglichst viele Magnetkerne erreichen?

Man überträgt dazu jeder einzelnen Speicherzelle die Funktion einer Konjunktion dadurch, daß mehrere Eingangsanschlüsse – bei einem Kernspeicher Drähte, die durch den Kern hindurchgefädelt sind – gleichzeitig Strom führen müssen, um den betreffenden Kern zum Umschalten zu veranlassen. Wie bei den Registern in Bild 5.3 kann man eine größere Zahl (dort 16) Speicherplätze bequem erreichen, wenn man sie in einem quadratischen Schema (einer „Matrix") anordnet und in diesem durch jeweils eine Leitung eine Spalte und gleichzeitig durch eine zweite Leitung eine Zeile so ansteuert, daß sich nur der am Kreuzungspunkt liegende Speicherplatz angesprochen fühlt. Durch eine solche Zweifachkoinzidenz, eine Art Konjunktion, kommt man von n Speicherplätzen auf $2 \cdot \sqrt{n}$ Ansteuerungsleitungen – eine sehr wesentliche Ersparnis. Jede wird durch einen Verstärker und durch eine vorgeschaltete Logik ausgelöst, deren Zahl finanziell wesentlich ins Gewicht fällt.

Eine noch größere Verbilligung tritt ein, wenn man die einzelnen Speicherzellen durch eine Dreifach-Ansteuerung erreicht, wenn also nur diejenige Speicherzelle angesteuert wird, für die drei Zugangsleitungen gleichzeitig ansprechen. Hier ist eine Dreifach-Konjunktion nötig. In der Praxis ist dies das übliche Verfahren. Die Speicherkerne, die jeweils ein einziges Bit aufnehmen können, werden in Gestalt eines dreidimensionalen Blocks angeordnet, der in drei Richtungen „in Scheiben geschnitten" ist. Nur dort, wo die drei angesprochenen Scheiben sich durchsetzen, spricht ein einzelner Kern an. Nun wird allerdings nicht ein einzelnes Bit aus dem Speicher herausgeholt, sondern immer ein ganzes Wort. Die dritte Richtung wird man daher zweckmäßigerweise in unserem Fall in 24 Schichten unterteilen, um der Wortlänge zu entsprechen.

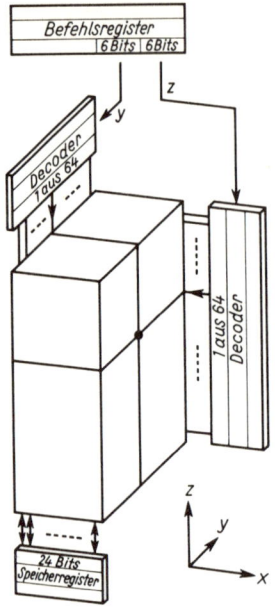

Bild 9.17 zeigt einen derartigen Speicherblock. Er kann nahezu 100 000 Bits aufnehmen, die in 4096 Worte zu je 24 Bits untergliedert sind. Die drei Richtungen wurden mit x, y und z bezeichnet. In der y- und z- Richtung liegen je 64 Schichten vor. Wir brauchen also für beide Richtungen einen Decoder wie in Bild 3.25, der aber hier statt 8 nunmehr 64 Ausgangsleitungen und daher statt 3 jetzt 6 Eingangsleitungspaare haben muß, die an 6 Bits des Befehlsregisters angeschlossen sind (sparsamere Konstruktionen sind möglich).

9.17   Ansteuerungsschema eines Speicherblocks mit 4096 Worten. Angesprochen wird das aus 24 Bits bestehende Wort, das sich am Kreuzungspunkt der senkrechten und der waagerechten Schicht befindet

Jeder Ausgang des y-Decoders erzeugt über einen eigenen Verstärker einen Strom, welcher alle Speicherbits erreicht, die in einer senkrechten Schicht angeordnet sind. Eine dieser Schichten wurde in das Bild eingezeichnet. Entsprechendes gilt für den z-Decoder und die eingezeichnete waagerechte Schicht. An der Kreuzungslinie beider Ebenen liegt das gewünschte Wort.

Soll dieses Wort beschrieben werden, so treten in der x-Richtung weitere Verstärker in Aktion, von denen jeweils einer an jede Stelle unseres Pufferregisters angeschlossen ist. Da dies über 24 Bits verfügt, ist in dieser Richtung keine Decodierung nötig, es wird also wortweise parallel gearbeitet. Für alle diejenigen Bits unseres Wortes, für die der entsprechende x-Verstärker anspricht, ist dann die Dreifach-Konjunktion erfüllt, und es wird ein L eingeschrieben. Die übrigen Stellen behalten ihre vorherige Stellung 0.

Beim Lesen ist nur eine Zweifach-Koinzidenz nötig. Jede der 24 in x-Richtung nebeneinanderliegenden Schichten hat einen eigenen Leseverstärker. Da diese gleichzeitig arbeiten und ihre Information gleichzeitig an das Speicherregister weitergeben, liegt auch hier Parallelarbeit vor. Der gesamte Elektronikbedarf für den beschriebenen Speicher umfaßt also je einen Decodierer „Eins aus 64" für die y- und die z-Richtung. Es sind 64 Verstärker für die y- und ebenfalls 64 für die z-Richtung nötig. Dazu kommen noch weitere 24 für die x-Richtung. Dieselben Verstärker können im allgemeinen auch für den Lesevorgang benutzt werden, nur für die Unterteilung der x-Richtung sind 24 zusätzliche Leseverstärker nötig, die wesentlich andere Eigenschaften haben müssen.

Ein grundlegendes physikalisches und technisches Problem liegt in der Feststellung der Dreifach-Koinzidenz durch die einzelnen Bits. Es wäre sehr aufwendig, wenn man in jede einzelne der etwa 100 000 Stellen wirklich eine echte Konjunktion mit den uns bekannten Eigenschaften einbauen würde. Bei Flipflopspeichern ist dieser Aufwand vertretbar, nicht dagegen bei Kernspeichern, wo der einzelne Speicherplatz nur aus einem kleinen Magnetring besteht, der von verschiedenen Drähten durchzogen wird. Hier erfolgt die Konjunktion physikalisch dadurch, daß der Magnetkern zu seiner Magnetisierung eine genügend hohe Stromstärke benötigt. Bei einem Bruchteil dieser Stromstärke schaltet er noch nicht. Man kann die Verstärker nun so auslegen, daß der Kern durch einen Anschluß noch nicht ummagnetisiert wird, weil die Stromstärke zu schwach ist, und daß ein Schalten erst dann erfolgt, wenn eine doppelte Stromstärke (d.h. zwei Leitungen) ihn beeinflußt.

Das gleiche Verfahren ließe sich im Prinzip natürlich auf drei Drähte ausdehnen. Man müßte dann dafür sorgen, daß zwei Drittel der erforderlichen Stromstärke (zwei stromführende Drähte) noch nicht ausreichen, um den betreffenden Kern magnetisch zu beeinflussen, während drei Drittel (alle drei Drähte gleichzeitig) ihn genügend magnetisieren müßten. Dies ist aber eine zu hohe Anforderung an die Genauigkeit: Die Differenz zwischen zwei Drittel und drei Drittel ist zu klein, um eindeutig und sicher in jedem Fall eine Unterscheidung zu ermöglichen.

Es ist schwierig, einen dreidimensionalen Block anzusteuern. Man schafft es durch einen kleinen Trick: Die dritte Leitung führt dann einen Strom in umgekehrter Richtung, und dieser dient zum Verhindern eines Umkippens. Der Draht wird daher auch als „Inhibitleitung" bezeichnet.

Die eben beschriebenen Einzelheiten der Technologie der heute üblichen Kernspeicher unterliegen ständiger Weiterentwicklung, die voraussichtlich gerade in der nächsten Zeit zu erheblichen Änderungen führen wird. Es kristallisiert sich die Möglichkeit heraus, große Mengen von Flipflopspeichern bzw. Registern außerordentlich billig als integrierte Bausteine herzustellen. Technologisch besteht vorläufig noch die Schwierigkeit, daß derartige Flipflops einen gewissen Stromverbrauch haben und daß es schwer ist, bei einer großen Zahl die nötige Energie in Gestalt von Strom zuzuführen und in Form von Wärme wieder abzuführen.

Das Hauptproblem der Kernspeicher, nämlich eine sehr genaue Dimensionierung der Ströme, die zum Ummagnetisieren nötig sind, entfällt dann. Das Prinzip der matrixartigen Ansteuerung wird vermutlich beibehalten werden. Jedem einzelnen Bit des Speichers wird man wirklich eine Konjunktion zuordnen, wobei wahrscheinlich eine Dreifach-Konjunktion auch hier eine sehr günstige Lösung sein dürfte. Damit erhalten wir — grob gesprochen — die gleiche Struktur wie bei Kernspeichern.

Neu ist eine weitere Leitung, die den Bits mitteilt, ob Information aufgenommen werden soll oder nicht. Eine Adressenansteuerung ist auch dann nötig, wenn Information herausgelesen werden soll. Da ein zerstörungsfreies Lesen bei integrierten Speichern möglich ist, ist eine Umschaltung und eine logische Information für diese Umschaltung erforderlich. Die Schaltung wurde in Bild 5.3 gezeigt.

Besonderes Interesse verdienen Assoziativspeicher. Sie werden nicht durch eine Adresse angesteuert, sondern jede einzelne Speicherzelle enthält eine Kenninformation, auf die sie anspricht. Ein Speicherplatz für ein Wort muß hier außer den Flipflops für den eigentlichen Speicherinhalt noch einen zweiten Satz von Flipflops enthalten, die das Kennwort aufzunehmen haben.

In Bild 9.18 sind zwei Zeilen von Flipflops angegeben, die dem betreffenden Speicherplatz zugeordnet sind. In die erste Zeile wird das Kennwort eingegeben. Dabei ist offengelassen, wie man es dort einspeichert. In der zweiten Zeile wird die eingegebene Information abgelegt. Jetzt erfolgt eine Ausgabe dieser Information über die unten eingezeichneten Ausgangsleitungen nur dann, wenn die eingegebene Suchinformation mit dem eingespeicherten Kennwort übereinstimmt. Für jedes der oben eingezeichneten Flipflops muß logisch gesehen die Äquivalenz abgefragt werden. Es folgt eine Konjunktion, die feststellt, ob in allen Bits Übereinstimmung herrscht. Von dieser werden dann die unteren Flipflops zum Ausgang durchgeschaltet.

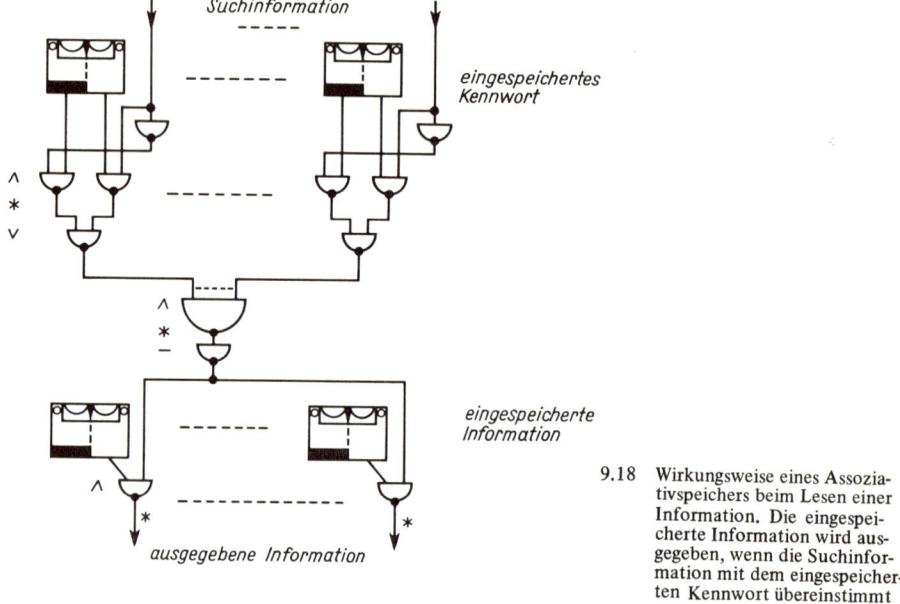

9.18 Wirkungsweise eines Assoziativspeichers beim Lesen einer Information. Die eingespeicherte Information wird ausgegeben, wenn die Suchinformation mit dem eingespeicherten Kennwort übereinstimmt

Jede Speicherzelle wird genau wie alle übrigen angesteuert, da keinerlei Unterschiede (etwa in einer Adresse oder ähnlichem) bestehen. Fehlerhafte Speicherzellen können ohne weiteres gegen andere ausgetauscht werden, denn die räumliche Anordnung spielt ebenfalls keine Rolle mehr. Darüber hinaus können für viele Anwendungszwecke Vorteile bestehen, wenn Speicherplätze nicht mehr durch eine fortlaufende Nummer charakterisiert werden, sondern durch ein Suchwort. Aber darauf soll hier nicht eingegangen werden.

Andere Speichermedien

Die meisten anderen Speichermedien arbeiten mit mechanisch bewegten Magnetträgern. Bekanntestes Beispiel ist das Magnetband. Auch hier muß zur Identifizierung eine Adresse eingeführt werden. Dazu kann z.B. zu Beginn jedes Wortes auf einer speziellen Spur des Magnetbandes ein Impuls aufgezeichnet werden, und ein Zähler verfolgt, wieviele derartiger Impulse bereits am Lesekopf vorbeigelaufen sind. Die Adressenansteuerung erfolgt dann durch eine Zeitschaltung, wie sie in Abschn. 9.3 für die Ansteuerung eines Druckers erwähnt ist.

Häufig werden Plattenspeicher verwendet, bei denen in einzelnen Spuren nebeneinander die verschiedenen Informationen untergebracht sind (ähnlich den Rillen einer Schallplatte) und bei denen die Auswahl der gewünschten Speicherplätze dadurch geschieht, daß ein Lesekopf mechanisch über die gewünschte Spur geschoben wird. Da diese Bewegung in Auswertung einer dual codierten Adresse erfolgen muß, wird hier ähnlich vorgegangen, wie es in Bild 9.13 für die Ansteuerung einer Kugelkopfschreibmaschine geschehen ist. Den Dualstellen der Adresse entsprechen dual abgestufte Bewegungen des Kopfes. Wird ein Stapel von mehreren Platten verwendet, so muß auch in vertikaler Richtung eine entsprechende Verschiebung erfolgen.

Hat jede Spur einen eigenen Kopf wie bei Trommelspeichern, so erfolgt die Auswahl elektronisch. Durch eine Art Konjunktion erfolgt Durchschalten vom Kopf zum Leseverstärker bzw. vom Leseverstärker zum Rechner.

Da auf einer Spur eine Anzahl von Worten hintereinandersteht, ist außerdem für die endgültige Adressenauswahl noch eine Zeitschaltung wie bei einem Bandgerät nötig.

Schaltzeichen

Stromversorgungs- und Taktanschlüsse sind meistens der Übersichtlichkeit wegen fortgelassen worden.

Flipflop mit Vorspeicher und Eingangskonjunktionen (schaltet bei H-Low-Flanke des Taktes) (S. 68, S. 73)

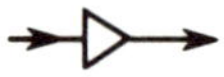

Verstärker (S. 53)

Inverter (amerikanisch) (S. 51)

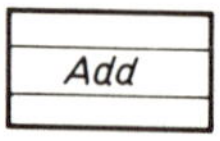

Flipflop ohne Vorspeicher (ungetaktet) (S. 68)

Addierschaltung (S. 79, S. 82)

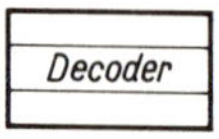

Flipflop ohne Vorspeicher und Eingangskonjunktionen (ungetaktet) (S. 67)

Decodierschaltung (S. 75)

Konjunktion (S. 51)

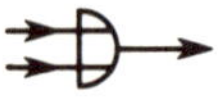

Schieberegister (S. 74, S. 140)

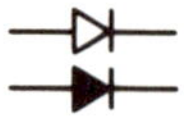

Disjunktion (S. 51)

Diode

Nand (S. 62, S. 64, S. 71)

Transistor

Inverter (S. 51)

Widerstand

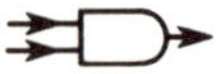

Konjunktion (amerikanisch) (S. 51)

Relais

Disjunktion (amerikanisch) (S. 51)

Glühbirne

Antivalenz (,,exklusives Oder") (S. 61)

Gleichstromverstärker (mit hoher Nullpunktkonstanz und Vorzeichenumkehr)

Schrifttum

A i s e r m a n n, M. A., G u s s e w, L. A., R o s o n o e r, L.I., S m i r n o w a, I. M., T a l, A. A.: Logik – Automaten – Algorithmen. München – Wien 1967

B a u e r, F. L., H e i n o l d, J., S a m e l s o n, K., S a u e r, R.: Moderne Rechenanlagen. Stuttgart 1965

B u c h h o l z, W. (Hrsg.): Planning a Computer System. New York – Toronto – London 1962

D o t z a u e r, E.: Einführung in die Grundlagen der Datenverarbeitung. 2 Bde. München 1968/1970

G s c h w i n d, H. W.: Design of Digital Computers. Wien – New York 1967

H a a s, G.: Grundlagen und Bauelemente elektronischer Ziffern-Rechenmaschinen. Eindhoven 1961

H e r s c h e l, R.: Anleitung zum praktischen Gebrauch von ALGOL. 4. Aufl. München – Wien 1969

H o f f m a n n, W. (Hrsg.): Digitale Informationswandler. Braunschweig 1962

H o t z, G., W a l t e r, H.: Automatentheorie und formale Sprachen. 2 Bde. Mannheim – Zürich 1968

N e u m a n n, H.: Steuerungslehre. 3 Bde. Stuttgart 1970

P h i s t e r, M.: Logical design of digital computers. New York – London 1960

R e c h e n b e r g, P.: Grundzüge digitaler Rechenautomaten. 2. Aufl. München – Wien 1968

S c h u l t e, D.: Kombinatorische und sequentielle Netzwerke. München – Wien 1967

S p e i s e r, A. P.: Digitale Rechenanlagen. Berlin – Göttingen – Heidelberg 1961

S t e i n b u c h, K. (Hrsg.): Taschenbuch der Nachrichtenverarbeitung. Berlin – Göttingen – Heidelberg 1962

Sachweiser

Weitere Teubner-Fachbücher

Dobrinski / Krakau / Vogel

Physik für Ingenieure

XII, 480 Seiten mit 442 Bildern, 140 Versuchen, 48 Beispielen, 295 Aufgaben sowie einem Anhang Lösungen/Einheiten und Maßsysteme/mehrfarbige Spektraltafel. Kart. DM 32,—

Brauch / Dreyer / Haacke

Mathematik für Ingenieure
des Maschinenbaus und der Elektrotechnik

3., neubearbeitete und erweiterte Auflage

Teil 1. Grundlagen und lineare Algebra
X, 197 Seiten mit 171 Bildern sowie 209 Beispielen und 145 Aufgaben. Kart. DM 19,—

Teil 2. Differential- und Integralrechnung
XII, 203 Seiten mit 170 Bildern sowie 184 Beispielen und 107 Aufgaben. Kart. DM 19,—

Teil 3. Differentialgleichungen und angewandte Mathematik
XII, 168 Seiten mit 116 Bildern sowie 92 Beispielen und 79 Aufgaben. Kart. DM 19,—

Teubner Studienskripten zur Informatik

Heinrich / Stucky

Programmierung mit ALGOL 60

157 Seiten mit zahlreichen Bildern. Kart. DM 5,80

Claus

Stochastische Automaten

IX, 184 Seiten mit 30 Bildern, zahlreichen Beispielen und über 100 Aufgaben. Kart. DM 6,80

Preisänderungen vorbehalten